卓越工程师教育培养计划系列教材

计算机在化学工程中的应用

田文德　王英龙　李正勇 ◎ 编

化学工业出版社
·北京·

内 容 提 要

化学工程专业以讲授化工基本原理和简单计算过程为主，强调掌握基本概念和基本公式。化工专业的学生虽然重点学习了这些规律，但往往局限于理论理解或手工计算，距解决实际复杂工程问题还有一定的差距。

《计算机在化学工程中的应用》按照数据处理与绘图软件、工程编程软件、数值模拟软件分类，介绍化学工程计算中的常用软件，包括 Origin、Excel、GAMS、MATLAB、Fluent、Aspen Plus。详细介绍了 MATLAB 和 Aspen Plus 软件在化工专业中的应用，通过实例分析、计算框图讲解和程序编制，说明计算机技术在化工过程中的应用，提高化工专业学生利用计算机解决复杂工程问题的能力。每章均给出了例题的程序，代码较长的程序列于附录中。部分例题配套了讲解视频，可扫描例题附近的二维码观看。

《计算机在化学工程中的应用》结合化工计算实例介绍软件，培养学生熟练使用数学算法和编程语言分析问题和解决问题的能力。本书适用于高等院校化工、石油、材料、制药、生物、食品、环境等专业的本科生和研究生，也可供相关专业的科研、设计、管理及生产人员参考。

图书在版编目（CIP）数据

计算机在化学工程中的应用/田文德，王英龙，李正勇编. —北京：化学工业出版社，2019.11

卓越工程师教育培养计划系列教材

ISBN 978-7-122-35780-9

Ⅰ.①计… Ⅱ.①田…②王…③李… Ⅲ.①计算机应用-化学工程-高等学校-教材 Ⅳ.①TQ02-39

中国版本图书馆 CIP 数据核字（2019）第 263636 号

责任编辑：徐雅妮　　文字编辑：丁建华
责任校对：宋　玮　　装帧设计：关　飞

出版发行：化学工业出版社（北京市东城区青年湖南街 13 号　邮政编码 100011）
印　　装：三河市延风印装有限公司
787mm×1092mm　1/16　印张 14　字数 354 千字　2019 年 12 月北京第 1 版第 1 次印刷

购书咨询：010-64518888　　售后服务：010-64518899
网　　址：http://www.cip.com.cn
凡购买本书，如有缺损质量问题，本社销售中心负责调换。

定　　价：45.00 元

前言

化学工程专业以讲授化工基本原理和简单计算过程为主，强调掌握基本概念和基本公式。然而，现代社会对大学毕业生的实际动手能力要求越来越高，传统的教学模式和教材已经不能满足应用型人才培养的需要。为了解决这一问题，在化工专业的教学计划里逐渐出现了一些计算机辅助类课程，试图通过讲授高级计算软件来提高学生解决实际问题的能力。

青岛科技大学化工学院通过分析化工专业的知识结构以及化工过程开发和产品研制对该专业的切实需求，提出了如下教学思路：立足学生所熟知的专业知识，首先向学生展示利用计算机进行复杂专业计算和流程模拟的过程，然后讲解其中所体现的计算原理和计算机知识，最终使化工专业的学生具备运用数学和计算机解决实际化工问题的能力。

为了实现这一设想，青岛科技大学化工学院早在2003年就开设了“过程工程计算机应用基础”专业选修课，课程网址为https://mooc1-2.chaoxing.com/course/98122817.html。该课程共40学时（其中课堂授课30学时，上机10学时），2.5学分，授课对象为化学工程与工艺专业三年级本科生。该课程内容实用，很受学生的欢迎，每学期都有近200人选修。课程教研内容还获批为2018年度国家虚拟仿真实验教学项目和山东省本科教改重点项目，课程被评为青岛科技大学2012年度精品课程，2013年获首届山东省高等学校教师微课教学比赛一等奖，2018年获山东省教学成果二等奖。

为了进一步提升教学效果，我们决定编写一本合适的教材来满足授课要求。本书的编写思路是：以化学工程计算中常用的工程软件为主线，立足动量传递、热量传递、质量传递和反应工程四大基础专业知识，结合课程设计、毕业设计、实习和实验等教学环节，将丰富的数值计算方法与先进的计算机技术、工业应用软件相结合，通过实例分析、计算框图绘制以及程序编制，详述计算机技术在化工过程中的应用，以提高学生自己动手解决实际问题的能力。

《计算机在化学工程中的应用》按照数据处理与绘图软件、工程编程软件、数值模拟软件分类，介绍化学工程计算中的常用软件，包括Origin、Excel、GAMS、MATLAB、Fluent、Aspen Plus。考虑到MATLAB和Aspen Plus软件在化工计算中应用十分广泛，本书重点介绍这两种软件。MATLAB是一种专门用于工程计算的高级语言，用户界面友好，拥有丰富的数值算法库和强大的图形绘制功能。该语言对用户的数学知识和计算机编程能力要求很低，却能轻松地完成复杂计算，已成为国内外大学化工专业学生所必须掌握的基本编程语言之一。对于复杂的流程模拟和优化问题，本书介绍了著名的商用流程模拟软件Aspen Plus。作为较高层次的计算工具，学生无需编程便能通过Aspen Plus

进行实际流程和设备的设计工作。Aspen Plus 是世界性标准模拟软件，也是目前国际上功能最强的商品化流程模拟软件。利用 Aspen Plus 进行稳态模拟，主要有三个方面的作用：①为改进装置操作条件、降低操作费用、提高产品质量和实现优化运行提供依据；②指导装置开工，节省开工费用，缩短开工时间；③分析装置“瓶颈”，为设备检修与设备更换提供依据。

本书以分析典型例题、剖析计算过程和演示程序实现为核心，重点介绍计算过程的实现机制，切实培养学生运用计算机解决实际问题的能力。并将一些科研方法和实例介绍给学生，使其对科研有一个清晰的认识。书中的部分例题配套了讲解视频，可扫描例题附近的二维码观看。

全书分三部分，共 9 章。第一部分为数据处理与绘图软件，分为 2 章，分别介绍 Origin 软件、Excel 软件及其在管路实验中的应用；第二部分为工程编程软件，分为 4 章，分别介绍 GAMS 软件和 MATLAB 软件，着重介绍运用 MATLAB 软件解决流动、传热、传质和反应过程中的典型问题；第三部分为数值模拟软件，分为 3 章，分别介绍了 Fluent 软件和 Aspen Plus 软件，着重介绍 Aspen Plus 软件及其在精馏塔模拟和设计中的应用。

本书由青岛科技大学田文德、王英龙、李正勇编写，其中绪论、第一章至第六章由田文德编写，第七章和第八章由李正勇编写，第九章由王英龙编写。全书由田文德统稿。

由于编者水平有限，书中难免存在疏漏和不足之处，恳请读者批评指正。

田文德

2019 年 8 月于青岛科技大学

目录

第三部分　数值模拟软件

第九章 Aspen Plus 软件功能 / 162

参考文献 / 216

绪 论

一、化工过程的特点

按生产方式以及生产物质所经受的主要变化，工业可以分为过程工业与产品工业两大类。过程工业是以自然资源作为主要原料，连续生产产品工业原料的工业。其原料中的物质在生产过程中经过许多化学变化和物理变化，产量的增加主要靠扩大工业生产规模来达到，一般来说污染比较严重。过程工业是一个国家发展生产和增强国防实力的产业基础，包括化学工业、石油炼制、煤炭业、钢铁工业、有色金属工业、建材工业、造纸工业、核工业等，其科技内涵为过程工程。

化工过程是过程工程的主要部分，其学科专业基础是化学工程，后者具有很强的工程性。化学工程专业的学生不仅要了解化工单元操作的基本原理和典型设备的结构原理，还要掌握设备的操作性能和计算方法。该专业解决的不仅是单元操作过程的基本规律，还要面对真实而复杂的生产问题——特定的物料在特定的设备中进行特定的加工过程。实际问题的复杂性不完全在于过程本身，还在于化工设备复杂的几何形状和千变万化的物性。由于过程的复杂性，采用理论解析的方法解决化工过程的计算问题往往十分困难，甚至不可能。因此，在化学工程专业的学习过程中理论和实际联系得相当紧密，一切研究和讨论都始终围绕着回答工业应用上提出的下述问题进行：如何根据各单元操作在技术和经济上的特点，进行过程和设备级的工艺计算和设计？在缺乏必要数据的情况下，如何组织实验获取数据？如何进行操作调节以适应生产的不同要求？

总之，化学工程专业综合性很强，涉及面也很广。专业课程中概念多、物理量多、公式多、方法多，而且计算繁杂，尤其半理论半经验公式和特征数、特征数关联式更多，将其灵活地应用于操作和设计问题的解决并非易事。

二、计算机辅助计算的重要意义

化学工程又是计算性很强的专业，涉及各种各样的计算问题。这些计算问题包括了对基本概念和理论的认识，内容非常丰富，从基本概念到实际问题无一不有，计算方法五花八门。有些问题的计算相对简单，而有些计算，虽然不是很难，但过程冗长。如化工原理中的一个很重要的计算方法——试差法，它几乎遍及整个课程的所有章节，都是由于问题本身的非线性而需要反复试算。几次、十几次乃至几十次对同一个算式进行反复计算，大大降低了学生的解题兴趣，效率也很低。因此，这类问题在教学过程中往往讲授不多。而这一类问题大都由工程实际问题演化而来，带有浓厚的工程特色，放弃它又会使学生失去应有的工程能力训练。类似的问题还有精馏中理论板数的计算。理论板数计算能在计算理论板层数的同时得到每块板上的汽液组成，因结果准确而被认为是一种很好的计算方法。但该方法在理论板数很多时计算过程较长，所以很少作为习题让学生演算。此外，很多问题涉及的图解积分法也因过程冗繁而“失宠”。所有这些，大大减少了学生解决实际问题的机会，同时也影响了理论教学的效果。

计算机及相关软件的引入，可快速而方便地解决上述问题。学生不仅可以在计算机辅助教学系统的帮助下轻松地解决这些计算问题，还可以根据个人兴趣进行二次开发，从而在编程过程中巩固和深化课堂所学内容。同时，有了相应的计算机软件，学生也可以对计算过程进行反复考察，分析问题的内在规律，从而加深方案调优的思想。

计算机在化工实验中也有许多应用。如利用计算机进行实验数据处理、数据拟合，利用计算机仿真技术进行实验前的模拟操作，以及利用计算机直接测取数据、分析实验结果等。其中，实验后的数据处理是一项繁杂的工作。一次实验，数据处理要花很长时间。如果实验中随机误差大，数据的处理及分析就更为费时。引入计算机后，数据处理变得非常容易，大大提高了实验报告的编写效率。学生从繁琐的重复计算中解放出来，可以利用节省的时间更多地去分析实验中出现的问题，提高实验效果。

三、数值计算常用计算机软件介绍

1. 程序设计及其语言

利用计算机进行工程计算，首先要进行程序设计。所谓程序就是人们为了使用计算机解决某些特定问题而设计的指令序列。计算机具有特定功能的关键是人们设计了相应的程序，用户在计算机上运行这些程序，使得计算机具有这些功能。其实，计算机的核心硬件 CPU（中央处理器）本身并没有智能，但是它具有判断能力，能够按照人们编写的程序自动执行，是人们设定的程序使得计算机具有各种各样的智能。

要解决一个实际问题，首先必须分析问题，建立数学模型，再选择计算方法，进行程序设计，然后上机调试运行，并对运算结果进行分析。如果不能得到正确结果，则继续前述步骤，直至得到正确结果。用计算机解决实际问题的全过程如图 0-1 所示。

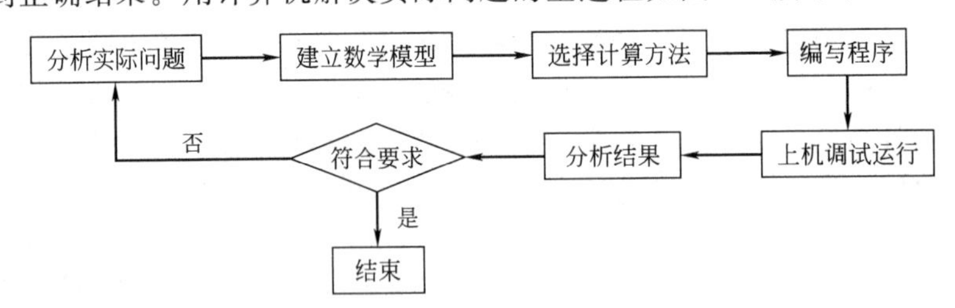

图 0-1　用计算机解决实际问题的全过程

在编写程序时，人与计算机进行信息交换，能沟通人与计算机联系的语言称为“计算机语言”。按照对机器的依赖程度，计算机语言可分为机器语言、汇编语言和高级语言 3 种。

早期由计算机机器指令组成的语言称为机器语言。它难读难写，难以修改调试，容易出错，可移植性差。但它可以被 CPU 直接识别执行，因此程序效率高，执行速度快，占用内存空间小。

汇编语言采用一定的汇编助记符代替机器指令，以加强程序的可读性。用汇编语言编写的汇编源程序不能直接被 CPU 识别执行，必须翻译成对应的机器指令。汇编语言的特点在于：在具有机器语言的诸多优点的同时，易读易改，也比较容易调试。

高级语言是用表达各种不同意义的“关键字”和“表达式”按一定的语法规则组合而成的语言，比较接近自然语言。用高级语言编写程序，易读易改，容易调试，不易出错，而且可移植性好。但是用高级语言编写的源程序必须由解释程序或者编译程序翻译成对应的目标代码（机器指令），再交由计算机执行，所以程序效率较低，运行速度慢，占用内存空间大。但这些都不足以掩盖其强大的开发效率和可维护性能，因而高级语言已经成为现在编程的主流工具。对于化工类专业的学生而言，计算机知识具有一定的局限性，选用一门适合自己专业特点的高级语言进行辅助计算尤其重要。

【例 0-1】 设有一元二次方程

$$f(x)=ax^2+bx+c$$

其中 $a=12$，$b=8$，$c=256$，$x=5$。试分别采用上述 3 种语言编程求 $f(x)$ 的值。

解：(1) 下列程序为 PC（个人计算机）机器语言程序：

地址	指令代码	二进制指令代码	说明
11B0:0100	B00C	1011 0000 0000 1100	将 00001100 送入 AL 寄存器，a，12
11B0:0102	B305	1011 0011 0000 0101	将 00000100 送入 BL 寄存器，x，5
11B0:0104	F6E3	1111 0110 1110 0011	(AL)×(BL)->AX 值为 3CH，ax，60
11B0:0106	0408	0000 0100 0000 1000	(AL)+8 ->AL 值为 44H，ax+b，68
11B0:0108	F6E3	1111 0110 1110 0011	(AL)×(BL)->AX 值为 154H，(ax+b)x，340
11B0:010A	050001	0000 0101 0000 0000 0000 0001	(AX)+0100H ->AX 值为 254H，(ax+b)x+c，596
11B0:010D	CD2	1100 1101 0010	中断返回，程序执行结束

上述机器语言程序的地址和指令均为二进制代码。执行该程序将得到函数值 $f(5)=596$ 并保存于 AX 寄存器中，即十六进制数为 254。从这个程序可以看出，只有计算机的专业人士才可能去研究它，这对于推广普及计算机是非常不利的。

(2) 下面为汇编语言程序：

```
MOV AL,0C
MOV BL,05
MUL BL
ADD AL,08
MUL BL
ADD AX,0100
INT 20
```

将源程序的每一个语句在调试程序中按顺序输入计算机并启动执行，当执行结束后给出命令 R，可看到 AX 中的结果为十六进制数 254。

(3) 下面为高级语言 Fortran 程序：

```
PROGRAM FX                             主程序名称
REAL A,B,C,X,F                         变量定义
WRITE(*,*)'INPUT A,B,C,X=?'            显示提示信息 INPUT A,B,C,X=?
READ(*,*)A,B,C,X                       输入 A,B,C,X 的值
F=(A*X+B)*X+C                          计算 AX²+BX+C 的值
WRITE(*,*)'A=',A,'B=',B,'C=',C         输出一元二次函数的系数值
WRITE(*,*)'X=',X,'F(X)=',F             输出自变量和函数值
STOP                                   停止
END                                    程序结束
```

可见，采用高级语言编程，可读性更强，程序也更短小。

2. 编程语言

(1) C 语言

C 语言是目前世界上最为流行的计算机高级程序设计语言之一。它设计精巧、功能齐

全，既适合编写应用软件，又特别适合编写系统软件。

C语言能够成为目前应用最广泛的高级程序设计语言之一，完全是由其特点决定的。C语言的主要特点有：

① 语言精练、简洁，使用方便、灵活；

② 具有高级语言和低级语言的双重特性，其包含的运算符内容广泛，生成的表达式简练、灵活，表达能力强，有利于提高编译效率和目标代码的质量；

③ 数据结构丰富，结构化好；

④ 提供了接近汇编语言的功能，便于编写系统软件；

⑤ 所生成的目标代码的效率仅比用汇编语言解决同一问题低20%左右，所以与其他高级语言相比，C语言编写的程序执行效率高，而且目标代码占用内存空间小；

⑥ 可移植性好，在C语言提供的语句中没有直接依赖硬件的语句。与硬件有关的操作如数据的输入输出等都是通过调用系统提供的库函数实现的，而这些库函数并不是C语言的组成部分。因此，C语言编写的程序可以方便地移植到另一种计算机环境中。

当然，C语言也有其缺点。一方面，运算符的优先级较多，不容易记忆，而且有些运算符功能特殊，容易出错。另一方面，C语言的语法限制不严格，这在增强了程序设计灵活性的同时也在一定程度上降低了安全性。这些缺点其实也正是C语言的特点，关键是用户要认真掌握、正确使用，这样才能充分发挥C语言的优点，编写出高效、紧凑、具有鲜明C语言风格的程序。

C语言的改进版本有：Turbo C++、Visual C++、C++ Builder等。

（2）Fortran 语言

Fortran是Formula Translation的缩写，是国际上曾经广泛流行的一种适于科学计算的高级语言，是为能够用数学公式表达的科学、工程问题或企事业管理工作的分析性、探讨性问题设计的。Fortran语言最大的特点是简单、易学，不需要初学者具备太多的计算机知识就可以进行程序设计。Fortran程序结构严谨、规范，不但适用于科学数值计算问题，也可以用于非数值计算问题。

Fortran语言的改进版本有：Fortran 90、Fortran PowerStation、Visual Fortran等。

（3）Visual Basic

Visual Basic（VB）是新型计算机程序设计语言，与传统程序设计语言相比具有许多特点，最突出的特点是可视化、事件驱动和交互式。

① 可视化　Visual Basic是Windows环境下的应用程序开发工具，用它开发应用程序要有两部分工作：设计界面和编写代码。Visual Basic是可视化程序开发工具，在开发过程中所看到的界面与程序运行时的界面基本相同。同时，Visual Basic还向程序员提供了若干界面设计需要的对象（称为控件）。程序员在设计界面时只要将所需要的控件放到窗口的指定位置即可，整个界面设计过程基本不需要编写代码。

② 事件驱动　在传统的应用程序中，应用程序自身控制了执行哪一部分代码和按何种顺序执行代码。用Visual Basic开发的应用程序，代码不是按照预定的路径执行，而是在响应不同的事件时执行不同的代码片段。事件可以由用户操作触发，也可以由来自操作系统或其他应用程序的消息触发，甚至由应用程序本身的消息触发。

③ 交互式　传统应用程序的开发过程可以分为3个明显的步骤：编码、编译和测试代码。Visual Basic则不同，它使用交互式方法开发应用程序，使3个步骤之间不再有明显的界限。Visual Basic在输入代码时便开始进行解释，实时捕获并突出显示大多数语法或拼写

错误，看起来就像一位专家在监视代码的输入。同时，Visual Basic 也在输入代码时部分地编译该代码。这样，准备运行和测试应用程序时只需极短时间即可完成编译。如果编译器发现了错误，则将错误突出显示于代码中，这时可以更正错误并继续编译，而无需从头开始。

（4）Delphi

Delphi 是一个可视化、快速的应用程序开发工具，它具有高效、优化的源代码编辑器，其内置的可视化集成开发环境和可扩展的数据库技术适用于各种类型的可视化程序开发。Delphi 最让人称道的就是简单易用以及功能强大的数据库应用程序开发技术，它支持各种类型的数据库（桌面数据库和关系数据库）。Delphi 拥有强大的互联网（Internet）开发功能，为网络应用程序开发提供了大量的组件。对于网络程序和数据库应用程序的开发，Delphi 都是值得称道的技术，它将二者融合，从而开发出功能无比强大的应用程序系统。

（5）MATLAB

目前，MATLAB 已被 IEEE 评为国际公认的最优秀科技应用软件。在我国，MATLAB 也正在引起广大科技工作者的广泛重视。

MATLAB 有三大特点。一是功能强大。包括数值计算和符号计算、计算结果和编程可视化、数字和文字统一处理。二是界面友好，语言自然。MATLAB 以复数矩阵为计算单元，指令表达与标准教科书的数学表达式相近。三是开放性强。MATLAB 有很好的可扩充性，可以把它当作一种更高级的语言使用，用它可容易地编写各种通用或专用应用程序。

正是由于 MATLAB 的这些特点，使它获得了对应用学科（特别是边缘学科和交叉学科）的极强适应力，并很快成为应用学科计算机辅助分析设计、仿真、教学乃至科技文字处理不可或缺的基础软件。

3. 带有可编程控制脚本语言的应用软件

（1）GAMS

GAMS（General Algebraic Modeling System，通用代数模型系统），是由世界银行专家开发的面向应用的数学规划软件。它是一种构造模型的高级语言，表述简洁，建模者易于理解，从而大大提高了用户的工作效率，扩展了数学规划技术在决策分析中的应用。在美国的管理计划部门，GAMS 是最为广泛应用的数学规划软件之一。

GAMS 具有如下特点：

① 一般性原则　GAMS 的设计融合了关系型数据库理论和数学规划方法。关系型数据库提供一般性数据组织与转换的结构框架，数学规划提供问题陈述与求解的方式。

② 通俗性文件　GAMS 的程序表述能同时让用户与计算机方便地理解。程序本身就是模型的说明文件，与常规的数学方式相当接近。

③ 可移植性　GAMS 系统可以在不同的计算机环境下运行，模型数据可以方便地在微机、工作站和大型机之间转换。

④ 开放式界面　GAMS 系统本身只是一个文本文件，不带任何特殊的编辑程序和图形输入输出功能。用户可以用自己熟悉的文字处理程序生成 GAMS 程序。这种开放性结构保障了 GAMS 在现有和未来用户环境下的兼容性。

⑤ 模型库　经验与教训是发展新系统的重要一环，如何把过去有效的思路和技术重新组合与创新是分析工作的重要一环。GAMS 系统的设计哲学使得对过去模型的修改与发展应用特别直观方便，帮助用户快捷登上巨人的肩膀。GAMS 的模型库取自从教科书到实际应用的各个层次，覆盖了从经济到工程的广泛领域。

（2）G2

G2 是美国 Gensym 公司开发的实时专家系统开发平台，经过十几年的不断改进和推广，已经成为各类工业过程首选的智能集成系统的开发和运行平台。世界 50 家最大的工业公司中有 40 家使用了该系统，其应用领域涵盖了故障诊断、先进控制、质量管理、操作支持、装置优化、计划与调度、过程设计与仿真、环境监测、网络管理、过程重构等方面。

G2 具有如下特点：

① 能够做到快速和在线地进行实时专家系统的设计、开发与实施，根据资料估计使用 G2 开发的时间约为使用 C 语言开发的时间的 1/10；

② 易于与其他实时系统或数据库集成，它带有 GSI 标准接口，用户可以自己开发数据接口程序，完成 G2 同其他软件之间的数据通信；

③ 在新的应用系统中可以重复使用现存的对象和模块，提高开发效率；

④ G2 的使用可以贯穿整个生产周期。

4. 模拟软件

（1）ECSS

20 世纪 80 年代初，青岛化工学院计算机与化工研究所在国家自然科学基金和化工部资助下开始流程模拟系统软件的开发，于 1987 年正式推出 ECSS（Engineering Chemistry Simulation System，工程化学模拟系统）。该软件借鉴了国外的开发经验，继承了国内的研究成果，系统规模较大、功能齐全，对于过程设计、改造、过程优化和控制等都起着越来越重要的作用。

ECSS 整个系统输入采用表格与图形并存的方式，其汉化版与英文版可任意选用。用户根据屏幕给出的操作提示将有关数据填写在特定位置，还可对已输入的数据进行任意修改。ECSS 基本实现了结构模块化、接口标准化。用户可根据需要增加或替换某些模块，形成专用系统。ECSS 自推出以来，已成功应用于大型乙烯装置、天然气分离、芳烃抽提等过程的设计与优化，并开发了多个流程的专用模拟软件。

（2）DSAS

青岛科技大学化工过程与装备国家级虚拟仿真实验教学中心经过 20 多年的努力，独立研发出了动态模拟分析系统 DSAS（Dynamic Simulation & Analysis System）。DSAS 继承了经典稳态流程模拟系统的数据结构和重要算法，并采用“跟踪逼近法”开发机理模型，取得了动态模拟快速精确的效果。该系统采用 Visual C＋＋面向对象开发，可模拟各种化工过程常规和事故状态的动态行为，并可对人员的操作情况进行自动评分。DSAS 已成功应用于 20 余套化工装置的动态仿真系统开发，涉及合成氨、聚甲醛、醋酸、己内酰胺、氯乙烯、甲醇等工艺。

DSAS 采用统一的严格机理模型实现不同工艺状况的动态模拟。目前，许多化工仿真软件由自控专业的人员开发，在不同层次上为了不同的目的往往采用不同的数学模型。这种做法是不合理的，这使整个工艺计算信息难以相互衔接，形成一些“孤岛”，用户使用也不方便，维护则更加困难。与之不同，DSAS 采用统一模拟仿真系统。

DSAS 具体的功能如下：

① 采用相同的物性计算方法，使之可适应整个操作范围；

② 采用统一化工设备数学模型模拟、优化、培训、校正数据；

③ 统一模型包括设备正常变化和异常变化方程，可以在模拟正常操作过程时随时进行

异常工况模拟；

④ 统一的关系数据库，避免“数出多源”，保持数据的一致性，具有状态记忆、时标设定等功能。

2019 年，依托 DSAS 开发的催化裂化吸收单元 3D（三维）虚拟仿真综合实验项目获评为国家虚拟仿真实验教学项目。

（3）Aspen Plus

Aspen Plus 是基于稳态化工模拟、优化、灵敏度分析和经济评价的大型化工流程模拟软件。它是由美国麻省理工学院（MIT）化学工程系于 1976 年依靠美国能源部提供资金开始开发，1981 年正式成立了 ASPEN 技术公司（ASPEN Technology，Inc.）。从那以后，Aspen Plus 正式公开发行，年年有所发展，被公认为是新一代的化工过程计算机模拟系统。

Aspen Plus 具有如下特点：

① 齐备的单元操作模块；

② 工业上最适用和完备的物性系统；

③ 快速可靠的流程模拟技术；

④ 经济评价功能；

⑤ 方便灵活的用户操作环境。

与其他化工流程模拟软件相比较，Aspen Plus 是世界上唯一能处理带有固体、电解质及煤、生物物质和常规物料等复杂物质的流程模拟系统，其相平衡及多塔精馏计算体现了目前工艺技术水平的重要进展。Aspen Plus 也是唯一具有对工厂进行完整的成本估算、经济评价的模拟系统，除了计算稳态下物料平衡和能量平衡外，还能初步估算工艺设备尺寸、操作费用和基建费用等。Aspen Plus 比其他模拟系统包含更多的模型，支持整个工艺流程的模拟，是一个大而全的模拟系统。而且，它考虑到了将来在涉及新工艺和新应用以及满足不同用户和过程需要的情况下可方便地进行修改、插入、增加新模块。所以，该软件非常重视和强调系统的总体性。Aspen Plus 采用的是“PLEX 数据结构”，没有维数的限制，也就是说没有物流、组分、理论塔板数等最大数目的限制，不浪费计算机资源，这使得 Aspen Plus 系统的应用更为广泛。

（4）HYSYS

HYSYS 是面向油气生产、气体处理和炼油工业的模拟、设计、性能监测的流程模拟软件，具有稳态模拟和动态模拟功能。HYSYS 已经具有 30 年以上的历史，原为加拿大 Hyprotech 公司的产品。2002 年 5 月，Hyprotech 公司与 AspenTech 公司合并，HYSYS 成为 AES（工程套装软件）的一部分。它为工程师进行工厂设计、性能监测、故障诊断、操作改进、业务计划和资产管理提供了建立模型的方便平台。它在世界范围内石油化工模拟、仿真技术领域占主导地位。HYSYS 已有 17000 多家用户，遍布 80 多个国家，其注册用户数目超过世界上任何一家过程模拟软件公司。目前世界各大主要石油化工公司都在使用 HYSYS，包括世界上前 15 家石油和天然气公司、前 15 家石油炼制公司中的 14 家和前 15 家化学制品公司中的 13 家。

HYSYS 可生成各类工艺报表、性质关系图以及塔和换热设备的剖面图；它还具有高质量 CAD 计算机辅助设计软件，可以很方便地生成工艺流程图。HYSYS 系统与其他软件不同，它不是按常规顺序模块方式传递信息，而是在流程图上使信息双向传递，即可在流程的任一处增减设备或开始计算，从而为用户进行方案比较或计算提供了极大的方便。这是 HYSYS 有别于其他软件的最大特点，这使得它在气体加工、石油炼制、石油化工、化学工业和合成燃料工业等许多工业领域有着广泛的应用。

(5) Fluent

Fluent是用于模拟具有复杂外形的流体流动以及热传导的流场软件。它提供了完全的网格灵活性，用户可以使用非结构网格（例如二维三角形、四边形网格，三维四面体/六面体/金字塔形网格）解决具有复杂外形的流动，甚至可以使用混合型非结构网格。

Fluent允许根据解的具体情况对网格进行修改。对于大梯度区域，如自由剪切层和边界层，为了非常准确地预测流动，自适应网格是非常有用的。与结构网格和块结构网格相比，这一特点很明显地减少了产生“好”网格所需要的时间。对于给定精度，自适应细化方法使网格细化变得很简单，并且减少了计算量。

Fluent是用C语言编写的，因此具有很大的灵活性，包括动态内存分配、高效数据结构和灵活的解控制等。除此之外，为了高效地执行、交互地控制以及灵活地适应各种机器与操作系统，Fluent使用client（客户机）/server（服务器）结构，允许同时在用户桌面工作站和强有力的服务器上分别运行程序。

5. 总结

Visual Basic（VB）简单易用、功能强大、开发速度快，但不善于进行图像处理和复杂计算。Fortran语言是最早用于科学计算的编程语言，但由于其程序格式复杂、调试环境不够友好，已基本被C语言取代。Visual C++是用C语言进行Windows编程的专业化开发工具，功能齐全，但掌握起来具有一定的困难，对开发人员要求较高。对于非计算机专业的工科学生而言，采用上述各种语言进行工程计算编程效率都不高，而MATLAB正好克服了它们在工程计算方面的缺点，是化学工程类学生进行辅助计算的有力工具。MATLAB不仅具有强大的图形绘制功能，还拥有完备的数值计算库，可让用户在无需过多关注编程细节的情况下较容易地进行程序设计。

因此，本书以MATLAB软件为工具，针对三传一反的专业知识体系介绍计算机在化学工程中的基本应用。同时，为了使读者了解实际工程计算的过程，本书还将在后面介绍如何利用Aspen Plus及其他软件进行化工过程模拟。

四、正确选用软件的意义

在理解了计算机在化学工程中的重要意义后，下一步需要做的就是如何选择一种适合工程计算的编程语言，来实现专业课程学习中的计算过程，并解决一些小型实际问题。目前工科院校针对非计算机专业开设的计算机编程课程主要有Fortran、C、Visual Basic、Java等。这些多为通用语言，在解决工程问题时需要进行大量的编程工作，效率较低。因此，本着简便易学、解决实际问题的原则选择一门适合化工专业学生使用的编程语言就非常重要。MATLAB是一种工程语言，内置了丰富的数值计算方法和多种图形绘制方法，便于用户集中精力解决工程计算问题本身，而不必过多地关注计算机编程和数学问题。因此，本书选择MATLAB作为主要的编程语言。另外，为便于学生了解大型工程问题的解决过程，还选择了较为成熟的商用流程模拟软件Aspen Plus作为演示软件，介绍如何利用大型软件处理实际工程问题。

针对化学工程专业中不同的计算问题，推荐使用软件的原则如下。

1. 具有固定解的通用方程（组）求解问题

这一类问题通常具有标准答案或参考答案，即使计算步骤有所不同，一般计算的最终结果是一致的。该类问题实质上属于方程（组）的非线性求解问题，在手工计算中多采用试差法完成，计算复杂，误差大。可以采用 Excel、MATLAB 软件求解这一类问题。其中 Excel 简单、直观，用户可以直接在电子表格中输入方程，无需学习编程，适用于方程规模较小的场合；MATLAB 采用编程语言编写求解程序，算法选择多，计算功能强，对于方程规模较大的场合优势更加明显，但用户需要学习 MATLAB 自带的编程语言。

2. 通用实验数据图形化和拟合问题

这一类问题通常针对实验测定数据绘制折线图，并分析数据背后隐含的规律（模型），实质上属于非线性最小二乘问题。该类问题可以采用 Origin、MATLAB 软件解决。其中，Origin 为专业的数据绘图软件，采用电子表格进行操作，所见即所得，上手快，功能较强，已经成为国际学术界数据绘图的标准软件平台。虽然 Origin 也拥有自己的编程语言，允许用户自定义拟合模型，但较为简单，仍然只适用于较小规模的模型拟合。相对而言，MATLAB 具有强大的数据绘图和数据拟合功能，可以自定义各类复杂的数学模型，而且可透明化地控制拟合算法，适用于较大规模的数据拟合问题。

3. 专用化工设备和化工工艺的模拟问题

相对于前两类通用问题，本类问题直接针对具体化工流程的设备和工艺进行模拟，专业性要求较高，计算工作量巨大，手工计算基本不可能完成，必须借助专用的计算机模拟软件 Fluent 或 Aspen Plus 完成。对于设备模拟问题，可以采用 Fluent 流体力学模拟软件，通过绘制二维或三维的设备内部结构图在有限元上进行微元模拟，以彩色平面/立体图的形式展示设备内部的流场和流体流动过程，形象直观，对过程设备强化具有重要的指导意义。对于流程模拟问题，可以采用 Aspen Plus 流程模拟软件，通过绘制工艺流程图和指定组分、设备、物流等信息进行全流程计算，对工艺优化、安全分析等具有重要的指导意义。

4. 用于理论学术创新的化工过程概念设计问题

在详细化工设计之前，有一个阶段，叫作概念设计。该阶段根据原料和产品的具体要求设计不同的生产工艺，具有方案多、优化目标多、灵活性强的特点，对设计者的理论学术创新能力要求较高。该类问题可采用 GAMS 软件完成。该软件具有自己的编程语言，专门适用于目标函数、约束条件、变量、优化算法等元素的定义，可读性强，计算准确，已经成为化工过程综合领域的标准软件平台。但该软件界面不够直观，需要用户学习其专门的编程语言，并要求用户能根据实际问题编制合理的数学模型，对用户的专业知识要求较高。

第一部分

数据处理与绘图软件

第一章

Origin 软件

★ **学习目的**

学习实验数据绘制及数据拟合。

★ **重点掌握内容**

Origin 结合 MATLAB 实现实验数据处理和绘制的过程。

第一节 Origin 软件介绍

Origin 是 Microcal Software 公司（OriginLab 公司的前身）推出的用于 Windows 平台下数据分析、工程绘图的软件。该软件自 1991 年 3 月推出以来，一直在不断升级，由 Origin4.0、Origin5.0、Origin6.X、Origin7.0 发展到目前功能强大的 Origin9.0 版。Origin 程序较小但功能强大，从实验数据出发能快速而准确地绘制出各类高质量的曲线图，具有快速、灵活、使用简便等优点，是科研人员和工程师常用的高级数据分析及科学绘图工具，被公认为最快、最灵活、使用最容易的数据分析和绘图软件。有如此强大的生命力，自然有其不同于其他软件和语言的特点。Fortran 和 C 等高级语言使人们摆脱了直接对计算机硬件资源进行操作的阶段，而 MATLAB 等专业软件提供了丰富的函数资源，使编程人员从繁琐的程序代码中解放出来。Origin 最突出的优点是使用简单，它采用直观的、图形化的、面向对象的窗口菜单和工具操作，全面支持鼠标右键操作，支持拖放式绘图等，甚至在完成一项任务时不需要用户编写任何代码，它带给用户的是最直观、最简单的数据分析和绘图环境。

Origin 以 Windows 为平台，是集数据处理与图形绘制为一体的软件包。它和 Word、Excel 等一样，是一个多文档界面软件，工作时将文件以 OPJ 的形式保存。该文件可以同时拥有多个子窗口，如工作表窗口、图形窗口、矩阵窗口、函数窗口和版面设计窗口等。这些窗口之间相互关联，一旦数据表发生变化，相关的子窗口中可以立即看到结果，所见即所得。

Origin 主要包括两大类功能：数据分析和绘图。数据分析包括曲线拟合、排序、调整、计算、统计、频谱变换等各种完美的数学分析功能，而基于模板的绘图可以做出几十种二维和三维图形。另外，它还提供了广泛的定制功能和各种接口、自定义函数、图形样式等，方便与各种办公软件连接，甚至可以使用 LabTalk 语言编程。因此，它已成为科技工作者数据分析和绘图工作的有力工具，熟练使用它，会大大提高工作效率，事半功倍。

第二节 Origin用于离心泵特性曲线绘制

液体输送机械按工作原理可分为离心式泵（离心泵、旋涡泵、轴流泵等）、往复式泵（往复泵、柱塞泵、计量泵等）、回转式泵（齿轮泵、螺杆泵等）、流体动力作用式泵（空气升液器等）。泵的种类虽然繁多，但离心泵应用最广，如化学工业使用的离心泵大约占所用泵的80%以上。离心泵特性曲线表征离心泵性能，也可用于说明离心泵的流量调节和串并联结构关系。

一、离心泵特性曲线绘制

为了正确合理地选择和使用离心泵，必须了解其工作的主要性能参数。这些参数包括流量Q、扬程H、轴功率N和效率η。离心泵的流量又称送液能力，指离心泵在单位时间内排到管路系统中的流体体积，流量的大小受到泵的转速、结构尺寸的影响，在特定的管路中泵的流量等于管路中的流量。离心泵的扬程指泵对单位质量的流体所提供的有效压头，扬程的高低受到泵的转速、结构尺寸及送液量的影响。离心泵的轴功率是泵轴所需功率，可由功率表直接测定。离心泵的效率是指用于流体输送的有效功率占轴功率的比例，因为离心泵输送液体时有部分能量损失，包括容积损失、水力损失和机械损失，所以该值通常小于100%。

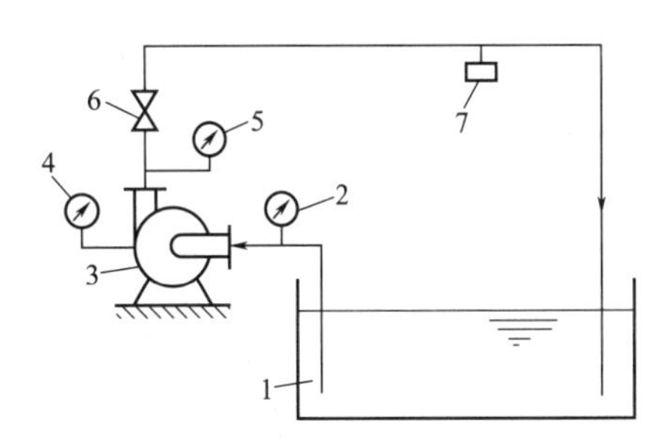

图1-1 离心泵特性曲线测定装置

1—水槽；2—真空表；3—离心泵；4—功率表；5—压力表；6—出口阀；7—流量计

为了解离心泵的性能，在一定的转速下将离心泵的Q-H、Q-N和Q-η关系通过实验测定出来，绘于同一图中，即可得到离心泵特性曲线。该曲线的测定装置如图1-1所示。测试流体水由离心泵从水槽中抽出，流量由出口阀调节并由流量计在线测量得到，水最后又返回水槽。离心泵上装有功率表，并在进出口装有压力表，泵前所测为真空度，泵后所测为表压。根据流量、功率和两个压力（p），就可以计算出离心泵特性曲线数据。

在泵入口和出口间列伯努利方程

$$Z_1+\frac{u_1^2}{2g}+\frac{p_1}{\rho g}+H_e=Z_2+\frac{u_2^2}{2g}+\frac{p_2}{\rho g}+H_f \tag{1-1}$$

式中，Z为液面高度；u为流速。在忽略阻力（H_f）和位差的情况下，泵的扬程H用下式计算（H_e为外加压头）

$$H=H_e=\frac{p_{压力表}}{\rho g}+\frac{p_{真空表}}{\rho g}+\frac{u_2^2-u_1^2}{2g}=\frac{p_{压力表}}{\rho g}+\frac{p_{真空表}}{\rho g}+\frac{8Q^2}{\pi^2 g}\left(\frac{1}{d_2^4}-\frac{1}{d_1^4}\right) \tag{1-2}$$

式中，d为管路直径。有效功率N_e计算式如下

$$N_e/\mathrm{kW}=\frac{\rho QH_e}{102} \tag{1-3}$$

式中，102表示功率换算为kW时1000与重力加速度的商。

最后，将有效功率（N_e）与轴功率（N）相除得到效率η

$$\eta=\frac{N_e}{N}\times 100\% \tag{1-4}$$

下面用一实例说明实验数据的处理过程。现已测得实验数据如表 1-1 所示。

表 1-1　离心泵特性曲线测定实验数据

序号	直管流量 /(m^3/h)	直管压差 /mmH_2O	泵入口压力 /mmHg	泵出口压力 /kPa	电机功率 /kW
1	12.58	536	−121	114.1	0.681
2	11.79	417	−99	121.5	0.637
3	10.20	402	−95	122.6	0.628
4	8.68	388	−93	123.0	0.624
5	7.71	381	−92	123.3	0.623
6	5.50	223	−62	131.9	0.536
7	3.40	101	−40	134.8	0.445
8	1.35	33	−30	137.9	0.373
9	2.28	54	−33	135.9	0.402
10	3.48	101	−41	134.9	0.447
11	4.67	166	−52	133.5	0.499
12	6.17	265	−69	130.3	0.564
13	7.43	372	−88	124.6	0.616
14	8.89	386	−92	123.3	0.621
15	9.60	391	−93	123.0	0.623
16	11.27	399	−94	122.9	0.626

注：1mmH_2O=9.80665Pa；1mmHg=133.322Pa。

根据上述实验数据，在 Excel 中输入 H 的计算式［式(1-2)］

```
=$F6*0.102+$E6*0.0136+8*POWER($C6/3600/3.14,2)/9.807*(1/POWER
($C$1/1000,4)-1/POWER($F$1/1000,4))/1000*0.102
```

N_e的计算式［式(1-3)］

```
=1000*$C6/3600*$H6/102
```

以及效率 η 的计算式(1-4)

```
=$I6/$G6*100
```

即可获得 16 组 Q、H、N 和 η 数据，如图 1-2 所示。

由于离心泵的 3 条特性曲线取值范围不同、单位不同，在同一图中绘制时要采用不同的坐标系，用 MATLAB 实现较为复杂。而使用专业的绘图软件 Origin 可以较为容易地实现上述功能，可得到如图 1-3 所示的离心泵特性曲线。下面对该软件及其绘图的过程进行简单介绍。

采用 Origin 绘制图 1-3 的步骤如下。

(1) 新建一个工程

Origin 启动后，自动建立一个名为“UNTITLED”的工程，其中的数据表为“Data1”。由图 1-4 可见，Origin 的操作界面直观易懂，与多数的 Windows 软件相似，所以基本上不需要专门去学习即可直接使用。

扫码观看
离心泵特性
曲线绘制

Microsoft Excel - 离心泵特性曲线

H6 f_x =$F6*0.102+$E6*0.0136+8*POWER($C6/3600/3.14,2)/9.807*(1/POWER($C$1/1000,4)-1/POWER($F$1/1000,4))/1000*0.102

	C							
1	27.1	mm	入口管路规格:	35.75	mm			
2	1	m	水温：20℃，离心泵型号规格：ISWH-32-1001					
3	直管流量	直管压差	泵入口压力	泵出口压力	电机功率			
4	$m^3.h^{-1}$	mmH_2O柱	mmHg柱	kPa	kw	He, mH_2O	Ne, kW	效率
5	12.58	536	121	114.1	0.681	13.283928	0.46	66.83
6	11.79	417	99	121.5	0.637	13.739512	0.44	69.25
7	10.2	402	95	122.6	0.628	13.797284	0.38	61.03
8	8.68	388	93	123	0.624	13.810861	0.33	52.32
9	7.71	381	92	123.3	0.623	13.827848	0.29	46.60
10	5.5	223	62	131.9	0.536	14.297024	0.21	39.95
11	3.4	101	40	134.8	0.445	14.293609	0.13	29.74
12	1.35	33	30	137.9	0.373	14.473801	0.05	14.27
13	2.28	54	33	135.9	0.402	14.310604	0.09	22.10
14	3.48	101	41	134.9	0.447	14.31741	0.14	30.36
15	4.67	166	52	133.5	0.499	14.324218	0.18	36.51
16	6.17	265	69	130.3	0.564	14.229031	0.24	42.39
17	7.43	372	88	124.6	0.616	13.906045	0.28	45.68
18	8.89	386	92	123.3	0.621	13.827864	0.33	53.91
19	9.6	391	93	123	0.623	13.810875	0.36	57.96
20	11.27	399	94	122.9	0.626	13.814303	0.42	67.73

离心泵特性曲线测定

图 1-2　用 Excel 计算离心泵特性曲线数据

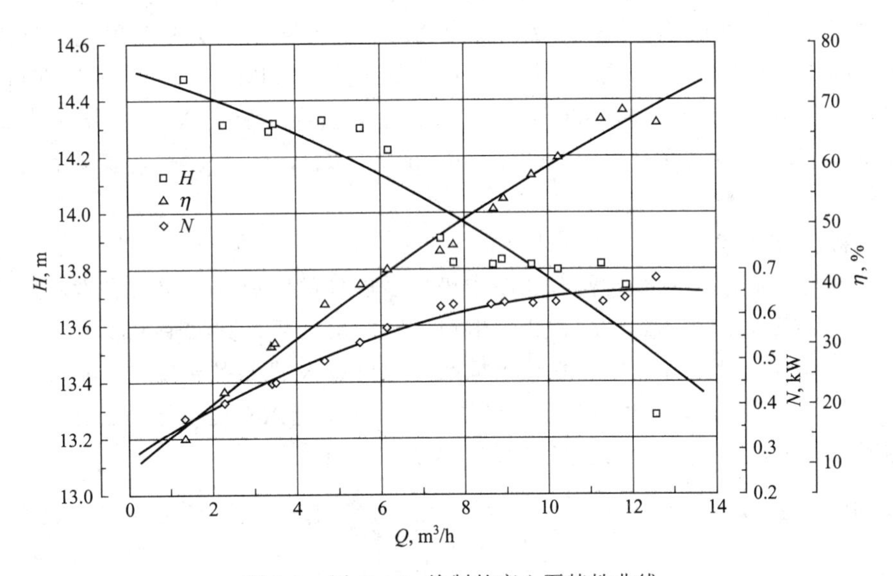

图 1-3　用 Origin 绘制的离心泵特性曲线

(2) 输入特性曲线数据

Origin 的数据结构与 Excel 兼容，所以可将 Excel 中的 Q、H、N 和 η 数据逐列复制到数据表 Data1 中。列数不足时，点击右键，利用“Add New Column”命令新建一列。默认情况下，列名称用英文字母按顺序生成。如需改变，则在列表头上点击右键，利用“Properties…”命令输入列的新名称。由于名称中不能包括非常用符号 η，图 1-5 中建立的 η 数据列用“Zita”命名。

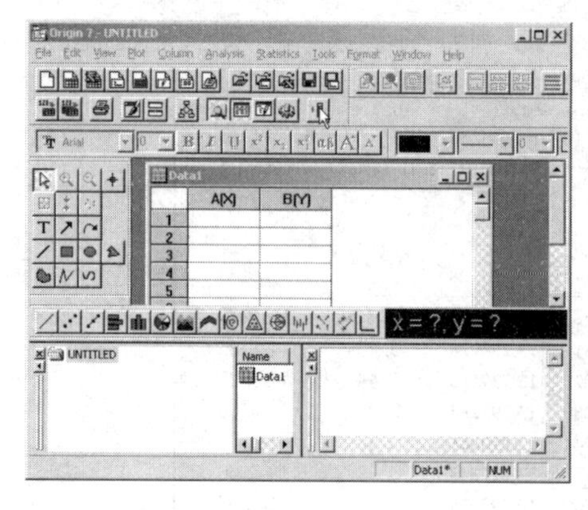

图 1-4　新建 Origin 工程

	Q(X)	H(Y)	N(Y)	Zita(Y)
1	12.58	13.28393	0.681	66.83
2	11.79	13.73951	0.637	69.25
3	10.2	13.79728	0.628	61.03
4	8.68	13.81086	0.624	52.32
5	7.71	13.82785	0.623	46.60
6	5.5	14.29702	0.536	39.95
7	3.4	14.29361	0.445	29.74
8	1.35	14.4738	0.373	14.27
9	2.28	14.3106	0.402	22.10
10	3.48	14.31741	0.447	30.36
11	4.67	14.32422	0.499	36.51
12	6.17	14.22903	0.564	42.39
13	7.43	13.90604	0.616	45.68
14	8.89	13.82786	0.621	53.91
15	9.6	13.81087	0.623	57.96
16	11.27	13.8143	0.626	67.73
17				
18				

Paste
Add Text...
Add New Column
Clear Worksheet
Go To Row...
Mask
Color...
Properties...

图 1-5　在 Origin 中输入数据

(3) 绘制 *Q-H* 曲线

点击菜单"File->New->Graph"新建一个图层，然后在其左上角的数字"1"上点击右键，选择"Add/Remove Plot..."，在出现的"Available Data"列表中选择"data1 _ h"数据，并点击其右侧的"=>"按钮和"OK"按钮，此时数据显示在图层中。在该图上点击右键，选择"Plot Details..."命令，在新出现对话框中的"Plot Type"列表中选择"Scatter"，并在"Symbol"标签中选择正方形为数据标记符号，点击"OK"按钮则得到以离散点表示的 *Q-H* 曲线。为拟合该曲线，选择菜单"Analysis->Fit Polynomial..."调用多项式拟合工具，在出现的对话框中选择阶数"Order"为 3，点击"OK"按钮，得到该曲线的三次多项式拟合结果（图 1-6）。该拟合曲线默认为红色，要更改为黑色，只需在该曲线上点击右键"Plot Details..."，并在"Line"中选择"Color"为"Black"即可。最后，选中图层右上角的图例，按"Delete"键删除。选中横纵坐标标签，点击右键菜单中的"Properties"，分别修改其文字说明为"Q，m^3/h"和"H，m"。注意，该文字输入时可以指定上下标。

(4) 绘制 *Q-N* 曲线

在同一图上添加 *Q-N* 曲线，需要在图中坐标系以外的空白区域单击右键，选择"New Layer(Axes)->(Linked):Right Y"，此时出现一新的坐标系，其纵轴被放置在右侧，同时左上角数字"1"旁出现数字"2"。在该坐标系中绘制 *Q-N* 曲线的步骤同步骤（3），不再一一说明。要强调的一点是，由于图层叠加顺序不同，可能导致右键操作无法进行，这时可在左上角的图层对应数字上点击右键进行操作。结果如图 1-7 所示。

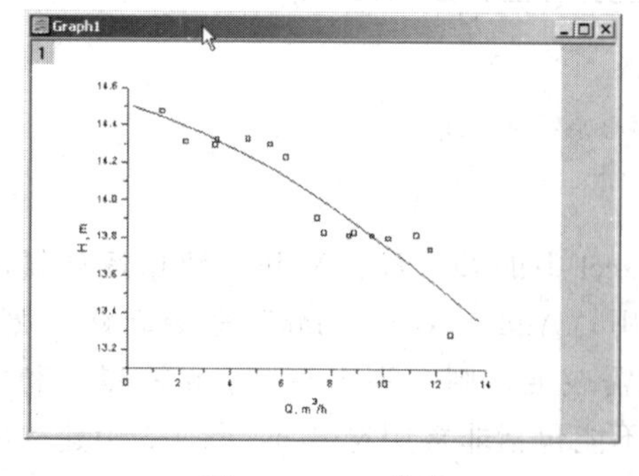

图 1-6　*Q-H* 曲线

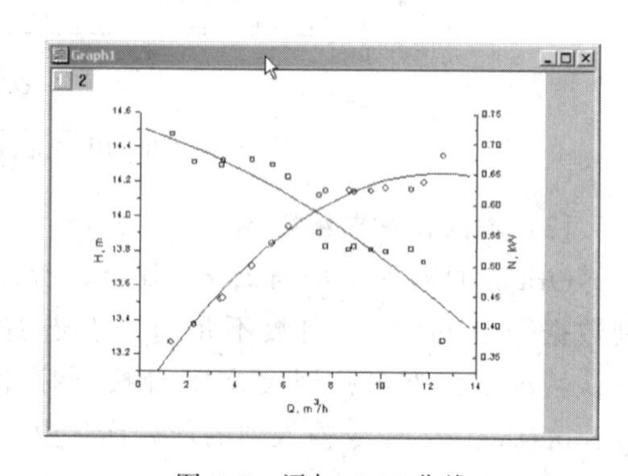

图 1-7　添加 *Q-N* 曲线

(5) 绘制 Q-η 曲线

依照步骤 (4) 的方法，添加 Q-η 曲线。在拟合该曲线时，选择次数为 3 时出现了“过拟合”现象，即拟合精度下降，所以最终选次数为 2。由图 1-8 可以看出，该曲线与 Q-N 曲线的纵坐标重合在了一起，不便于读数，所以下一步将对这 3 条曲线做进一步调整。

(6) 最后调整

单击相应图层的坐标轴，点击右键，选择“Axis...”，在出现的对话框中选择“Title & Format”标签，从左边的“Selection”列表中选择“Right”，并在“Axis”列表中选择“% From Right”，在“Percent/Value”中输入纵坐标的移动量。经过以上操作，3 条曲线即可显示出各自的纵坐标，而横坐标则公用。为将 Q-N 曲线向下压缩，只需点击其坐标轴框，缩小其高度即可。如图 1-9 所示。

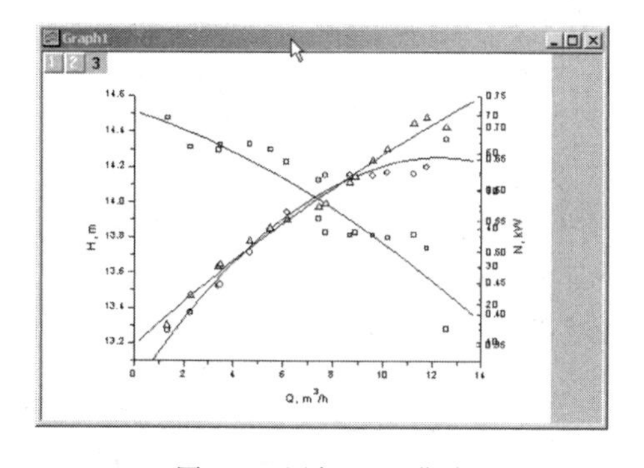

图 1-8　添加 Q-η 曲线

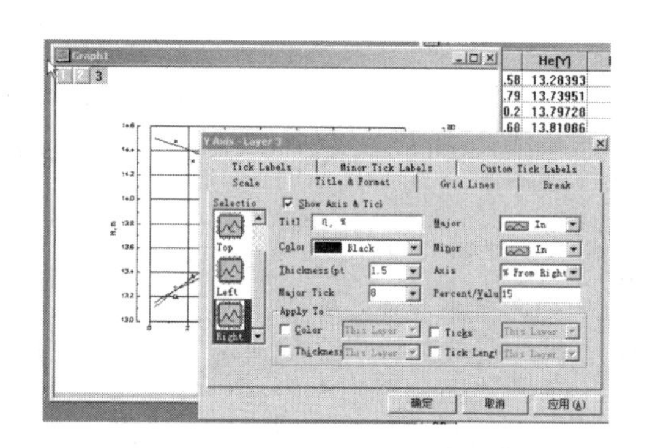

图 1-9　调整坐标轴

二、管路特性曲线

当离心泵安装在特定的管路中时，其实际的工作压头和流量不仅与离心泵本身的性能有关，还与管路的特性有关。管路特性可用管路特性曲线表示，它给出了管路中流量与所需压头的关系，该关系可通过在管路两端列伯努利方程获得

$$H_e = \Delta Z + \frac{\Delta p}{\rho g} + \frac{\Delta u^2}{2g} + H_f = K + f(Q_e) \tag{1-5}$$

在 MATLAB 中绘制该函数时，调用 fplot 较 plot 更为方便，因为前者专用于绘制函数曲线，后者专用于函数关系未知而仅知离散数据点的曲线绘制。函数 fplot 的调用格式为

```
fplot('function',limits)
```

其中，function 为待绘制的函数，limits 为自变量的绘制范围。

【例 1-1】 采用离心泵将 20℃的清水从贮水池输送到指定位置，已知输送管出口端与贮水池液面间的垂直距离为 8.75m，输水管为内径 114mm 的光滑管，管长为 60m（包括局部阻力的当量长度），贮水池与输水管出口端均与大气相通，贮水池液面保持恒定。清水的密度为 999kg/m^3，黏度为 1.109×10^{-3}Pa·s，该离心泵的特性曲线如下：

项目	数	据				
$Q/(m^3/s)$	0.00	0.01	0.02	0.03	0.04	0.05
H/m	20.63	19.99	17.80	14.46	10.33	5.71
$\eta/\%$	0.00	36.1	56.0	61.0	54.1	37.0

试求该泵所在的管路特性曲线。

解： 在贮水池液面和输水管出口内侧间列伯努利方程式，得

$$H_e=\Delta Z+\frac{\Delta p}{\rho g}+\frac{\Delta u^2}{2g}+\lambda\left(\frac{l+l_e}{d}\right)\frac{u_2^2}{2g}$$

由于
$$\frac{\Delta p}{\rho g}=0,\ u_1=0$$

所以
$$H_e=\Delta Z+\left(1+\lambda\frac{l+l_e}{d}\right)\frac{u_2^2}{2g}$$

而
$$u_2=\frac{4Q_e}{\pi d^2},\ Re=\frac{du\rho}{\mu}=\frac{4\rho Q_e}{\pi d\mu}$$

且对于光滑管
$$\lambda=0.3164Re^{-0.25}=0.3164\left(\frac{4\rho Q_e}{\pi d\mu}\right)^{-0.25}$$

所以 $H_e=\Delta Z+\frac{8Q_e^2}{\pi^2 d^4 g}\left[1+\frac{l+l_e}{d}\times 0.3164\left(\frac{4\rho Q_e}{\pi d\mu}\right)^{-0.25}\right]$

$$=8.75+\frac{8Q_e^2}{\pi^2\times 0.114^4\times 9.8}\left[1+\frac{60}{0.114}\times 0.3164\left(\frac{4\times 999}{\pi\times 0.114\times 1.109\times 10^{-3}}\right)^{-0.25}Q_e^{-0.25}\right]$$

即
$$H_e=8.75+489.2(1+2.96Q_e^{-0.25})Q_e^2$$

根据本例附表可知自变量流量的取值范围为 [0.00,0.05]，在该范围内用 fplot 绘制上面的管路特性方程的程序如下：

```
% 管路特性曲线
fplot('8.75+489.2 * (1+2.96 * x ^(-0.25)) * x ^2',[0.00 0.05]);
xlabel('流量,m3/s');
ylabel('压头,m');
```

结果为：

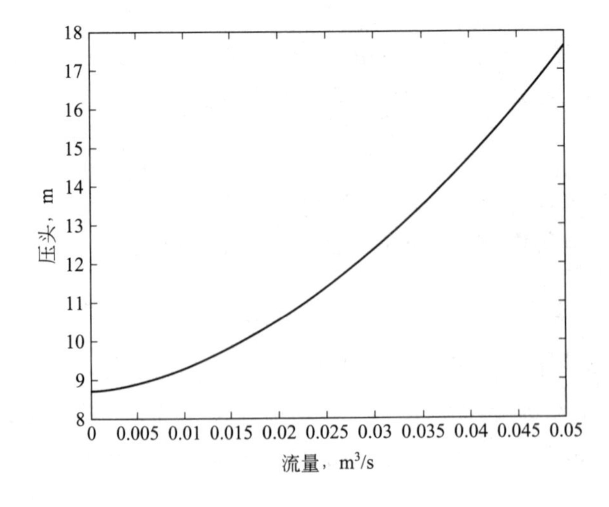

该程序将方程表达式直接输入 fplot 的第 1 个参数，用户也可定义该方程后将函数名称输入给 fplot。

三、离心泵工作点

离心泵在管路中运行时，泵所能提供的流量及压头应与管路所需的数值一致。此时，安装在管路中的离心泵操作点必须同时满足泵的特性方程和管路的特性方程。所以，工作点是通过联立求解上述二方程获得的。

将例 1-1 中的离心泵特性曲线和管路特性曲线绘制在图 1-10 中，二曲线的交点即为离心泵工作点。联立离心泵特性曲线方程和管路特性曲线方程，是通过调用 fsolve 函数获得的。利用 text 函数，可将工作点坐标放置在交点处。

对应的 MATLAB 程序如下：

```
function workpoint
% 离心泵工作点
clc
clear
% 数据
Q=[0.00:0.01:0.05];
H=[20.63 19.99 17.80 14.46 10.33 5.71];
T=[0.00 36.1 56.0 61.0 54.1 37.0];
% 离心泵特性曲线
p=polyfit(Q,H,4);
Q1=linspace(0.00,0.05);
H1=polyval(p,Q1)
plot(Q1,H1,'k'),
hold on,
% 管路特性曲线
fplot('8.75+489.2*(1+2.96*x^(-0.25))*x^2',[0.00 0.05],'k-'),
% 求取工作点
x=fsolve(@workfun,[0.01 12],optimset('fsolve'),p);
s=sprintf('Qw=%f\nHw=%f',x(1),x(2));
text(x(1),x(2),s);
% 图形说明
xlabel('流量,m3/s'),
ylabel('压头,m'),
legend('离心泵特性曲线','管路特性曲线'),
% ------------------ 工作点联立方程定义 -------------------------
function f=workfun(x,p)
f=[polyval(p,x(1))-x(2);
  8.75+489.2*(1+2.96*x(1)^(-0.25))*x(1)^2-x(2)
];
```

程序对离心泵特性曲线的离散数据进行了拟合，一方面可以使曲线更加平滑，另一方面便于数值计算工作点。命令 legend 用于生成图例，xlabel 和 ylabel 则用于给出横纵坐标轴名称，hold on 命令可使多个曲线绘制在同一图中。绘制结果如图 1-10 所示。

四、离心泵串并联特性曲线

在实际生产中，当单台离心泵不能满足输送任务要求时，可采用离心泵的并联或串联操

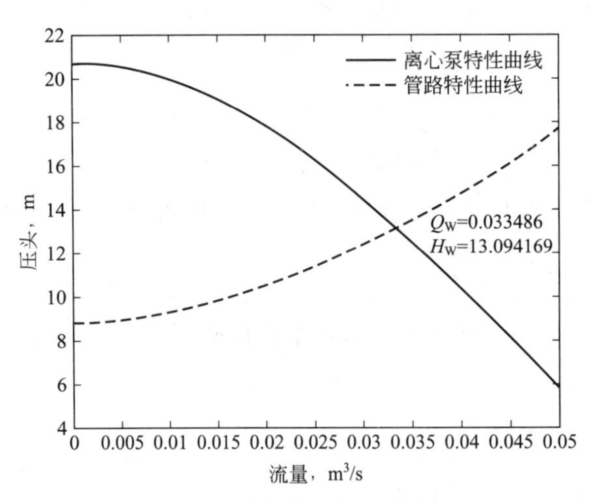

图 1-10 离心泵工作点的确定

作。并联操作时，在同一压头下两台泵的流量等于单台泵的2倍，于是，将单台泵的纵坐标不变，横坐标加倍，即可得到并联离心泵特性曲线。串联操作时，在同一流量下两台泵的压头为单台泵的2倍，于是，保持单台泵的横坐标不变，将纵坐标加倍，即可得到串联离心泵特性曲线。生产中究竟采用何种组合方式比较经济合理，取决于管路特性曲线。

【例 1-2】 用两台离心泵从水池向高位槽送水，单台泵的特性曲线方程为

$$H=25-1\times10^6Q^2$$

管路特性曲线方程可近似表示为

$$H_e=10+1\times10^5Q_e^2$$

两式中 Q 的单位均为 m^3/s，H 的单位均为 m。试问两泵如何组合才能使输液量最大？（输水过程为定态流动）

解： 两泵并联时，流量加倍而压头不变，故并联泵合成特性曲线为

$$H_{并}=25-1\times10^6\left(\frac{Q}{2}\right)^2=25-2.5\times10^5Q^2$$

两泵串联时，流量不变而压头加倍，故串联泵合成特性曲线为

$$\frac{H_{串}}{2}=25-1\times10^6Q^2$$

即

$$H_{串}=50-2\times10^6Q^2$$

将这两种情况与正常情况下的工作点标于同一图中，程序如下：

```
function serpoint
% 离心泵的串并联操作
clc,
clear
% 单个离心泵特性曲线
fplot('25-1.0e6 * x ^2',[0.00 0.01],'k-'),
hold on,
% 并联离心泵特性曲线
fplot('25-2.5e5 * x ^2',[0.00 0.01],'k-.'),
hold on,
```

```
% 串联离心泵特性曲线
fplot('50-2.0e6 * x ^ 2',[0.00 0.01],'k-'),
hold on,
% 管路特性曲线
fplot('10+1.0e5 * x ^ 2',[0.00 0.01],'k:'),
% 求取工作点
for i=0:2
    x=fsolve(@serfun,[0.01 12],optimset('fsolve'),i);
    s=sprintf('Qw=%f\nHw=%f',x(1),x(2));
    text(x(1),x(2),s);
end
% 图形说明
xlabel('流量,m3/s'),
ylabel('压头,m'),
ylim([0 50]);
legend('离心泵特性曲线','并联离心泵特性曲线','串联离心泵特性曲线','管路特性曲线'),
% ------------------------ 串并联及正常时的工作点方程组定义 ------------------------
function f=serfun(x,flag)
switch flag
    case 0   % 正常情况
        f(1)=25-1.0e6 * x(1)^2-x(2);
    case 1   % 并联情况
        f(1)=25-2.5e5 * x(1)^2-x(2);
    case 2   % 串联情况
        f(1)=50-2.0e6 * x(1)^2-x(2);
end
f(2)=10+1.0e5 * x(1)^2-x(2);
```

结果如下图所示：

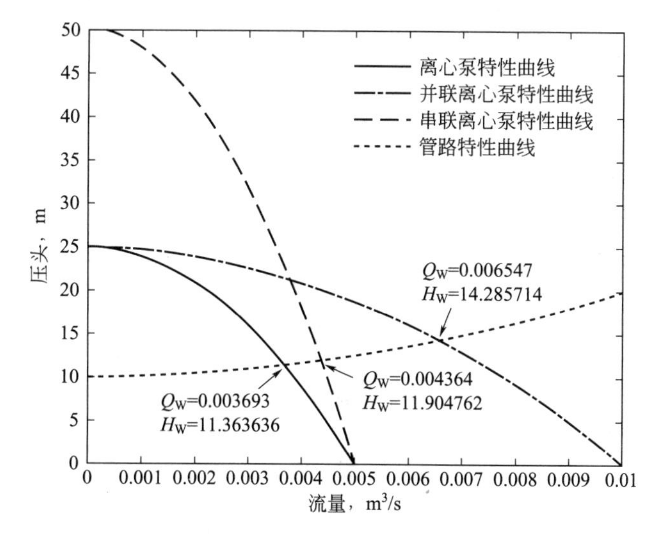

可以看出，由于管路阻力较小，离心泵并联组合时的输液量较大。因此，离心泵采用何种组合方式操作完全取决于管路特性曲线的形状，或者说取决于管路的阻力大小。

本章小结

☆ Origin 最突出的优点是使用简单。它采用直观的、图形化的、面向对象的窗口菜单和工具操作，甚至在完成一项任务时不需要用户编写任何代码。

☆ 利用 Origin 数据绘图之前，需要首先利用电子表格对原始实验数据进行变换，以得到绘图所需要的数据。

☆ 不同度量度的多条曲线绘制在同一图上，需要建立不同的图层，进行针对性操作，以便更好地定制曲线元素。

第二章

Excel 软件

★ **学习目的**

学习数据灵敏度分析、超结构过程综合及实验数据变换。

★ **重点掌握内容**

在 Excel 电子表格中输入公式和进行规划求解的过程。

第一节　Excel 软件介绍

Excel 是 Microsoft 公司推出的 Office 系列办公软件中的电子表格组件。Excel 用以制作电子表格，可以完成许多复杂的数据运算，进行数据的分析和预测，并且具有强大的制作图表的功能。电子表格通过公式建立各数据之间的联系，从而进行方程求解、敏感性分析和最优化计算，以观察一个或多个参数改变时决策变量的变化情况。同 Origin 相比，Excel 功能偏向于文档编辑，所以其数据分析和绘图的功能都有所削弱，但使用起来更为简单。

在化工计算领域，Excel 的主要用途如下。

一、利用 Excel 分析各数据间的变化关系

电子表格建模是把参数及决策变量输入到电子表格中，然后通过公式在它们之间建立适当的关系，从而获得决策结果的输出。使建立的电子表格模型逻辑上正确和生成有用的结果是主要目标。除此之外，也要使所建的模型有可读性，便于与别人交流分享：

① 模型的整体布局清楚合理；

② 模型的参数、决策变量和输出结果使用清楚的标题；

③ 使用文本编辑功能，突出重点；

④ 使用单元格注释。

【例 2-1】 某化工企业生产产品的固定成本 $C_F=50000$（为便于分析，所有数值均无量纲化，下同），单位产品的变动成本 $C_V=400$，产品单价 $P=900$。试通过 Excel 的电子表格分析产品产量 Q 对企业是否盈利的影响。

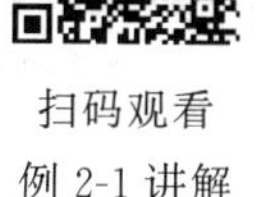

扫码观看
例 2-1 讲解

所用公式有：

总成本　$C=C_F+C_VQ$

总收益　$I=PQ$

总利润 $E=I-C$

解： 该题考查的是产量 Q 对总利润 E 的影响关系，其转折点为 $E=0$。如果 $E<0$，则说明是亏损；如果 $E>0$，则说明是盈利。通过在 Excel 中输入例题中的常量和变量，并进行文字格式的修改以便于阅读，可得到如下的分析界面：

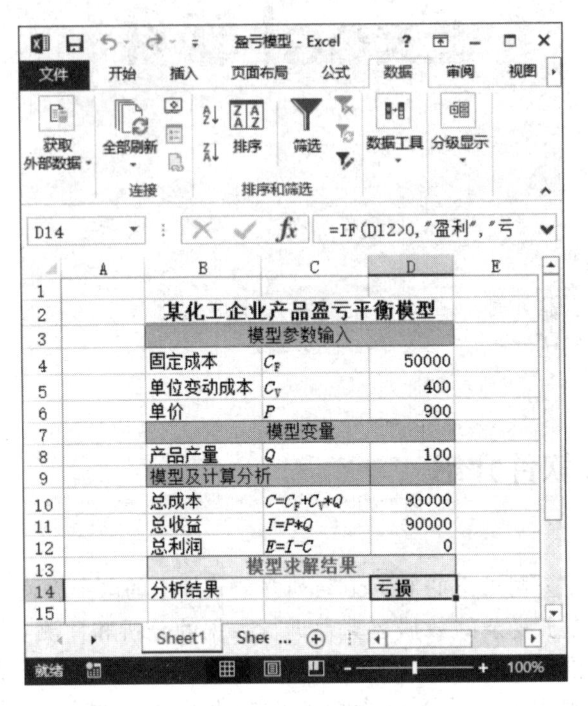

该界面中，总成本 C、总收益 I 和总利润 E 的电子单元格中输入了与产量 Q 有关的计算公式。通过菜单"数据→数据工具→模拟分析→单变量求解"可启动 Excel 的方程求解功能，界面如下：

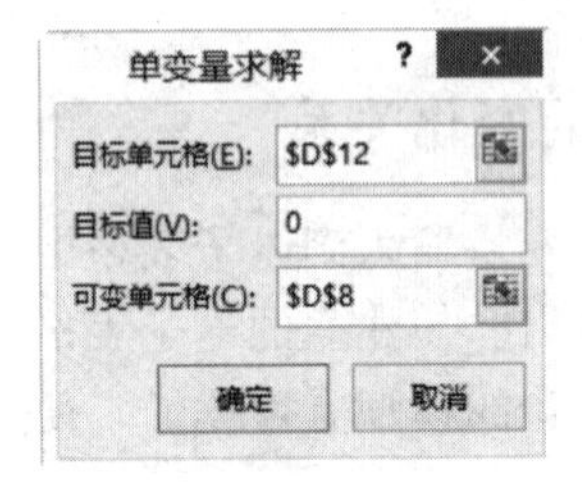

在该界面上分别指定目标单元格（总利润 E）、目标值（0，即盈亏转折点）和可变单元格（产量 Q），系统自动计算出总利润 $E=0$ 时的产量 $Q=100$，并将结果直接显示在 Excel 的模型单元格中。

二、利用 Excel 绘制二维图和三维图

在 Excel 中，根据工作表上的数据生成的图形仍存放在工作表上，这种含有图形的工作表称为图表。图表可以将数据更为直观地显示出来，更容易看出数据的变化趋势。同时，当工作表上的数据发生变化时，图表会相应地改变，不需要重新绘制。

常用的图表类型主要有以下几种：

○ 柱形图　○ 条形图　○ 股价图　○ 气泡图
○ 折线图　○ 面积图　○ 曲面图　○ 雷达图
○ 饼图　○ 散点图　○ 圆环图

三、利用 Excel 进行优化计算

Excel 内置“规划求解”功能，它通过更改单元格（称为可变单元格）中的值求得工作表上某个单元格（称为目标单元格）最优值。“规划求解”还可以将约束条件应用于可变单元格、目标单元格或其他与目标单元格直接或间接相关的单元格，来限制“规划求解”可在模型中使用的值。Excel 的“规划求解”功能免去了专业软件对使用者专业知识的要求，可以使用户轻松、方便、快捷、准确地解决多个决策变量的最优化求解问题，大大提高计算的效率和学习研究的乐趣。

“规划求解”功能位于“数据”菜单的“分析”组中，如图 2-1 所示。如果找不到该项，就需要先进行“规划求解”宏的加载。

图 2-1　Excel 的“规划求解”菜单

【例 2-2】 对于均一、等温的二级不可逆反应

$$A \longrightarrow B$$

选择最有利的反应器类型及组合方式。该反应器系统的单元有连续操作的全混釜反应器（CSTR）和活塞流反应器（PFR）两种。若系统最多限于一个 CSTR 和一个 PFR 两个单元，则有如下所示的各种结构：

扫码观看
例 2-2 讲解

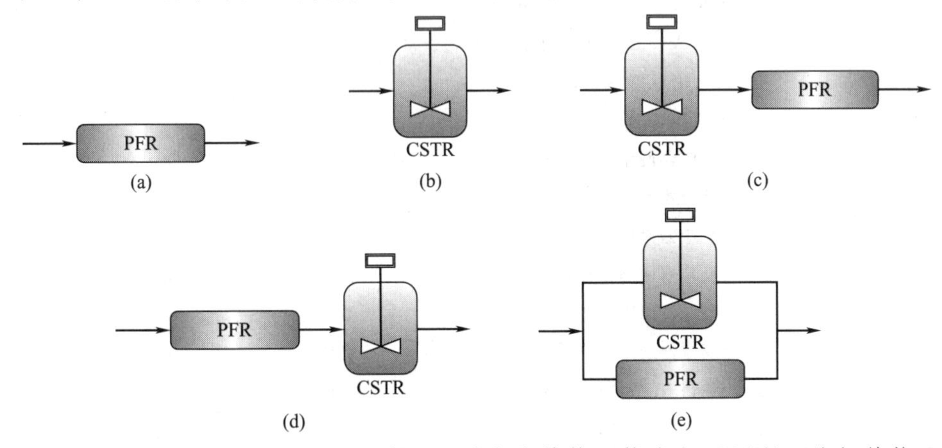

解： 若在系统中添加分支与汇合单元，则这些结构可构成如下图所示的超结构：

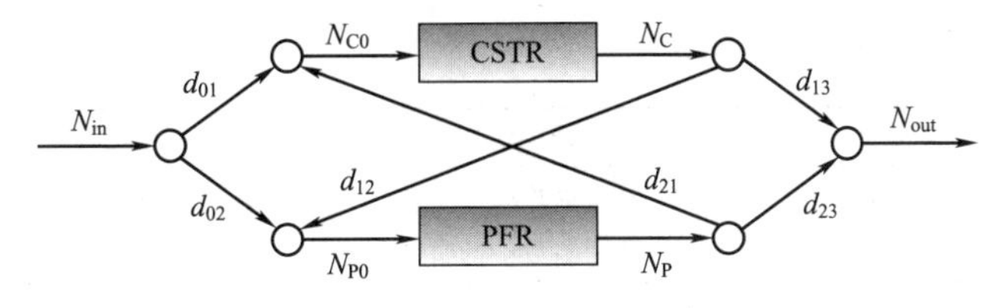

① 该反应器综合问题的优化目标是反应器投资费用最低，目标函数为

$$Z = c_1 V_{CR}^{m_1} + c_2 V_{PR}^{m_2}$$

② 约束条件为各反应器及节点处的物料衡算。

对 CSTR 中的组分 A 和 B 进行物料衡算，得到

$$N_{CA} = N_{C0A} - k\left(\frac{N_{CA}}{N_{CA}/\rho_A + N_{CB}/\rho_B}\right)^2 V_{CR}$$

$$N_{CB} = N_{C0A} + N_{C0B} - N_{CA}$$

对 PFR 中的组分 A 和 B 进行物料衡算，得到

$$N_{PA} = N_{P0A}\frac{1}{1 + k\left(\frac{N_{P0A}}{N_{P0A}/\rho_A + N_{P0B}/\rho_B}\right)^2 V_{PR}}$$

$$N_{PB} = N_{P0A} + N_{P0B} - N_{PA}$$

各汇合点处的组分 A 和 B 物料衡算为

$$N_{C0A} = d_{01}N_{inA} + d_{21}N_{PA}，\quad N_{C0B} = d_{01}N_{inB} + d_{21}N_{PB}$$

$$N_{P0A} = d_{02}N_{inA} + d_{12}N_{CA}，\quad N_{P0B} = d_{02}N_{inB} + d_{12}N_{CB}$$

$$N_{outA} = d_{13}N_{CA} + d_{23}N_{PA}，\quad N_{outB} = d_{13}N_{CB} + d_{23}N_{PB}$$

各物流分支处的条件为

$$d_{01} + d_{02} = 1，\quad d_{12} + d_{13} = 1，\quad d_{21} + d_{23} = 1$$

③ 变量

变量	说　明	类型	下限	上限
NC0A	CSTR 入口 A 流量，mol/h	实数	0	10
NC0B	CSTR 入口 B 流量，mol/h	实数	0	10
NCA	CSTR 出口 A 流量，mol/h	实数	0	10
NCB	CSTR 出口 B 流量，mol/h	实数	0	10
NP0A	PFR 入口 A 流量，mol/h	实数	0	10
NP0B	PFR 入口 B 流量，mol/h	实数	0	10
NPA	PFR 出口 A 流量，mol/h	实数	0	10
NPB	PFR 出口 B 流量，mol/h	实数	0	10
d01	反应器网络结构系数	实数	0	1
d02	反应器网络结构系数	实数	0	1
d12	反应器网络结构系数	整数	0	1
d21	反应器网络结构系数	整数	0	1
d13	反应器网络结构系数	整数	0	1
d23	反应器网络结构系数	整数	0	1
VCR	CSTR 反应器体积，m^3	实数	0	—
VPR	PFR 反应器体积，m^3	实数	0	—

④ 常量

常量	说　明	数值
c1	目标函数中的常数	0.318
c2	目标函数中的常数	0.01

续表

常量	说　明	数值
m1	目标函数中的常数	0.5
m2	目标函数中的常数	2.0
ρA	组分 A 的密度，mol/m^3	2000
ρB	组分 B 的密度，mol/m^3	2000
k	反应动力学常数，m^3/(mol·h)	0.1×10^{-3}
NinA	进入系统的 A 流量，mol/h	10
NinB	进入系统的 B 流量，mol/h	0
NoutA	流出系统的 A 流量，mol/h	2
NoutB	流出系统的 B 流量，mol/h	8

在 Excel 电子表格中依次输入上面的常量、变量、约束条件、目标函数，并根据各自内容不同进行文字格式的修改以提高可阅读性，最终得到的模型界面如下图所示：

	A	B	C	D
1	反应器网络综合			
2	已知			
3	c1	目标函数中的常数		0.318
4	c2	目标函数中的常数		0.01
5	m1	目标函数中的常数		0.5
6	m2	目标函数中的常数		2
7	ρA	A的密度，mol/m3		2000
8	ρB	B的密度，mol/m3		2000
9	k	反应动力学常数，m3/(mol.h)		1.00E-04
10	NinA	系统输入A流量，mol/h		10
11	NinB	系统输入B流量，mol/h		0
12	NoutA	系统输出A流量，mol/h		2
13	NoutB	系统输出B流量，mol/h		8
14	变量			
15	NC0A	输入物流中A流量，mol/h		10
16	NC0B	输入物流中B流量，mol/h		2.91905E-12
17	NCA	输出物流中A流量，mol/h		10
18	NCB	输出物流中B流量，mol/h		0
19	NP0A	输入物流中A流量，mol/h		10
20	NP0B	输入物流中B流量，mol/h		0
21	NPA	输出物流中A流量，mol/h		2
22	NPB	输出物流中B流量，mol/h		8
23	d01	反应器网络结构系数		1
24	d02	反应器网络结构系数		0
25	d12	反应器网络结构系数		1
26	d21	反应器网络结构系数		3.64881E-13
27	d13	反应器网络结构系数		0
28	d23	反应器网络结构系数		1
29	VCR	CSTR反应器体积，m3		1.88502E-11
30	VPR	PFR反应器体积，m3		0.100000004
31	约束			
32	CSTR的A组分物料衡算			1.00E+01
33	CSTR的B组分物料衡算			0
34	PFR的A组分物料衡算			2.00E+00
35	PFR的B组分物料衡算			8
36	各汇合点处的A组分物料衡算			10
37				10
38				2
39	各汇合点处的B组分物料衡算			2.91905E-12
40				0
41				8
42	各分支处的条件			1
43				1
44				1
45	目标函数			
46	反应器投资费用			0.000103467

然后，点击菜单“数据→分析→规划求解”可启动 Excel 的“规划求解”功能，界面如下：

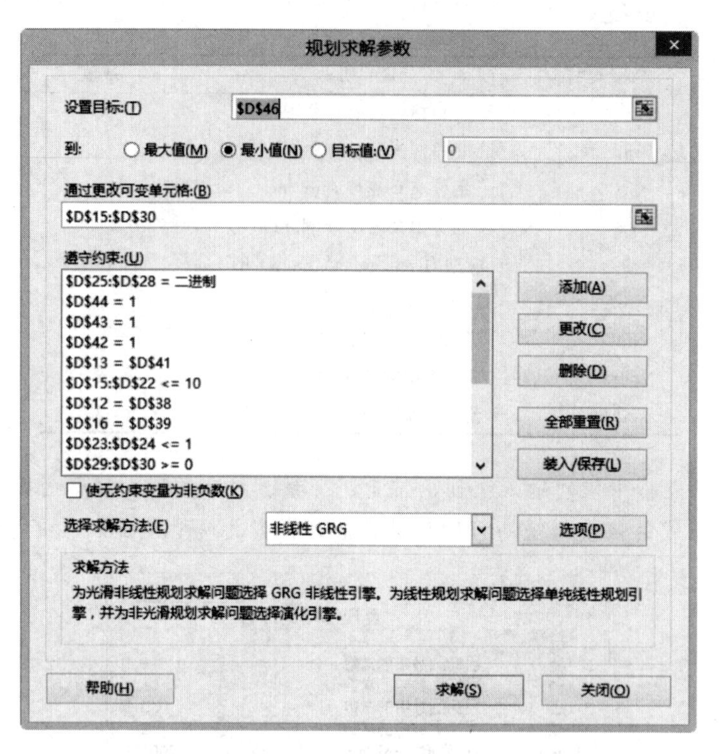

在“规划求解”界面中，分别指定目标函数（反应器投资费用）、变量（见变量表格）、约束条件（包括物料衡算和分支条件等公式），点击“求解”按钮即可进行求解，结果则直接显示到模型的Excel电子表格中。

规划求解中需要注意如下几个问题：

① 虽然最终的优化计算结果是符合约束条件的，但其中间的计算过程不一定满足约束条件，例如反应器体积“VCR”可能为负。所以，对于幂次、除式等一定要加以保护。比如，$1/x$ 应写为 $1/(x+1\times10^{-10})$，$x^{0.5}$ 应写为 $|x|^{0.5}$ 等。

② 优化计算是一个迭代过程，迭代次数是不可预知的。Excel的默认最高迭代次数是100。如果超出此值仍得不到优化解，则可以坚持继续迭代或通过调整初值加快迭代。

③ Excel在优化计算成功后，会自动将最优结果显示在对应的电子表格内。

第二节　Excel用于管路摩擦系数测定

在管路计算过程中，管路阻力通过管路摩擦系数体现。掌握摩擦系数与流动状况之间的关系，是流体流动学习过程中的一个重要内容。

直管阻力是管路阻力的主要形式，指流体流经一定管径的直管时由流体的内摩擦力产生的阻力。直管阻力可用范宁公式计算，如式(2-1) 所示

$$\sum h_f=\lambda \frac{L}{d}\times\frac{u^2}{2} \tag{2-1}$$

式中，λ 为摩擦系数，需要通过实验测定。

测定时，在直管的两测压点间列伯努利方程求出阻力

$$\sum h_f = g(z_1 - z_2) + \frac{p_1 - p_2}{\rho} + \frac{u_1^2 - u_2^2}{2} \tag{2-2}$$

由于 $z_1 = z_2$，$u_1 = u_2$，所以

$$\sum h_f = \frac{p_1 - p_2}{\rho} = -\frac{\Delta p}{\rho} \tag{2-3}$$

将式(2-3) 代入式(2-1)，得到

$$\lambda = -\frac{2d\Delta p}{Lu^2\rho} \tag{2-4a}$$

或

$$\lambda = -\frac{d^5\pi^2\Delta p}{8L(V/3600)^2\rho} \tag{2-4b}$$

通过机理分析可知 λ 与雷诺数 Re 有关，所以根据雷诺数的定义式

$$Re = \frac{du\rho}{\mu} \tag{2-5a}$$

或

$$Re = \frac{4V\rho}{3600\pi d\mu} \tag{2-5b}$$

通过实验即可求出 λ-Re 的关系。

下面以实验数据表 1-1 为例，说明应用 Excel 计算摩擦系数的过程。

将上述数据输入 Excel 电子表格，并采用相对引用得到多组数据。在 Excel 中，输入 Re 的计算式［式(2-5b)］

```
=4 * $B5/3600 * 1000/(3.14 * $B$1/1000 * 1/1000)
```

和 λ 的计算式［式(2-4b)］

```
=9.08 * POWER($B$1/1000,5) * $C5/1000 * POWER(3.14,2)/(8 * $B$2 * POWER($B5/3600,2))
```

即可计算出 16 组 Re 和 λ，如图 2-2 所示。

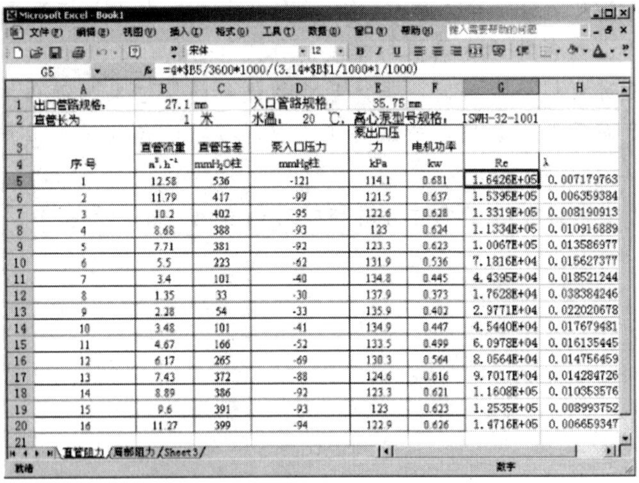

	A	B	C	D	E	F	G	H
1	出口管路规格：	27.1	mm	入口管路规格：	35.75 mm			
2	直管长为	1	米	水温： 20 ℃，	离心泵型号规格：		ISWH-32-1001	
3		直管流量	直管压差	泵入口压力	泵出口压力	电机功率		
4	序号	$m^3 \cdot h^{-1}$	mmH₂O柱	mmHg柱	kPa	kw	Re	λ
5	1	12.58	536	-121	114.1	0.681	1.6426E+05	0.007179763
6	2	11.79	417	-99	121.5	0.637	1.5395E+05	0.006359384
7	3	10.2	402	-95	122.6	0.628	1.3319E+05	0.008190913
8	4	8.68	388	-93	123	0.624	1.1334E+05	0.010916889
9	5	7.71	381	-92	123.3	0.623	1.0067E+05	0.013586977
10	6	5.5	223	-62	131.9	0.536	7.1816E+04	0.015627377
11	7	3.4	101	-40	134.8	0.445	4.4395E+04	0.018521244
12	8	1.35	33	-30	137.9	0.373	1.7628E+04	0.038384246
13	9	2.28	54	-33	135.9	0.402	2.9771E+04	0.022020678
14	10	3.48	101	-41	134.9	0.447	4.5440E+04	0.017679481
15	11	4.67	166	-52	133.5	0.499	6.0978E+04	0.016135445
16	12	6.17	265	-69	130.3	0.564	8.0564E+04	0.014756459
17	13	7.43	372	-88	124.6	0.616	9.7017E+04	0.014284726
18	14	8.89	386	-92	123.3	0.621	1.1608E+05	0.010353576
19	15	9.6	391	-93	123	0.623	1.2535E+05	0.008993752
20	16	11.27	399	-94	122.9	0.626	1.4716E+05	0.006659347

图 2-2　利用 Excel 处理摩擦系数

将 Re 和 λ 计算结果输入 MATLAB，存入二维矩阵 data。

```
Re=data(:,1);
Lamda=data(:,2);
```

然后，利用函数 loglog 绘制 λ 随 Re 变化的双对数坐标曲线，如图 2-3 所示。该函数用法同 plot，前两个输入参数分别为自变量和因变量。

```
loglog(Re,Lamda)
xlabel('Re');
ylabel('λ');
```

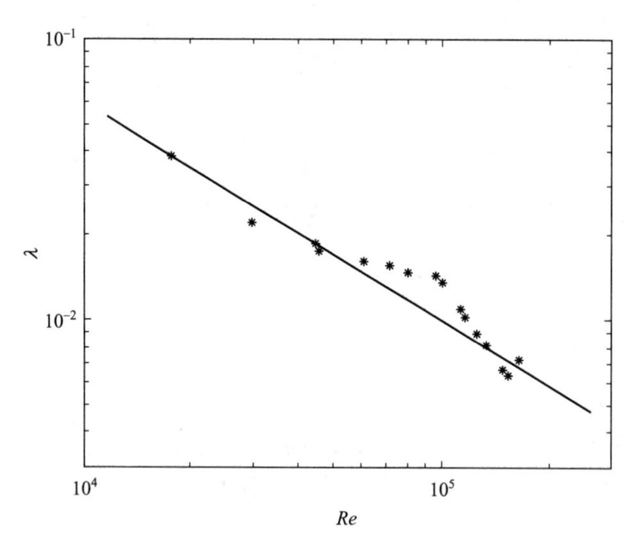

图 2-3　摩擦系数 λ-雷诺数 Re 关系

本章小结

☆ Excel 的优势是文字编辑能力较强，所以在电子表格中输入模型要注意添加必要的注释，并通过文字格式、颜色等的变换提高模型的可读性。

☆ 在利用 Excel 进行规划求解时，虽然最终的优化计算结果是符合约束条件的，但其中间的计算过程不一定满足约束条件，所以要注意做好各类公式的保护工作，以防过程溢出导致求解失败。

☆ Excel 中不同单元格引用，绝对引用和相对引用通过添加 $ 符号区分，要根据实际情况灵活应用。

第二部分

工程编程软件

第三章

GAMS 软件

★ **学习目的**

学习数学规划的基本原理和数学模型基本结构。

★ **重点掌握内容**

利用GAMS软件指定优化目标、优化变量和约束条件，并用于反应器网络综合的过程。

第一节 GAMS软件介绍

一、GAMS简介

GAMS（General Algebraic Modeling System）即通用代数建模系统，由世界银行的Meeraus和Brooke开发，最初用来协助世界银行专家对经济政策问题进行定量分析。GAMS集模型和语言于一体，将大量复杂的数学规划（如线性规划LP、非线性规划NLP、混合整数规划MIP等）与系统仿真相结合，既可用于仿真，又可用于优化，还可把仿真与优化结合起来运用，是一种先进的仿真优化模型语言。GAMS经过世界银行及其他实际管理领域多年的实践和更新改进，如今已进入美国大学的教科书，其优异特征使得数学规划在现代管理决策系统中发挥更为重要的作用，目前普遍公认为是解决大型复杂数学规划模型的有效工具。

1. GAMS开发原则

数学规划的求解在20世纪70年代以前占用了当时计算机的大部分机时，而今天随着计算机技术的发展，求解过程仅占整个模型工作的很少一部分。一个堪称复杂的线性规划模型(上千个变量与约束)，用普通的微机求解不会超过5min。然而与模型相关的数据准备、转换和结果报告的整理，则耗用大量的时间。模型化过程本质是一个迭代过程，大量的模型调试要求对模型错误的纠正要方便易行。所以模型的描述应通俗简明、方便维护，易于追踪模型细节。GAMS着力解决以上问题，提供一种能表达大型复杂系统模型的高级语言，在精确表达独立于求解算法的代数关系基础上使修改模型细节变得简单可靠。

2. GAMS语言特征

GAMS是一种为解决数学规划问题开发的以Fortran为基础的语言系统，它能够求解大型优化问题，是一种处理面向方程的高水平语言，其表达形式为简洁的代数状态语言。它让使用者专注于建模，耗时的计算则交给GAMS系统处理，使用者可以专注于输入、修改模型以及更换求解引擎或将线性模型转变为非线性模型。GAMS语言同一般常用的语言类似，因此有程序语言经验的人使用 GAMS 都很容易上手。GAMS 所提供的描述大型复杂模型的语言体系十分简洁，并将算法封装于系统内部，因此在操作时无须用户具备高深的运筹学理论，也无须反复依据实际工程问题的特征选择算法并重新编写程序。此外，由于模型描述独立于算法，模型化以及调试和求解过程中不可避免的细节修改简便易行。

3. GAMS 输入输出

GAMS 输入文件形式与模型描述的自然语言一致，便于理解和掌握。运算结果的输出文件格式（文本文件）规范，可读性好，可直接递交决策者，而无须另加解释说明。GAMS 事实上并不代表任何最优化数值算法，而只是一个高级语言的用户接口。GAMS 允许用户通过运用特定的方程建立精确的模型，利用 GAMS 可以很容易建立、修改和调试优化模型输入文件，而输入文档经过编译后成为较低级的最优化数值算法程序所能接受的格式，再加以执行并写出输出文档。

4. GAMS 算法

GAMS 易于操作，不仅封装于内部的各种算法均可直接使用，无须改变用户的模型描述，而且对于新算法或某一算法的新实现方式亦可直接使用。对线性与非线性规划问题，GAMS 使用由新南威尔士大学的 Murtagh 及斯坦福大学的 Gill、Marray、Saunders、Wright 等发展的 MINOS（Modular In-core Non-linear Optimization System）算法，这个算法综合了简约梯度法和拟牛顿法，是专门为大型、复杂的线性与非线性问题设计的算法。对混合整数规划问题，则采用亚历桑那大学的 Marsten 及巴尔第摩大学的 Singhal 共同发展的 ZOOM（Zero/One Optimization Method）算法。此外，GAMS 还有很多求解数学规划模型的求解引擎，如 AMPL、CPLEX、MILES、OSL 等。

二、GAMS 程序结构

GAMS 程序结构如下：

```
    Inputs                                        EQUATION
  SETS                                              Declarations
    Declaration                                     Definition
    Assignment of members                         MODEL and SOLVE statements
  DATA (PARAMETERS,TABLES,SCALARS)                DISPLAY statements (Optional)
    Declaration                                     Outputs
    Assignment of members                         Echo print
  VARIABLES                                       Reference Maps
    Declaration                                   Equation Listings
    Assignment of members                         Status Reports
    (Optional)Assignment of bounds and/or         Results
initial values
```

在上述结构中，输入（Inputs）部分由用户根据自己的问题建立恰当的模型，然后按对应次序输入。各层次的输入都由两部分组成，即声明（Declaration）部分和赋值（Assignment）部分。SETS 定义变量下标，由用户给出，给定后不能改变。DATA 为数据区，可用 3 种方式表达：排序法（PARAMETERS）、直接赋值法（SCALARS）和表格法（TABLES）。有这么多种定义数据的方式可以使用，使用起来很方便。在不同问题中，上面列出的这两部分并不一定都要包括在编写的 GAMS 程序中，但是对于完整的模型，这两部分都应包含在内，如此一来可以将模型表达得简单、清楚、易懂。VARIABLES、EQUATION

和 MODEL 这几部分是一般模型所必须具备的。在变量（VARIABLES）声明中需要指出变量类型：正数（POSITIVE）、负数（NEGATIVE）、二元变量（BINARY）、整数变量（INTEGER）还是自由变量（FREE）。在方程（EQUATION）中要标明方程式的类型，即方程式左右的大小关系：大于（=G=）、小于（=L=）或等于（=E=）。在建模（MODEL）部分要说明模型名称、包含方程、模型类型及求解类型。整个模型建好后，经过 GAMS 的编译、链接处理后，将自动计算出目标函数值和各变量值。如果是求解 NLP 问题，程序还将自动计算出各变量的梯度值和约束等式的对应乘子。计算结果保存在一个以 LST 为后缀的文件中。如果在编译、链接或计算的过程中发现了错误，GAMS 将自动检测这些错误，并将检测结果存放在该输出文件中，便于用户改正错误。如果在编译、计算的过程中没有发现错误，GAMS 就会按输出格式将各项结果写入输出文件。

利用 GAMS 建模并求解的步骤为：

① 设定模型的名称和范围；

② 设定数据名称并赋值；

③ 设定变量名称，规定变量类型；

④ 设定变量的上、下限和初始值；

⑤ 设定方程组内容；

⑥ 说明模型算法；

⑦ 显示结果。

三、GAMS 用户界面

用户使用 GAMS 时，大部分精力集中在编程和计算调试中，界面操作时间较少。GAMS 的界面非常简洁易懂，用户无须特意学习即可在短时间内快速掌握。GAMS 界面如图 3-1 所示。

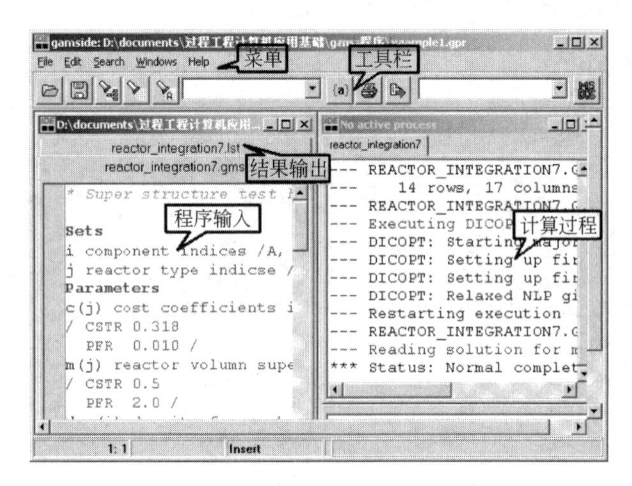

图 3-1　GAMS 界面

该界面由菜单、工具栏、程序输入、结果输出和计算过程显示 5 部分构成。菜单由文件（File）、编辑（Edit）、查找（Search）、窗口（Windows）和帮助（Help）5 部分构成，如图 3-2 所示。用户经常使用文件菜单中的新建（New）项建立一个新的程序，并通过指定其中的选项（Options）子菜单定制算法。编辑、查找和窗口菜单与常见的 Windows 程序相同，但窗口菜单中的过程窗口（Process Window）专用于显示计算过程，包括编译、执行和迭代过程等信息。帮助菜单中的帮助主题（Help Topics）项给出界面操作的帮助主题，供用户快速查找相关界面项的详细说明。文档（Docs）项则提供了 GAMS 编程语言和内置算法器的说明文档，为 PDF 格式，需要用户在线或打印后阅读。

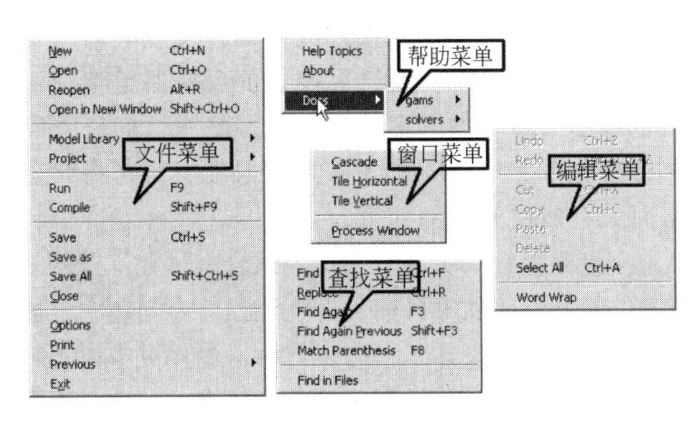

图 3-2　GAMS 操作菜单

新建 GAMS 程序时，不同的关键字显示为不同的颜色，方便用户查找错误和修改程序。建模过程结束后，点击工具栏中带红色箭头的执行按钮开始编译。提示信息显示在过程窗口中，计算结果则存放在同一名称的结果文件中，但文件后缀为 .lst。为便于快速观察计算结果，GAMS 用蓝色表示程序运行的关键步骤，并用“＊＊＊”字符串突出显示，一般步骤则用“---”标注。

第二节　GAMS 用于反应器网络综合

化学反应是在化学反应装置中进行的，对其研究、设计和生产控制总是力求达到优质、高产、低耗和安全生产的效果，这就是反应器系统的最优化问题。该过程中，不仅要对单个反应器的设计和操作控制优化，还要对由一系列反应器构成的反应器系统进行优化，后者称为反应器网络综合。反应器网络综合内容包括反应条件的最优化和反应器系统结构的最优化，所建模型复杂，并包括线性规划、非线性规划和整数规划等多项算法。通常，MATLAB 不易清晰表述该类问题，并且内置算法有时无法完成所需的优化任务，此时可采用另外一个软件来解决——GAMS。

一、反应器网络综合意义

目前，对单个反应器的最优化问题已做了大量的研究工作，集中在研究温度分布、停留时间分布、催化剂浓度等对反应器性能的影响。这种研究通常是对单一反应器而言的，而对反应器网络进行最优组合以改善整个反应器系统的性能则研究得很少。反应器网络综合指的是在已知动力学条件和进料条件下寻求适宜的反应器类型、流程结构和关键参数，以使特定的目标函数最大或最小，即将给定原料转化为目标产物时的最优反应器网络。在反应器网络综合的问题定义中，一般要给定反应机理、动力学数据、进料数据以及所要优化的目标等，需要确定的信息主要有反应单元的类型、反应器的尺寸、反应单元之间的连接关系以及各物流的流率等。

化工生产中，反应器是整个过程中最为重要的单元装置。反应器中化学反应的选择性直接影响到全局经济目标的实现和废料产生的多少。这对后续过程的设计和操作有很大的影响，常常决定整个工艺流程的性能。而反应器的不同类型及其连接方式、反应器内部的结构、混合方式、进料的安排、物料的循环以及对反应热效应的处理是影响反应器性能的关键，这些都是反应器网络综合的优化内容。

反应器网络综合可以为反应工艺技术提供理论依据。反应工艺的开发历来以试验为主进行，而试验总是在一定的反应器中进行。要选择合适的反应器类型是比较困难的，有时即使做了大量的试验工作，也得不到确切的答案。反应器网络综合的研究成果可以为反应器子系统开发提供理论指导，即在取得反应动力学关系后依据反应器网络综合的理论和方法为确定试验方案提供依据，从而大大加快开发的速度。

反应器网络综合也是全流程综合的关键。全流程综合是过程综合的最高目标，不但要考虑全流程经济目标，还要考虑能量和环境等目标。在全流程综合问题中，能量网络综合及分离过程综合已取得了很大的进展，而在反应器网络综合方面发展相对来说不够成熟。因此，加快反应器网络综合的研究不仅对反应过程本身具有重要意义，也对实现全流程综合具有重要意义。

二、超结构法反应器网络综合

反应器网络综合方法很多，此处仅介绍较常使用的一种——超结构法。它是过程综合的重要方法，将过程综合问题看成优化问题来解决。同一般的过程优化不同，超结构法允许以单元间物料的有无作为变量来变更过程单元。不同单元和物流之间所有可能的组合即为超结构，建立超结构要求设计者有较高的创造能力。该方法不受维数限制，同时又能够兼顾各种优化策略。使用超结构法进行反应器网络综合时，应首先建立反应器网络的超结构，然后建立数学模型并求解。数学模型包括超结构中所有单元的物质和能量的平衡方程以及逻辑限制条件，并用整数变量表示某个单元或路径是否存在。下面以一实例说明该方法的使用步骤。

对于均一、等温的二级不可逆反应

$$A \longrightarrow B$$

选择最有利的反应器类型及组合方式。该反应器系统的单元有连续操作的全混釜反应器（CSTR）和活塞流反应器（PFR）两种。首先，若系统最多限于一个 CSTR 和一个 PFR 两个单元，则有如图 3-3 所示的各种结构。若在系统中添加分支与汇合单元，则这些结构可构成如图 3-4 所示的超结构。注意，作为综合问题，该结构中的输入物流 N_{in} 和输出物流 N_{out} 是已知的，待求量为 CSTR 与 PFR 的结构关系及各自的体积。

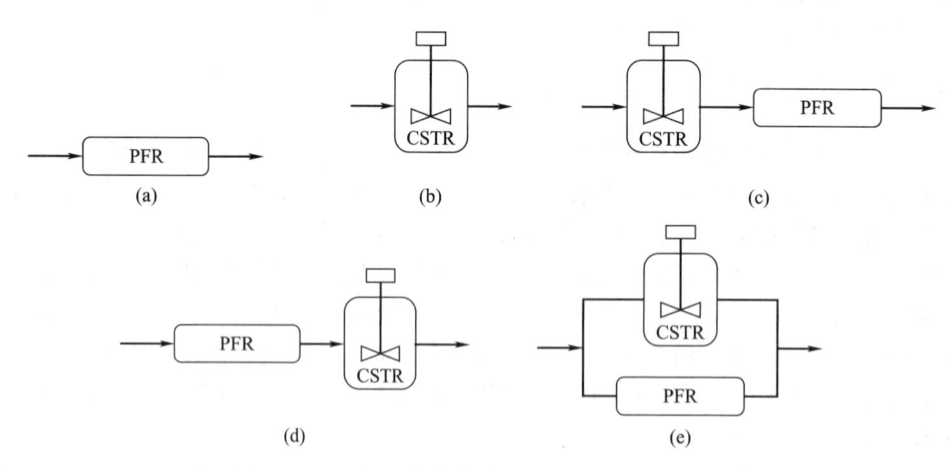

图 3-3　反应器系统的各种结构

该反应器综合问题的优化目标是反应器投资费用最低，目标函数为

$$Z = c_1 V_{CR}^{m_1} + c_2 V_{PR}^{m_2} \qquad (3\text{-}1)$$

约束条件为各反应器及节点处的物料衡算。

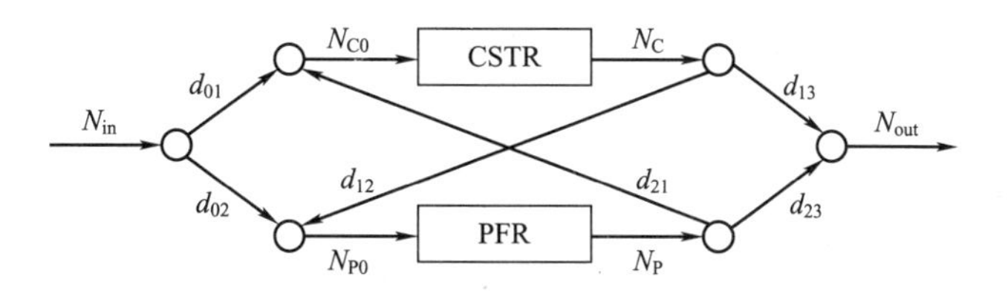

图 3-4 反应器系统的超结构

对 CSTR 中的 A 组分进行物料衡算，得到

$$N_{CA}=N_{C0A}-k\left(\frac{N_{CA}}{N_{CA}/\rho_A+N_{CB}/\rho_B}\right)^2 V_{CR} \tag{3-2}$$

CSTR 中的 B 组分物料衡算式为

$$N_{CB}=N_{C0A}+N_{C0B}-N_{CA} \tag{3-3}$$

对 PFR 中的 A 组分进行物料衡算，得到

$$N_{PA}=N_{P0A}\frac{1}{1+k\left(\dfrac{N_{P0A}}{N_{P0A}/\rho_A+N_{P0B}/\rho_B}\right)^2 V_{PR}} \tag{3-4}$$

该式包含了二级反应的 PRF 转化率积分式，并用反应器体积 V_{PR} 表示停留时间。

PFR 中的 B 组分物料衡算式为

$$N_{PB}=N_{P0A}+N_{P0B}-N_{PA} \tag{3-5}$$

各汇合点处的 A 组分物料衡算为

$$N_{C0A}=d_{01}N_{inA}+d_{21}N_{PA} \tag{3-6}$$

$$N_{P0A}=d_{02}N_{inA}+d_{12}N_{CA} \tag{3-7}$$

$$N_{outA}=d_{13}N_{CA}+d_{23}N_{PA} \tag{3-8}$$

各汇合点处的 B 组分物料衡算为

$$N_{C0B}=d_{01}N_{inB}+d_{21}N_{PB} \tag{3-9}$$

$$N_{P0B}=d_{02}N_{inB}+d_{12}N_{CB} \tag{3-10}$$

$$N_{outB}=d_{13}N_{CB}+d_{23}N_{PB} \tag{3-11}$$

各物流分支处的条件为

$$d_{01}+d_{02}=1 \tag{3-12}$$

$$d_{12}+d_{13}=1 \tag{3-13}$$

$$d_{21}+d_{23}=1 \tag{3-14}$$

式(3-2)～式(3-14) 构成了该综合问题的约束条件，其中的 d_{12}、d_{21}、d_{13} 和 d_{23} 为整数变量，其余变量为实数变量。并且，对于所有的 d 皆有

$$0\leqslant d\leqslant 1 \tag{3-15}$$

整数变量的出现导致该综合问题要用整数规划求解，这在 MATLAB 中是不易解决的。而 GAMS 包括很多整数规划算法，是解决上述问题的有力工具。

【例 3-1】 对于上述反应器网络综合问题，已知条件见下表：

目标函数式(3-1)中的常数： $c_1=0.318, c_2=0.01, m_1=0.5, m_2=2.0$	密度： $\rho_A=\rho_B=2.00\text{kmol/m}^3$
反应动力学常数： $k=0.1\times10^{-3}\text{m}^3/(\text{mol}\cdot\text{h})$	系统的输入和输出物流： $N_{inA}=10\text{mol/h}, N_{inB}=0\text{mol/h}$ $N_{outA}=2\text{mol/h}, N_{outB}=8\text{mol/h}$

试用 GAMS 确定图 3-4 中的最优反应器网络结构。

解： 用 GAMS 建立该问题模型，需要以下步骤。

（1）定义反应器和组分类型

```
Sets
i component indices /A,B/
j reactor type indicse /CSTR,PFR/;
```

这两种类型需要用下标定义，关键字为 Set(s)，其复数形式用于定义多个下标，该规律对大多数定义关键字均有效。附属字母 i 定义了组分类型，“component indices” 为其说明，GAMS 不编译。双 “/” 字符中罗列 i 的元素，此处为 A 和 B 两个组分。另起一行定义反应器类型 j，“reactor type indices” 为其说明字符串，元素为 CSTR（表示全混釜反应器）和 PFR（表示活塞流反应器），行结尾的分号表示下标定义（Sets）结束。需要注意的是，GAMS 不区分大小写，所以用户不用担心名称不一致的问题。

（2）输入已知数据

```
Parameters
c(j)cost coefficients in objective function
/ CSTR 0.318
PFR 0.010 /
m(j)reactor volumn superscripts in objective function
/ CSTR 0.5
PFR 2.0 /
Den(i)density for each component mol. m-3
/ A 2.0e3
B 2.0e3 /
Nin(i)system input flowrate for each component mol. h-1
/ A 10
B 0 /
Nout(i)system output flowrate for each component mol. h-1
/ A 2
B 8 /;
Scalar k reaction dynamics coefficient /0.1e-3/;
```

数据输入有多种方式，Parameter(s) 用于输入一维数组，Scalar(s) 用于输入单个数据，Table 用于输入二维数组。本例中需要给定目标函数参数 c 和 m，c(j) 中的 j 代表上步中定义的反应器类型，“cost coefficients in objective function” 为说明字符串，双 “/” 内部定义了下标分别为 CSTR 和 PFR 时的对应数值。Den 为组分密度，Nin 为进入系统的各组分流量，Nout 为流出系统的各组分流量，它们的定义方式同 c 和 m。k 表示反应速率常数（k），为标量，用关键字 Scalar 定义，字符串 “reaction dynamics coefficient” 为其说明性注释，双 “/” 内部定义了其数值。

（3）定义变量

```
Variables
NC0(i)CSTR input flowrate for each component mol. h-1
NC(i)CSTR output flowrate for each component mol. h-1
NP0(i)PFR input flowrate for each component mol. h-1
NP(i)PFR output flowrate for each component mol. h-1
d0(j)reactor network structure coefficents
d12(j)reactor network structure coefficents
d3(j)reactor network structure coefficents
V(j)reactor volumn m3
z cost objective;
```

GAMS模型中的自变量必须用Variable(s)声明，每个变量都要有名称，其对应的注释说明和数据块则可有可无。本例中的NC0(i)代表进入全混流反应器的各组分流量，其后的“CSTR input flowrate for each component mol. h-1”为注释。每一变量定义均需占用一行，最后一个变量以分号结束。另外的变量NC(i)表示离开全混流反应器的各组分流量，NP0(i)和NP(i)分别表示进入和离开活塞流反应器的各组分流量，d0(j)表示系统进料分配给各反应器的组分流量比例，d12(j)表示两反应器间的串联关系，d3(j)表示各反应器是否直接向外界出料，z表示目标函数。

```
Positive variables NC0,NC,NP0,NP,V,d0;
NC0.up(i)=10;
NC.up(i)=10;
NP0.up(i)=10;
NP.up(i)=10;
d0.up(j)=1;
Binary variables d12,d3;
```

以上变量声明后，还需要指定变量类型和界限。在默认情况下，变量为实数值，上、下限分别为+∞和−∞。本例中，NC0、NC、NP0、NP、V和d0为正实数变量，用Positive variables声明。如果是负数变量，则用Negative variables声明。考虑到进料流量为10mol/h，反应中无摩尔数变化，所以限制NC0、NC、NP0和NP的上限为10。比如，NC0.up(i)表示NC0变量的上限（如需指定下限则用.lo操作），其后的(i)是不可或缺的，表示其下标。GAMS要求目标函数z必须为自由型（free）的实数变量，所以不能对其变量类型做任何限制。d12和d3为整数变量，只能取值0或1，称为二进制变量，用Binary variables声明。如果需要指定非二进制的整数变量，则用Integer variables声明。

（4）定义约束

```
Equations
cost define objective function
cstra mass balance in CSTR for component A
cstrb mass balance in CSTR for component B
cstrnode(i)mass balance in node prior to CSTR
pfra mass balance in PFR for component A
pfrb mass balance in PFR for component B
pfrnode(i)mass balance in node prior to PFR
exitnode(i)mass balance in exit node
branch0 logical relation in the input node
branchreactor(j)logical relation in the exit nodes
  after each reactor;
```

约束实质上是方程，所以GAMS用Equation(s)定义约束。首先为各约束指定一名称，然后给出其说明（可选）。与变量定义一样，每一行只能定义一个约束，最后一个约束用分号结尾。如果需要在一行中定义多个约束，则需用逗号分隔各约束。程序中各约束名称的含义见下表：

约束名称	含　义	对应公式编号	约束数目
cost①	目标函数	(3-1)	1
cstra	全混釜反应器中的A组分物流衡算式	(3-2)	1
cstrb	全混釜反应器中的B组分物流衡算式	(3-3)	1
cstrnode(i)	图3-3中进入CSTR前的节点中的物料衡算式	(3-6)(3-9)	2
pfra	活塞流反应器中A组分的物料衡算式	(3-4)	1
pfrb	活塞流反应器中B组分的物料衡算式	(3-5)	1
pfrnode(i)	图3-3中进入PFR前的节点中的物流衡算式	(3-7)(3-10)	2
exitnode(i)	两反应器出料汇合物料衡算式	(3-8)(3-11)	2
branch0	两反应器进料比例关系式	(3-12)	1
branchreactor(j)	两反应器串并联逻辑关系式	(3-13)(3-14)	2

① 由于GAMS并没有专门的目标函数定义方式，所以目标函数需放置在约束中。

```
cost..z=e=sum(j,c(j) * (V(j)+1.e-10) ** m(j));
cstra..NC('A')=e=NC0('A')-k * sqr(NC('A')/(sum(i,NC(i)/den(i))+1.e-10)) * V('CSTR');
cstrb..sum(i,NC(i))=e=sum(i,NC0(i));
pfra..NP('A')=e=NP0('A')/(1+k * NP0('A') * V('PFR')/(sqr(sum(i,NP0(i)/den(i)))+1.e-10));
pfrb..sum(i,NP(i))=e=sum(i,NP0(i));
cstrnode(i)..NC0(i)=e=d0('CSTR') * Nin(i)+d12('PFR') * NP(i);
pfrnode(i)..NP0(i)=e=d0('PFR') * Nin(i)+d12('CSTR') * NC(i);
exitnode(i)..Nout(i)=e=d3('CSTR') * NC(i)+d3('PFR') * NP(i);
branch0..sum(j,d0(j))=e=1;
branchreactor(j)..d12(j)+d3(j)=e=1;
```

约束名称定义结束，接下来需要输入每一个约束的具体内容，输入格式如下：

约束名称..等式左侧表达式（LHS）关系操作符　等式右侧表达式（RHS）;

比如，在cost目标函数定义式中，变量z为等式左侧项，“=e=”表示“等于”，sum(j,c(j) * (V(j)+1.e-10) ** m(j))为等式右侧项（表示$\sum c_j \times V_{jj}^{m}$）。每一行定义一个约束，约束名称后的“..”表示开始定义约束内容，句末用分号结束。GAMS除了可以表示等式约束外，还可表示不等式约束，只需改变其中的操作关系符为=g=（大于等于）或=l=（小于等于）即可。正确理解“=”与“=e=”的区别相当重要：“=”表示直接赋值，表示数学运算，用于定义表达式；“=e=”为逻辑关系，表示约束类型，用于等式声明。

上述约束中的sum为求和函数，格式为：

sum(求和下标,求和表达式)

如果要求积，则用prod函数，使用方法相同。另外，sqr为平方函数，如sqr(x)表示x^2。“**”表示指数关系，如x**2同样表示x^2，但由于其中的2可以变为任意的实数，所以要比sqr(x)灵活得多。GAMS中还可用power表示幂函数，如power（x，2）也表示x^2，但与“**”不同的是此处的2必须为整数。目标函数中的指数为0.5（对应CSTR）或2.0（PFR），所以必须使用“**”运算符。

此外，约束定义中涉及的变量下标一般直接输入，表示该下标对应的各个元素都存在一同样的表达式，如cost中的V(j)表示CSTR和PFR的体积，它们加和后作为目标函数。如果仅需要下标中某一元素下的数组值，则需要用单引号引用该元素，如cstra约束中的NC('A')表示A组分的CSTR出料流量。

（5）定义模型并求解

```
Model react /all/;
Solve react using MINLP minimizing z;
```

关键字Model定义模型，react为模型名称，后面的两个“/”中罗列模型所包含的约束。可以输入“all”表示模型包括所有已经定义的约束，但在实践中经常逐个罗列所需的约束，因为在一个程序中一个约束可能被不同的模型调用。

模型定义结束后，用关键字Solve定义求解过程，格式为：

Solve 模型名称 using 算法 minimizing 或 maximizing 目标函数变量;

可选的算法类型如下表所示：

算法	说明	算法	说明
Lp	线性规划	Minlp	混合整数非线性规划
Nlp	非线性规划	Rminlp	混合整数非线性规划的松弛解
Mip	混合整数线性规划	Mcp	用于混合互补问题
Rmip	混合整数规划的松弛解	Cns	用于有约束的非线性系统

由于本问题含有整数变量，而且两反应器的物流衡算为非线性，所以选用 Minlp。优化的目标是使设备费用最小化，所以在 Solve 语句中采用 minimizing 关键字。

(6) 计算和显示结果

经过上述步骤，建模过程就结束了，编译运行该程序就可以得到优化解。但需要注意的是，由于无法预测计算过程中变量可能取得的数值，约束中出现除号或指数的地方可能被零除，从而引起溢出。因此，cost、cstra 和 pfra 约束中均添加了一极小数（1.0×10^{-10}，可根据具体情况选取）。也可以将相关变量的下限由零变为该极小数，但可能影响最后的计算结果，所以此处仍选用第 1 种方案。点击运行按钮后，开始计算，提示信息如下：

```
--- Starting compilation
--- REACTOR_INTEGRATION7. GMS(66)1 Mb
--- Starting execution
--- REACTOR_INTEGRATION7. GMS(39)1 Mb
--- Generating model react
--- REACTOR_INTEGRATION7. GMS(66)2 Mb
---        14 rows,17 columns,and 47 non-zeroes.
--- REACTOR_INTEGRATION7. GMS(66)2 Mb
--- Executing DICOPT
--- DICOPT:Starting major iteration 1
--- DICOPT:Setting up first (relaxed)NLP.
--- DICOPT:Setting up first MIP
--- DICOPT:Relaxed NLP gives integer solution
--- Restarting execution
--- REACTOR_INTEGRATION7. GMS(66)0 Mb
--- Reading solution for model react
 * * *  Status:Normal completion
```

说明计算成功，点击倒数第 2 行，查看计算结果。计算结果见下表：

变量	优化解		变量	优化解	
NC0	A:3.418;	B:0	d0	CSTR:0.343;	PFR:0.657
NC	A:3.418;	B:0	d12	CSTR:1;	PFR:0
NP0	A:10.00;	B:0	d3	CSTR:0;	PFR:1
NP	A:2.000;	B:8.000	V	CSTR:0.000;	PFR:0.100
z	1.0318E-4				

将上述结果与图 3-4 相对应，可得到如下的最优反应器网络结构：

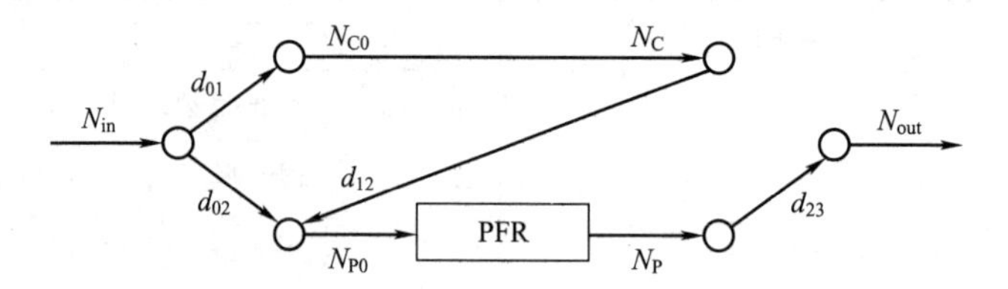

可以看出，该结构最终可简化为单PFR的形式，如图3-3(a)所示。该结果在很大程度上与两种类型反应器的单位容积的不同费用有关，所以通过改变c和m的数值可能导致另一种最优结构。如令c('PFR')=0.1、m('CSTR')=2.0，得到如下的最优结构，对应于图3-3(c)方案。

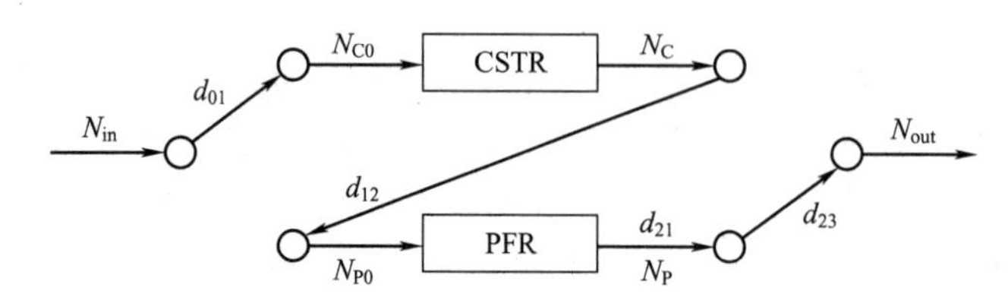

本章小结

☆ GAMS语言是一种特定的语言，是为数学规划专门设计的，学习时需要对数学规划有基本的认识。

☆ GAMS内嵌了各种商业求解器，可以最大速度地求解优化问题，是进行数学规划模型研究的便利工具。

☆ 超结构法是进行化工过程综合的一种常用方法，通过融入各种可能结构构建超结构，实现了所有备选方案的统一优化选择，其难点是如何构建超结构。

第四章

MATLAB 软件介绍

★ **学习目的**

学习 MATLAB 语言的主要语法及计算实现过程。

★ **重点掌握内容**

MATLAB 语言的计算和作图功能。

第一节　MATLAB 实例导入

MATLAB 是一种适合工程试验计算的应用软件，其内嵌的 MATLAB 语言为一种特殊的高级语言。这种语言是基于 C 语言二次开发而来的，具有高度的简捷性，而且融合了各种常见的数值计算方法和图形处理方法。非计算机专业的化工类学生使用该软件，入门快，能直接解决学习中的计算问题。因此在国内外，MATLAB 已经成为工科学生必须掌握的一门基础语言，是完成作业和进行科学研究的得力工具。

本节通过一个科研过程中的实例介绍 MATLAB 的主要功能。通过本节的学习，不太可能全面掌握 MATLAB 的使用，但可对其主要特色有总体把握，有利于深入掌握该语言。

一、实例介绍

精馏过程综合是化工过程综合中的一个重要组成部分。所谓综合，就是在给定产品组成的情况下全面考虑所有可能的精馏塔板数和操作回流比，从中选取经济效益较好的方案进一步设计。精馏操作叶反映的就是由以上各种可能方案组成的区域，通过分析这一区域的特性找出合适的分离方案。

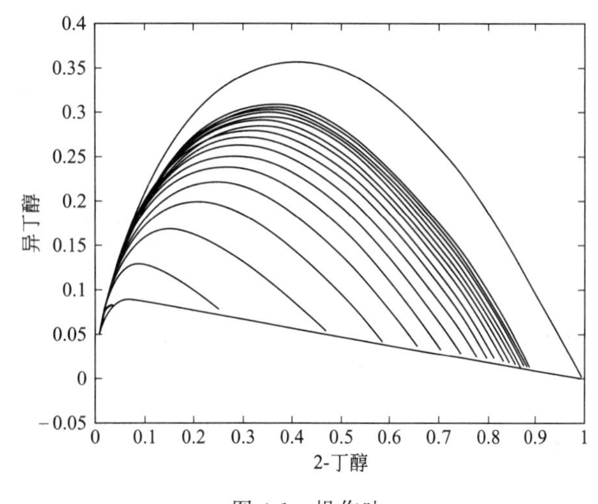

图 4-1　操作叶

图 4-1 给出了某一产品组成下提馏段的操作叶，该区域由精馏线和夹点线包围而成，内部为各种回流比下的塔板液相组成分布线。下面针对该图的生成过程进行讲解，涉及语言、数值计算和绘图过程，这些过程是大型 MATLAB 程序所必需的。因此，

通过该例的学习，可对下一步将 MATLAB 应用于化工过程起到入门的作用。

二、实现程序介绍

图 4-1 的实现主程序如下所示：

```
% 1. give relative parameters
SN=30;
vb=[92.91 91.97 92.35];
rij=[0        0        0;
     0        0        -492.996;
     0        673.642  0];
pcoef=[14.8561 -2874.72 -100.296002;
   108.826 -10069.50 -13.2566 0.0000042;
   135.627 -10804.20 -17.424 0.0000082];
p=101.3;
t0=(109.7+117.8+99.6)/3+273;

% 2. begin plot stage-composition lines in stri-
pping section
X0=[0.05 0.94 0.01];
cmpnum=length(X0);
% 2.1 plot operating profile under various re-
flux ratio
X5=[];
RN=18;
X4=X0;
xd=X0;
xini=X0;
tini=t0;
for i=0:0.2:RN
    s=2^i;
    if i>=RN
      rd=inf;
    else
      rd=-1-s;
    end
    % for each stage
    x=fsolve(@single_stage,[xini,tini],op-
timset('fsolve'),[],xd,rd,p,pcoef,vb,rij,6);
    X4=cat(1,X4,x(1:cmpnum));
    xini=x(1:cmpnum);
    tini=x(cmpnum+1);
end
plot(X4(:,3),X4(:,1),'-b')
hold on
% for each reflux ratio
for s=1:RN
    X4=X0;
    xn=X0;
    xd=X0;
    if s>=RN
      rd=inf;
    else
      rd=-1-s;
    end
    xini=X0;
    tini=t0;
    % for each stage
    for n=1:SN
      x=fsolve(@single_stage,[xini,tini],[],
xini,xd,rd,p,pcoef,vb,rij,2);
      X4=cat(1,X4,x(1:cmpnum));
      xini=x(1:cmpnum);
      tini=x(cmpnum+1);
    end
    plot(X4(:,3),X4(:,1),'-b')
    hold on
end
% 4. give notations for the figure
xlim([0,1]);
xlabel('2-Butanol');
ylabel('Isobutanol');
```

该程序由 4 部分构成：①给出所需数据，包括塔板数上限、组分物性（摩尔体积、饱和蒸气压和 Wilson 交互因子）、操作压力和温度初值；②绘制夹点线；③绘制精馏线和分布线；④修饰操作叶图。

第二节 MATLAB 的语言基础

一、数据结构

MATLAB 的优点之一是直接支持对数组的运算。上述程序的第 1 部分中的 pcoef 为纯

物质饱和蒸气压的多项式系数

$$\ln VP = A + B/(C+T) + D\ln T + ET^F \tag{4-1}$$

式中，VP 为纯组分饱和蒸气压，kPa；T 为温度，K。

该变量以矩阵的形式给出，每一行代表一种组分，每一列代表一个系数。在已知温度的情况下，利用该矩阵求取饱和蒸气压的过程可通过如下的矩阵运算完成

```
p0=exp(pcoef(:,1)+pcoef(:,2)./(pcoef(:,3)+t)+pcoef(:,4)*log(t)+pcoef(:,5).*t.^pcoef(:,6));
```

由该式可见，原本要对众多元素进行的复杂计算通过简单的矩阵运算即可简单完成，充分显示了 MATLAB 的强大矩阵运算功能的优势。

实际上，化工计算过程中往往涉及多组分，因此这种快速运算是非常必要的。

二、程序设计

1. 赋值语句

MATLAB 语言中大量使用赋值语句，其格式为

```
Var=Value
```

式中，Value 既可以是数值，也可以是字符；既可以是标量，也可以是向量或矩阵。

2. 循环语句

其基本格式为

```
for v=array
   语句块
end
```

该语句可进行固定循环次数的重复执行，可嵌套使用，在化工过程计算中经常使用。如果根据一定的收敛条件决定循环的执行次数，则使用 while 循环语句，格式为

```
while 表达式 e
    语句块
end
```

下面举两例分别说明二者的使用。

【例 4-1】

```
a=zeros(5,5);
for m=1:5
    for n=1:5
      a(m,n)=1/(m+n-1);
    end
end
运行结果为:
    a=
    1.0000    0.5000    0.3333    0.2500    0.2000
    0.5000    0.3333    0.2500    0.2000    0.1667
    0.3333    0.2500    0.2000    0.1667    0.1429
    0.2500    0.2000    0.1667    0.1429    0.1250
    0.2000    0.1667    0.1429    0.1250    0.1111
```

扫码观看
例 4-1 讲解

【例 4-2】

```
eps=1;
while eps>0.1
  eps=eps/2
end
运行结果为:
eps=   0.5000
eps=   0.2500
eps=   0.1250
eps=   0.0625
```

扫码观看
例 4-2 讲解

3. 条件语句

条件语句用于决定在何种条件成立的情况下执行特定的语句，其格式为

```
if 表达式 e1
  语句块 s1
elseif 表达式 e2
  语句块 s2
else
  语句块 s3
end
```

【例 4-3】

```
for m=1:5
    for n=1:5
        if m==n
            a(m,n)=2;
        elseif abs(m-n)==2
            a(m,n)=1;
        else
            a(m,n)=0;
        end
    end
end
运算结果为:
a=
    2    0    1    0    0
    0    2    0    1    0
    1    0    2    0    1
    0    1    0    2    0
    0    0    1    0    2
```

扫码观看
例 4-3 讲解

但有的时候，却是根据某一变量的状态值决定执行哪些语句，此时使用 switch 语句更为方便，其格式为

```
switch switch_expr
  case case_expr
    statement,...,statement
  case {case_expr1,case_expr2,case_expr3,...}
    statement,
    ...,
    statement
  otherwise
    statement,
    ...
    statement
end
```

4. M 文件

MATLAB 结构化程序由多个 M 文件构成，它类似于其他语言中的函数概念。在 M 文件中，既可以定义过程，也可以定义子函数，而且可嵌套使用。操作叶实例的 M 文件调用结构如图 4-2 所示。需要注意的是，如需在同一 M 文件中定义多个函数，则该文件的主程序必须定义为函数。此外，M 文件的名称需要遵循变量命名规则，不可以用数字开头。

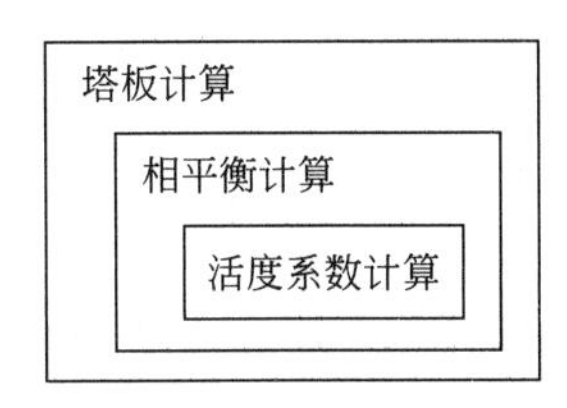

图 4-2　操作叶问题的 M 文件结构

扫码观看
M 文件

第三节　MATLAB 的图形处理功能

MATLAB 中内嵌了各种二维和三维制图功能，在计算结果的可视化方面优于其他高级语言。操作叶实例在进行了多次模型求解后，就可以进行制图，其代码如下

```
plot(X4(:,3),X4(:,1),'-b')                  xlabel('2-Butanol');
xlim([0,1]);                                 ylabel('Isobutanol');
```

其中，plot 函数为二维制图函数，其输入的第 1 参数和第 2 参数分别为自变量和因变量向量，第 3 参数为线型定义，如“-b”代表蓝色实线。在制图完成后，还可以通过一定的函数修饰图形，使之更加美观和规范。xlim 和 ylim 限制了坐标轴的上下限，xlabel 和 ylabel 分别给出了横、纵坐标的文字说明，title 给出了该图的标题。

MATLAB 中还包含其他丰富图形处理函数，可参考 MATLAB 的帮助文档具体应用。下面给出一个三维制图的例子。

【例 4-4】

```
t=0:pi/50:10*pi;
plot3(sin(t),cos(t),t)
grid on
axis square
```

得到的结果如图 4-3 所示。

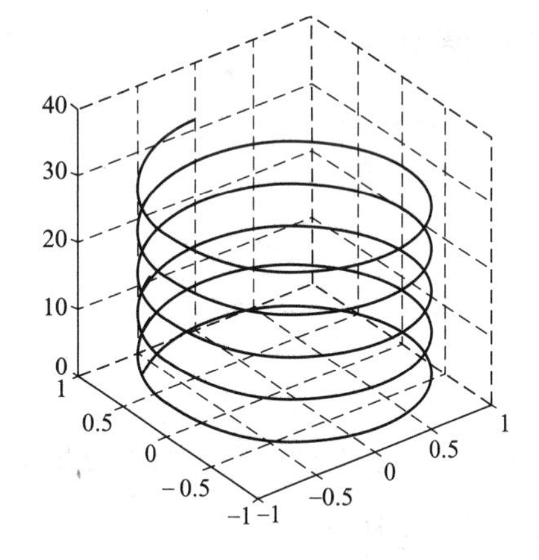

图 4-3　MATLAB 绘制的三维图

第四节　MATLAB 中的数值分析与计算功能

在操作叶的生成过程中，汽液平衡计算是核心部分，该部分的模型如图 4-4 所示。

提馏段的计算是由下至上进行计算，即图 4-4 中的塔板液相组成是已知的，待求的是塔板上升的汽相组成和上一块塔板的液相组成。下面具体分析该问题中涉及的变量和方程以及自由度分析。

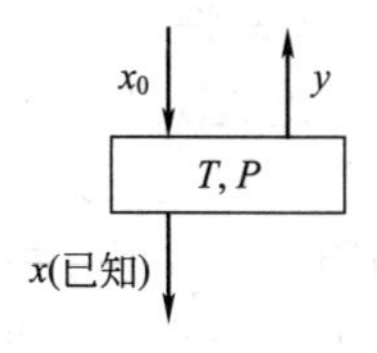

图 4-4　塔板计算示意图

一、变量

见表 4-1。

二、方程

见表 4-2。

表 4-1　操作叶计算中的变量

变量	数目	含　义
x_0	c	上块塔板液相组成
y	c	本块塔板汽相组成
T	1	温度
P	1	压力
总计	$2c+2$	

表 4-2　操作叶计算中的方程

方程	数目	含　义
$\Delta x=f(x_0,x,y)$	$c-1$	塔板差分方程
$y=fk(x,T,P)$	c	相平衡方程
$\sum x_0=1$ $\sum y=1$	2	归一化方程
总计	$2c+1$	

三、自由度

由以上分析可见，变量数并不等于方程数，因此该模型存在自由度，其数值为

$$f=\text{变量数}-\text{方程数}=2c+2-(2c+1)=1$$

说明在 $2c+2$ 个变量中必须人为指定其中一个变量才可以使方程组有唯一解。一般来说，压力 P 是事先给定的，这样压力将作为已知量从变量列表中去除。下面给出该模型的详细情况。

四、模型

已知 x、P、r_Δ、x_Δ，变量为 x_0、y、T，建立方程为

$$x_i-x_{0i}=\left(\frac{1}{r_\Delta}+1\right)(x_i-y_i)+\frac{1}{r_\Delta}(x_\Delta-x_i) \tag{4-2}$$

$$y_i=\frac{p_i^0\gamma_i}{P}x_i \tag{4-3}$$

$$\sum x_{0i}=1 \tag{4-4}$$

$$\sum y_i=1 \tag{4-5}$$

式中，r_Δ 为回流比；x_Δ 为汽液相组成差。

五、模型求解

扫码观看模型求解

由上述模型可知，该模型的求解实际上是方程组的求根问题。在分离工程的学习过程中，该求解过程是通过分析方程组的特征分步求取各变量值的，这往往涉及多圈循环，不仅理解起来具有一定的难度，在编程过程中也存在一定的困难。

而采用 MATLAB 优化工具箱中的非线性方程组求根函数 fsolve 则可避免以上的问题，从而轻松解决该模型的求解问题。该函数采用最小二乘优化算法进行方程组求解，调用格式为

```
x=fsolve(fun,x0)
```

其中，向量 x 负责接收方程根；fun 为描述方程组和变量的 M 文件名称；x0 代表方程根的初值，需要由用户估算。

操作叶生成过程中的 fun 文件如下所示：

```
function f=single_stage(inp,xn,xd,rd,p,pcoef,vb,rij,flag)
% for single stage computation of x from x0 in previous stage
% retrieve the number of composition
cmpnum=length(xd);
% transform the input date to the parameter in DPEs
x=inp(1:cmpnum);
t=inp(cmpnum+1);
% intermediate variable
pi0=exp(pcoef(:,1)+pcoef(:,2)./(pcoef(:,3)+t)+pcoef(:,4)*log(t)+pcoef(:,5).*t.^pcoef
(:,6));
% gangma=actunifac(t,x);
if flag==1 || flag==3 || flag==5 || flag==6
    gangma=actwilson(t,x,vb,rij);
    y=pi0.*gangma.*x/p;
elseif flag==2 || flag==4
    gangma=actwilson(t,xn,vb,rij);
    y=pi0.*gangma.*xn/p;
end
% 1. dx/dn=0
for i=1:cmpnum
    switch flag
        % normal stage operation line when positive integration
        case 1
            f(i)=xn(i)+(1/rd+1)*(x(i)-y(i))+1/rd*(xd(i)-x(i))-x(i);
            % normal stage operation line when negative integration
        case 2
            f(i)=xn(i)-(1/rd+1)*(xn(i)-y(i))-1/rd*(xd(i)-xn(i))-x(i);
            % pinch point curve when positive integration
        case 5
            f(i)=(1/rd+1)*(x(i)-y(i))+1/rd*(xd(i)-x(i));
            % pinch point curve when negative integration
        case 6
            f(i)=-(1/rd+1)*(x(i)-y(i))-1/rd*(xd(i)-x(i));
    end
end
% 2. x1+x2+...+xn=1
f(cmpnum+1)=sum(x)-1;
```

本章小结

☆ 采用 MATLAB 进行化工计算非常方便，对用户的计算机编程能力要求不高，却可以高效率地解决实际问题。

☆ MATLAB 除具有方程求解能力外，还具有优化计算、曲线拟合、数理统计等功能。

☆ M 函数是承载 MATLAB 代码的文件，允许嵌套使用，但要放在同一目录中，符合命名规则。

第五章

MATLAB 常用数值算法

★ **学习目的**

掌握化工计算中常用数值计算方法的原理。

★ **重点掌握内容**

各算法在 MATLAB 中的具体实现函数及调用语法。

化工计算中主要涉及试差法，该法实质为非线性方程（组）的求解问题，可以解决稳态模拟问题。而动态模拟中需要求解常微分方程组，由于该计算方法可获得一系列曲线，在计算原理和参数指定上均不同于代数方程组的求解。化工计算中还经常用到积分和优化计算，它们在特定情况下具有重要的用途。用计算机实现上述 4 类计算时，采用的均是数值计算方法，即采用某个固定公式反复校正根的近似值，使其逐步精确化。此过程中仅需知道函数值或其导函数值，所以非常适合复杂的化工过程计算，具有方便、简捷的优点。但由于没有充分利用待求方程的特定结构形式，往往计算较慢，而且可能会出现初值给定不准确时不收敛而导致无解的现象出现。本章在介绍上述数值计算方法时，首先说明其一般性计算原理，然后说明在 MATLAB 中的具体实现方式。

第一节　非线性方程求根

该类数值计算方法用于解决方程

$$f(x)=0 \tag{5-1}$$

的求根问题。

在化工计算中有大量方程求根问题，一般可采用迭代法求根。迭代法要求先给出根的一个近似值，然后在求解区间内逐次搜索计算。

一、对分法

对分法（Bisection，或二分法）是求方程近似解的一种简单直观的方法，其理论依据是中值定律。该定律可参考图 5-1 表述如下。

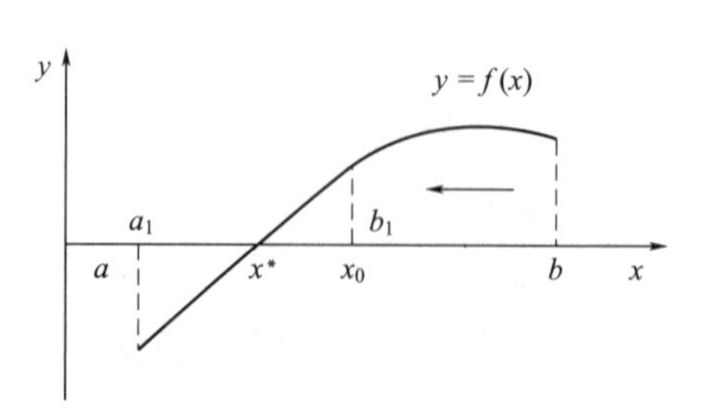

图 5-1　对分法示意图

设函数

$$y=f(x) \tag{5-2}$$

在 $[a,b]$ 上连续，且 $f(a)f(b)<0$，则 $f(x)$ 在

$[a,b]$ 上至少存在一个零点。

对分法计算过程为：假设方程式(5-2) 在 $[a,b]$ 上仅有一个实根 x^*，现取 $[a,b]$ 区间的中点 $x_0=(a+b)/2$。若 $f(x_0)$ 与 $f(a)$ 同号，则说明 x^* 在 x_0 的右侧，更新区间为 $[x_0,b]$；否则说明 x^* 在 x_0 的左侧，更新区间为 $[a,x_0]$。在新的区间上重复上述过程，直至区间长度 $|b_n-a_n|<e$(e 为相对精度)，即可认为 $x_n=(a_n+b_n)/2$ 为方程的根。

对分法的优点是简单，而且总是收敛的，缺点是收敛比较缓慢，故一般不单独用于求根，而是用于提供根的初值。此外，对于 $f(x)$ 在 $[a,b]$ 上有多个根的情况，对分法只能算出其中的一个根。这种情况下，可将区间 $[a,b]$ 细分，然后在各子区间内用对分法分别求解，从而得到多个根。还需注意的是，对分法只能计算形式为式(5-1) 的方程的根。如果所求方程不满足这一形式，如 $f(x)=g(x)$，则可通过等号变减号的操作转换方程形式，即 $F(x)=f(x)-g(x)$。

二、直接迭代法

直接迭代法（Direct Substitution）的基本思想是直接从式(5-1) 得到用于构造迭代数列的不动点方程，从而把方程求根问题转化为求不动点的问题。具体作法是：对于给定的方程，将其转化为 $x=\Phi(x)$ 的等价形式，然后就可根据初值 x_0 构造迭代序列

$$x_{k+1}=\Phi(x_k) \tag{5-3}$$

迭代过程如图 5-2 所示。当 $|x_{k+1}-x_k|<e$ 时，认为迭代收敛，并取 x_{k+1} 作为方程的根。

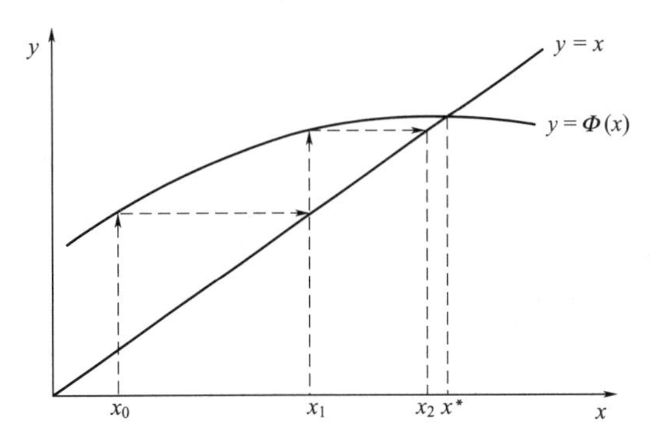

图 5-2 直接迭代法示意图

上述迭代法是一种逐次逼近法，它将隐式方程式(5-1) 归结为一组显式计算公式[式(5-3)]，因此该迭代过程实质上是一个逐步显式化的过程。

可以看出，化工计算中常用的试差法就是直接迭代法，只不过其中的 $\Phi(x)$ 是由物料衡算、热量衡算和反应速率等规律构成的复杂方程组。应用直接迭代法时，关键在于构造函数 $\Phi(x)$，该函数只有在 $|\Phi'(x)|<1$ 时迭代才收敛。

三、韦格斯坦法

对于某些非线性方程，当采用式（5-3）迭代求根时，直接迭代法是发散的。这时，可引入松弛因子调整直接迭代的幅度，促使迭代过程收敛。

各取 $\Phi(x_k)$ 和 x_k 的一部分计算 x_{k+1}，这样得到的改进直接迭代法称为部分迭代法。其迭代式为

$$x_{k+1}=x_k+\varepsilon[\Phi(x_k)-x_k] \tag{5-4}$$

式中，ε 即为松弛因子。

由上式可以看出，如果取 $\varepsilon=0$，则迭代将变成“原地踏步”；如果取 $\varepsilon=1$，则还原为直接迭代法。所以，可以把直接迭代法看为部分迭代法的一个特例。实际使用部分迭代法时，要对 ε 的数值进行合理的估算。

韦格斯坦（Wegstein）法是一种常用的部分迭代法，它采用下式构造松弛因子：

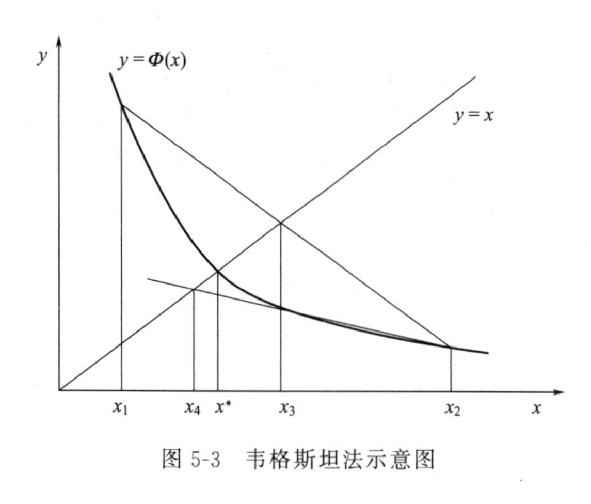

图 5-3　韦格斯坦法示意图

$$\varepsilon_k = \frac{1}{1 - s_k} \tag{5-5a}$$

$$s_k = \frac{\Phi(x_k) - \Phi(x_{k-1})}{x_k - x_{k-1}} \tag{5-5b}$$

其迭代过程如图 5-3 所示。可以看出，它采用的基本方法是将（x_1, y_1）与（x_2, y_2）的连线同直线 $y=x$ 相交，交点的横坐标值作为下一次迭代的假设值 x_3。所以，韦格斯坦法的每一圈迭代均需要前两圈的迭代信息。在第 1 圈仅有 1 个初始点的情况下，通常采用直接迭代法获取第 2 个初始点，此后再改用韦格斯坦法。

韦格斯坦法具有超线性收敛的性质，比一般的部分迭代法（包括直接迭代法）快。因此，相对于部分迭代法或直接迭代法，文献中常把这种方法说成具有“收敛加速”的作用，受到了重视，得到了广泛的应用。

四、牛顿迭代法

对于函数便于解析求导的方程求根问题，牛顿（Newton）迭代法是一种有效的方法，其特点是程序简单，只要初值适当，收敛很快。其基本思想是将非线性函数逐次线性化，后者是借助对函数式(5-2）的泰勒展开得到的。

将函数式(5-2）在初值 x_0 处做一阶泰勒展开，得

$$f(x) \approx f(x_0) + f'(x_0)(x - x_0) \tag{5-6}$$

则原方程式(5-1）在 x_0 处可近似地表示为

$$f(x) = f(x_0) + f'(x_0)(x - x_0) = 0 \tag{5-7}$$

由此可得到迭代式

$$x = x_0 - \frac{f(x_0)}{f'(x_0)} \tag{5-8}$$

该式可推广为

$$x_{n+1} = x_n - \frac{f(x_n)}{f'(x_n)} \tag{5-9}$$

该迭代的收敛判据为

$$|x_{n+1} - x_n| < e \tag{5-10}$$

牛顿迭代法的几何意义如图 5-4 所示。以 $f'(x_0)$ 为斜率作过 $[x_0, f(x_0)]$ 点的直线，即作 $f(x)$ 在 x_0 的切线方程

$$y - f(x_0) = f'(x_0)(x - x_0) \tag{5-11}$$

令 $y=0$，则该方程的解 x_1 为切线与 x 轴的交点

$$x_1 = x_0 - \frac{f(x_0)}{f'(x_0)} \tag{5-12}$$

由式(5-12）可以看出，上述的求切线过程即为

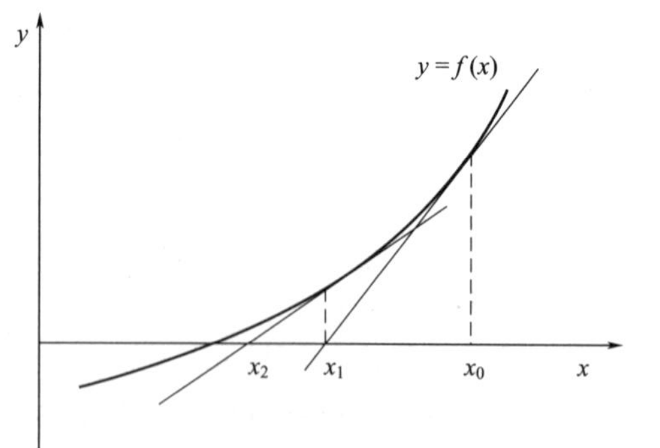

图 5-4　牛顿迭代法示意图

牛顿迭代法的迭代过程。再作 $f(x)$ 在 x_1 处的切线，得交点 x_2，将逐步逼近方程的根。

牛顿迭代法通常具有很好的收敛特性。但选取适当的迭代初值 x_0 是牛顿迭代法成功求解的重要前提，当该初值处于根的附近时迭代才能有效收敛。此外，如果迭代式(5-9) 中的导数值为 0 或非常接近 0，求解也会失败（溢出）。牛顿迭代法只需利用前一圈迭代的信息，但却需要函数的导数，所以需要手工解析求解导函数关系式，这在函数关系比较复杂（如化工模型）的情况下是有困难的。这是牛顿迭代法的一个缺点，也使其应用受到了一定的限制。

五、割线法

牛顿迭代法虽然收敛速度快，但需求出函数的解析导数。当函数比较复杂不便于求导时，可用商差代替导数，于是便得到割线法（Secant）的迭代公式

$$x_{n+1}=x_n-\frac{f(x_n)}{\dfrac{f(x_n)-f(x_{n-1})}{x_n-x_{n-1}}} \tag{5-13}$$

进一步化为

$$x_{n+1}=x_n-\frac{f(x_n)}{f(x_n)-f(x_{n-1})}(x_n-x_{n-1}) \tag{5-14}$$

割线法的几何意义如图 5-5 所示。这里选取两个初始点 x_k、x_{k-1}，其相应函数曲线上点为 P_k、P_{k-1}，连接这两点的截弦与 x 轴交于 x_{k+1}，其斜率即为商差。下一次迭代，以 x_k、x_{k+1} 为基点，连接 P_k、P_{k+1} 交 x 轴于 x_{k+2}。重复以上迭代过程，直到迭代中的两基点接近到一定精度为止。

六、抛物线法

设已知方程式(5-1) 的 3 个近似根 x_k、x_{k-1} 和 x_{k-2}，以这 3 点为节点构造二次多项式 $p_2(x)$，适当选取 $p_2(x)$ 的一个零点 x_{k+1} 作为新的近似根，这样的迭代方法称为抛物线法(Müller Method)。在几何图形上，这种方法的基本思想是用抛物线 $y=p_2(x)$ 与 x 轴的交点 x_{k+1} 作为所求根 x^* 的近似值，并重复迭代下去，如图 5-6 所示。

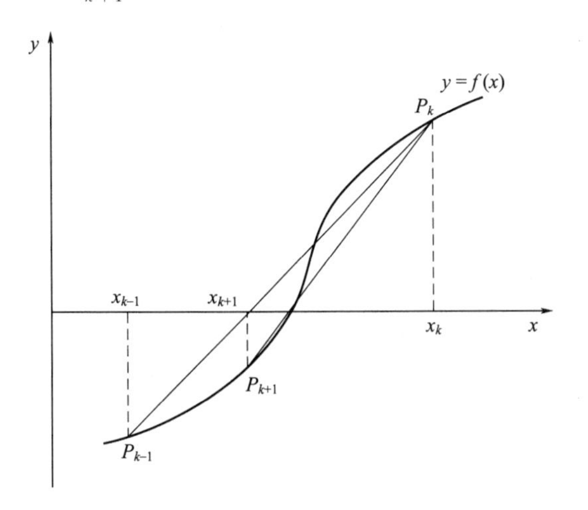

图 5-5 割线法示意图

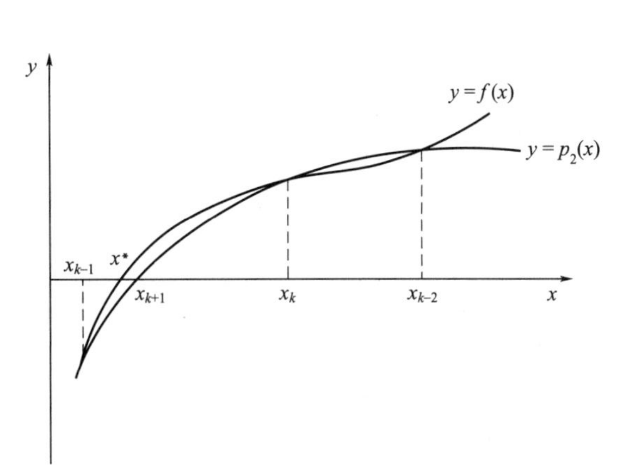

图 5-6 抛物线法示意图

利用3个近似根构造的抛物线函数为

$$p_2(x)=f(x_k)+f[x_k,x_{k-1}](x-x_k)+f[x_k,x_{k-1},x_{k-2}](x-x_k)(x-x_{k-1}) \tag{5-15}$$

其中

$$f[x_k,x_{k-1}]=\frac{f(x_{k-1})-f(x_k)}{x_{k-1}-x_k} \tag{5-16}$$

$$f[x_k,x_{k-1},x_{k-2}]=\frac{f[x_k,x_{k-2}]-f[x_k,x_{k-1}]}{x_{k-2}-x_{k-1}} \tag{5-17}$$

抛物线式(5-15) 的两个零点为

$$x_{k+1}=x_k-\frac{2f(x_k)}{\omega\pm\sqrt{\omega^2-4f(x_k)f[x_k,x_{k-1},x_{k-2}]}} \tag{5-18}$$

其中

$$\omega=f[x_k,x_{k-1}]+f[x_k,x_{k-1},x_{k-2}](x_k-x_{k-1}) \tag{5-19}$$

为了从式(5-18) 中确定值 x_{k+1}，需要讨论两个零点的取舍问题。按照迭代顺序，在 x_k、x_{k-1}和 x_{k-2} 3个近似根中 x_k 更接近所求的根 x^*。因此，通常选式(5-18) 中较为接近 x_k 的一个零点根作为新的近似根 x_{k+1}。为此，只要取根式前的符号与 ω 的符号相同即可。

七、单变量非线性方程求解函数 fzero

MATLAB中的单变量方程求根函数为fzero，该函数结合使用对分法、割线法和抛物线法，调用格式为

```
[x,fval,exitflag]=fzero(@fun,x0,options,p1,p2,...)
```

其中，fun为自定义函数，定义函数式(5-2)；x0为迭代初值；options为算法参数；p1、p2等为需要向fun函数传递的额外参数；x为返回的方程根；fval为算法收敛后的函数值；exitflag为算法结束状态（>0表示收敛成功，<0表示迭代失败）。

【例5-1】 在MATLAB中用fzero函数计算方程 $x^3-2x-5=0$ 的根。

解：(1) 依照格式调用fzero

```
function demo_fzero
[z,fval,exitflag]=fzero(@f,2)
```

由于该函数较为简单，加上fzero为可调参数函数，所以调用时仅需输入前两个参数即可。符号f为本例待求解方程的函数名称，前面的@表示取地址。数字2为根初值，可依据一定的近似算法精确估算或随机粗略指定。

(2) 定义方程

```
function y=f(x)
y=x^3-2*x-5;
```

该函数定义了式(5-1) 等号左侧的 $f(x)$，即等号右侧必须为0，否则应采用残差的形式强制转化。

(3) 计算结果

```
z=2.0946
fval=-8.8818e-016
exitflag =1
```

可见，exitflag 等于 1，表示成功收敛。结果为 2.0946，与初值较为接近。而且此时的函数值等于-8.8818×10^{-16}，接近于 0，也说明已求得原方程的根。

八、多变量非线性方程组求解函数 fsolve

上述的非线性方程解法原则上可推广至非线性方程组的求解，但考虑到非线性方程组的特殊形式，采用最小二乘法可能会获取更好的收敛效果。因此，fsolve 函数综合采用了 Gauss-Newton、Levenberg-Marquardt 和非线性最小二乘法，其调用格式为

```
[x,fval,exitflag]=fsolve(@fun,x0,options,p1,p2,...)
```

其中各项参数的意义与 fzero 函数相似。

【例 5-2】 在 MATLAB 中调用 fsolve 函数求解非线性方程组 $\begin{cases}2x_1-x_2=e^{-x_1}\\-x_1+2x_2=e^{-x_2}\end{cases}$。

解：（1）调用 fsolve

```
function demo_fsolve
% fsolve 示例
clc,
clear,
% 初值
x0=[-5;-5];
% 设定选项,要求显示中间结果
options=optimset('Display','iter');
% 调用 fsolve 开始计算
[x,fval,exitflag]=fsolve(@myfun,x0,options)
```

程序在调用 fsolve 时定义了算法参数 options，要求显示中间计算结果。通过该参数还可以指定其他算法要求，具体可参见 fsolve 的联机帮助。

（2）定义方程组

```
function F=myfun(x)
F=[2 * x(1)- x(2)- exp(-x(1));
    -x(1)+ 2 * x(2)- exp(-x(2))];
```

函数的第 1 个输入参数 x 代表自变量向量，可通过下标具体确定 x_1 和 x_2。

（3）显示结果

Iteration	Func-count	f(x)	Norm of step	First-order optimality	Trust-region radius
1	3	47071.2		2.29e+004	1
2	6	12003.4	1	5.75e+003	1
3	9	3147.02	1	1.47e+003	1
4	12	854.452	1	388	1
5	15	239.527	1	107	1
6	18	67.0412	1	30.8	1
7	21	16.7042	1	9.05	1
8	24	2.42788	1	2.26	1
9	27	0.032658	0.759511	0.206	2.5
10	30	7.03149e-006	0.111927	0.00294	2.5
11	33	3.29525e-013	0.00169132	6.36e-007	2.5

```
Optimization terminated successfully:
  First-order optimality is less than options. TolFun.
x=
      0.5671
      0.5671
  fval=
      1.0e-006 *
      -0.4059
      -0.4059
  exitflag=
        1
```

迭代信息中的Iteration表示迭代次数，Func-count表示方程组被调用的次数，f(x)为迭代中的函数值，Norm of step表示迭代前进步长，First-order optimality表示一阶导函数值，Trust-region radius表示信赖域半径。返回值exitflag=1表示计算成功，x=［0.5671 0.5671］为解得的方程解，fval为此时的函数值。

第二节　常微分方程求解

化工计算中，经常遇到的是给定初始条件且只有一个微分自变量的常微分方程的初值问题：

$$\begin{cases} \dfrac{\mathrm{d}y}{\mathrm{d}x}=f(x,y) \\ y(a)=y_0 \end{cases} \quad (a \leqslant x \leqslant b) \tag{5-20}$$

对于上述问题，只有一些特殊形式的 $f(x,y)$，才能找到它们的解析解。而对于大多数常微分初值问题，只能计算它们的数值解。求解此类问题，就是获得在求解区间［a,b］上的各个分点序列 $x_n(n=1,2,\cdots,m)$ 处的 y_n。这些解也可以看作是 y 的多个曲线，如果 x 为时间，则它们表示系统的动态变化过程，所以常微分方程求解算法多用于化工过程的动态模拟。

一、欧拉法

1. 向前欧拉法

基本思想：在求解区间［a,b］上做等距分割，步长为 h，用商差近似代替导数计算常微分方程。

做 $y(x)$ 在 $x=x_n$ 处的一阶向前差商

$$\frac{\mathrm{d}y}{\mathrm{d}x} \approx \frac{y(x_{n+1})-y(x_n)}{h} \tag{5-21}$$

代入式（5-20），得到

$$\frac{y(x_{n+1})-y(x_n)}{h} \approx f[x_n,y(x_n)] \tag{5-22}$$

故 $y(x_{n+1})$ 的近似值 y_{n+1} 可按下式进行计算

$$y_{n+1}=y_n+hf(x_n,y_n) \tag{5-23}$$

此即为向前欧拉法（也称为显示欧拉法）的计算公式。其几何意义如图 5-7 所示：以 $f(x_0,y_0)$ 为斜率，通过点 (x_0,y_0) 做直线，与直线 $x=x_1$ 的交点就是 y_1。依此类推，y_n 是以 $f(x_{n-1},y_{n-1})$ 为斜率、经过点 (x_{n-1},y_{n-1}) 的直线与直线 $x=x_n$ 的交点。可以看出，欧拉（Euler）法用一条折线近似原方程解，故欧拉法也称为欧拉折线法。

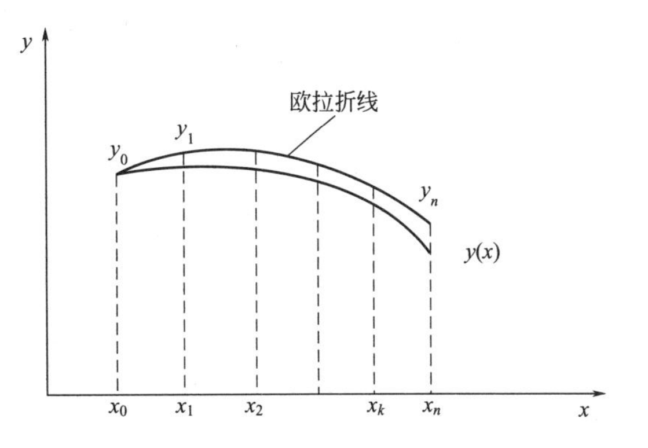

图 5-7　向前欧拉法示意图

2. 向后欧拉法

与向前欧拉法不同的是，该法使用 $y(x)$ 在 $x=x_{n+1}$ 处的一阶向后差商作为导数的近似式，由此得到的计算式为

$$y_{n+1}=y_n+hf(x_{n+1},y_{n+1}) \tag{5-24}$$

向后欧拉法与向前欧拉法有着本质的区别：后者的公式［式(5-23)］是关于 y_{n+1} 的一个显式计算公式；而前者的公式［式(5-24)］右侧包含未知数 y_{n+1}，所以它是隐式公式。显式与隐式两类方法各有特征，考虑到数值稳定性等因素，实践中有时选用隐式方法，但使用显式算法比使用隐式算法方便。

隐式方程式(5-24）通常用迭代法求解，迭代初值则由式(5-23）提供。迭代公式为

$$\begin{cases} y_{n+1}^{(0)}=y_n+hf(x_n,y_n) \\ y_{n+1}^{(k+1)}=y_n+hf(x_{n+1},y_{n+1}^{(k)}) \end{cases} \tag{5-25}$$

3. 梯形法

为了提高所得解的精度，可以将向前欧拉法和向后欧拉法结合起来，用区间两端处函数 $y(x)$ 的平均斜率代替区间内的 $y(x)$ 斜率，则式(5-23）变为

$$y_{n+1}=y_n+\frac{h}{2}[f(x_n,y_n)+f(x_{n+1},y_{n+1})] \tag{5-26}$$

该式相当于在 $[x_n,x_{n+1}]$ 间进行梯形近似计算

$$\int_{x_n}^{x_{n+1}} y'(x)\mathrm{d}x \approx \frac{1}{2}(x_{n+1}-x_n)[y'(x_{n+1})+y'(x_n)]=\frac{h}{2}[f(x_n,y(x_n))+f(x_{n+1},y(x_{n+1}))] \tag{5-27}$$

所以，该方法称为梯形法，式(5-26）称为梯形公式，其几何意义如图 5-8 所示。

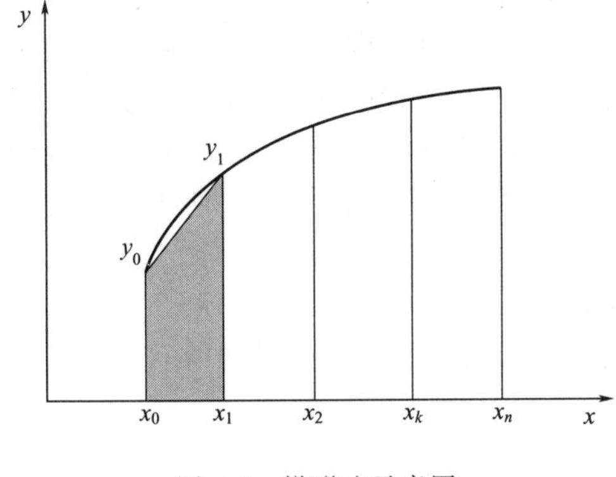

图 5-8　梯形法示意图

梯形公式也是隐式格式，计算中为了保证一定的精度，又避免迭代过程中过大的计算量，可先用显式的向前欧拉法式(5-23）算出初始值，然后用隐式的梯形法式(5-26）进行一次修正。这一过程称为预估-校正过程，公式如下

$$\begin{cases} \overline{y}_{n+1}=y_n+hf(x_n,y_n) \\ y_{n+1}=y_n+\frac{h}{2}[f(x_n,y_n)+f(x_{n+1},\overline{y}_{n+1})] \end{cases} \tag{5-28}$$

该式也称为改进的欧拉公式。如要获得较高的

计算精度，可进行多次迭代计算，也就是进行多次校正计算。

二、龙格-库塔法

前已述及的欧拉法是利用点（x_n，y_n）处的斜率代替区间［x_n，x_{n+1}］上的平均斜率，精度必然有限。龙格-库塔（Runge-Kutta）法则在区间［x_n，x_{n+1}］上多取几点处的斜率，将它们的加权平均值作为该区间上的平均斜率，构造出精度更高的计算公式。如二阶龙格-库塔公式

$$\begin{cases} y_{n+1}=y_n+\dfrac{h}{2}(K_1+K_2) \\ K_1=f(x_n,y_n) \\ K_2=f(x_n+h,y_n+hK_1) \end{cases} \tag{5-29}$$

就可以看作是将 x_n 和 x_{n+1} 处斜率的算术平均值作为平均斜率。

工程上最为常用的是四阶龙格-库塔公式，如下所示

$$\begin{cases} y_{n+1}=y_n+\dfrac{h}{6}(K_1+2K_2+2K_3+K_4) \\ K_1=f(x_n,y_n) \\ K_2=f(x_n+\dfrac{h}{2},y_n+\dfrac{h}{2}K_1) \\ K_3=f(x_n+\dfrac{h}{2},y_n+\dfrac{h}{2}K_2) \\ K_4=f(x_n+h,y_n+hK_3) \end{cases} \tag{5-30}$$

龙格-库塔法的主要优点是计算精度较高，能满足通常的计算要求，而且容易编制程序。该法每次计算 y_{n+1} 时只需要前一步的计算结果 y_n，因此在已知初始值 y_0 的条件下就可自动地进行计算，属于单步法。其缺点是每前进一步需要多次计算 $f(x,y)$ 的值，计算工作量较大。

三、常微分方程求解函数 ode45

ode45 为 MATLAB 中最为常用的常微分方程求解函数，它采用四阶龙格-库塔公式进行计算，可满足大多情况下的常微分方程求解问题。

其调用格式为

```
[T,Y]=ode45(odefun,tspan,y0,options,p1,p2,...)
```

其中，odefun 为常微分函数名，定义 $y'=f(t,y)$；tspan 可以是积分限，也可以是表示一些离散点的向量，这时 ode45 将计算在这些离散点处对应的 y 值；y0 为状态变量的初始条件向量；options 为积分参数选项，options=[] 时表示取默认值；p1，p2，…为直接传递给自定义函数 odefun 的已知参数。输出量 T 为自变量序列，Y 为自变量序列所对应的状态变量序列。

除 ode45 外，解常微分方程的函数还有 ode23、ode113、ode15s、ode23s、ode23t、ode23tb，其中 ode23s 在求解刚性方程时最为常用。各函数适用于求解不同的问题，计算方法也各有不同，但基本是以龙格-库塔法为主。

【例 5-3】 在 MATLAB 中调用 ode45 求解初值问题：

$$\begin{cases} y_1' = y_2 y_3 & y_1(0)=0 \\ y_2' = -y_1 y_3 & y_2(0)=1 \\ y_3' = -0.51 y_1 y_2 & y_3(0)=1 \end{cases}$$

解：(1) 调用 ode45 计算

```
function demo_ode45
[T,Y]=ode45(@rigid,[0 12],[0 1 1]);
plot(T,Y(:,1),'-',T,Y(:,2),'-.',T,Y(:,3),'.')
xlabel('T'),
ylabel('Y'),
legend('Y1','Y2','Y3'),
```

ode45 的第 2 个参数 [0 12] 表示微分自变量的范围，第 3 个参数 [0 1 1] 表示在 $T=0$ 时的 3 个 y 的初值。该函数返回对应自变量取值向量 T 的因变量向量 Y，由此可绘出 3 条曲线，程序用 plot 函数将它们绘制出来，并用不同的线型区分。

(2) 定义常微分方程组

```
function dy=rigid(t,y)
dy=zeros(3,1);
dy(1)= y(2) * y(3);
dy(2)= -y(1) * y(3);
dy(3)= -0.51 * y(1) * y(2);
```

该函数定义了 3 个常微分方程，所以返回值为包括 3 元素的列向量。首先，利用零矩阵函数 zeros 初始化该列向量，然后分别将 3 个微分方程的等号右侧输入该向量。此外，与 fzero 和 fsolve 不同的是，函数定义的第 1 个参数必须为微分自变量，第 2 个参数必须为微分因变量。

(3) 显示运行结果

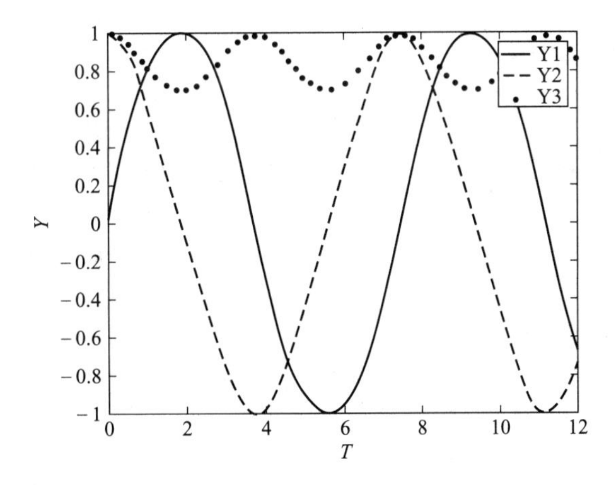

第三节 数值积分

实际问题中常常需要计算积分，有些数值方法如微分方程和积分方程的求解也都与积分计算相联系。

数值积分解决的问题是

$$I=\int_{a}^{b} f(x)\mathrm{d}x \tag{5-31}$$

由积分中值定律可知，在积分区间 $[a,b]$ 内存在一点 ξ，成立

$$\int_{a}^{b} f(x)\mathrm{d}x=(b-a)f(\xi) \tag{5-32}$$

这样，只要对 $f(\xi)$ 提供一种算法，相应地便获得一种数值积分方法。

一、矩形积分法和梯形积分法

函数 $f(x)$ 在区间 $[a,b]$ 之间求积，就是求图 5-9 中的 $y=f(x)$ 曲线与 x 轴以及两直线 $x=a$、$x=b$ 所围成的几何图形的面积。

如果把区间 $[a,b]$ 分为 n 等分，每等分长为 Δx，则该面积可表示为

$$S \approx \sum_{i=0}^{n-1} f(x_i)\Delta x \tag{5-33}$$

如图 5-10 所示。该式实际上是用数个矩形近似代替上述面积，因此该方法被称为矩形积分法。

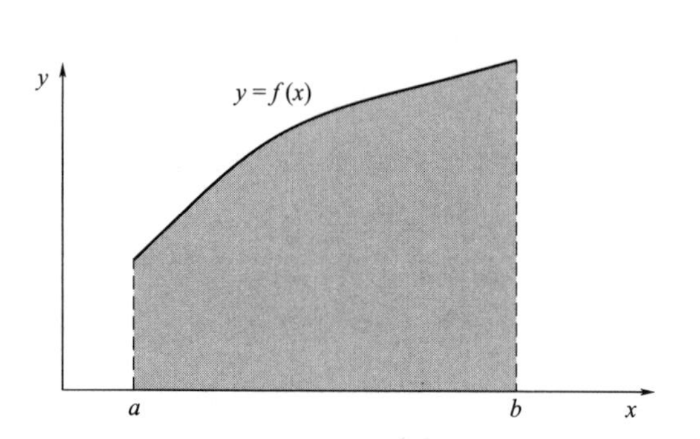

图 5-9 积分示意图

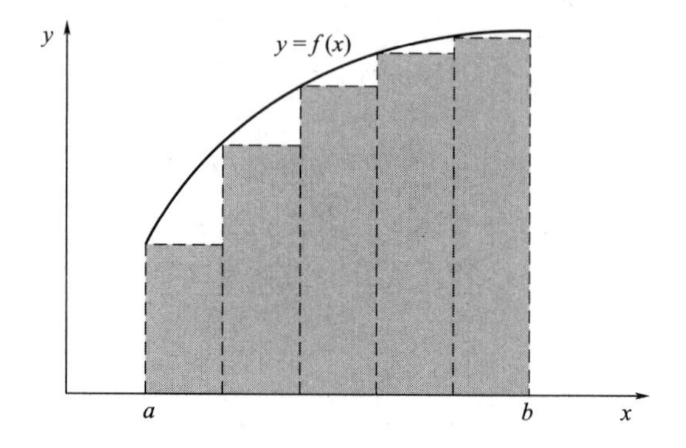

图 5-10 矩形积分法示意图

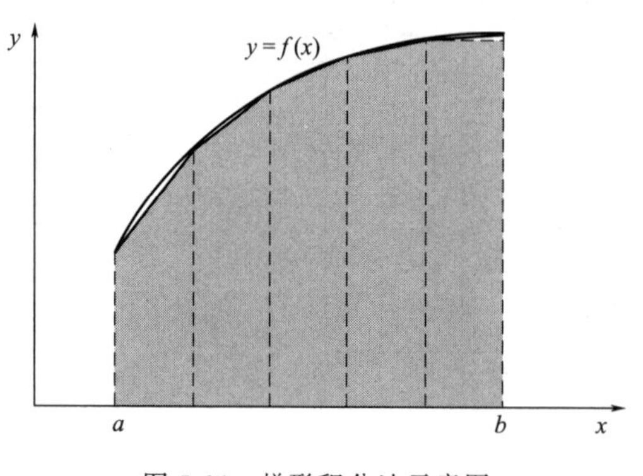

图 5-11 梯形积分法示意图

矩形积分法在计算时未考虑曲线以下、矩形以上形如三角形的面积，故精度不高。

减小误差的一种方法是将每个等分用梯形代替矩形，如图 5-11 所示。计算方法相应地改为

$$S \approx \sum_{i=0}^{n-1} \frac{f(x_i)+f(x_i+\Delta x)}{2}\Delta x \tag{5-34}$$

该方法被称为梯形积分法。

可以看出，梯形积分法比矩形积分法更为精确。

MATLAB 中，梯形积分法由 trapz 函数实现，其调用格式为

```
Z=trapz(Y)
```

其中，Y 为被积分函数的序列值，等距积分长度为 1；Z 为积分值。

如果等距积分长度不为 1，则需要指定自变量序列 X，此时的调用格式为

```
Z=trapz(X,Y)
```

【例 5-4】 在 MATLAB 中调用 trapz 函数计算定积分 $\int_0^{\pi}\sin(x)\mathrm{d}x$ 。

解：(1) 将积分区间等分

```
X=0:pi/100:pi;
Y=sin(X);
```

程序中将自变量区间 [0,π] 100 等分。pi 是 MATLAB 中的常量，代表圆周率。MATLAB 支持矩阵运算，所以将 x 向量直接代入 sin 函数中，就可以得到函数值 y 的向量。

(2) 调用 trapz 积分

```
Z1=trapz(X,Y);
```

上述程序行利用了人为的自变量分割区间。

如果不指定该分割区间，则用下面格式调用 trapz：

```
Z2=pi/100*trapz(Y)
```

但要注意，由于默认的积分间隔为 1，会导致积分区间变大，需要在计算结果前乘以 π/100，将结果转化过来。

(3) 显示结果

```
Z1=
    1.9998
Z2=
    1.9998
```

可见，两种方式的计算结果一样。所以实践中可根据需要选择具体调用方式。

二、辛普森积分法

如图 5-12 所示，将积分曲线 $f(x)$ 视为抛物线，则

$$f(x)=px^2+qx+r \tag{5-35}$$

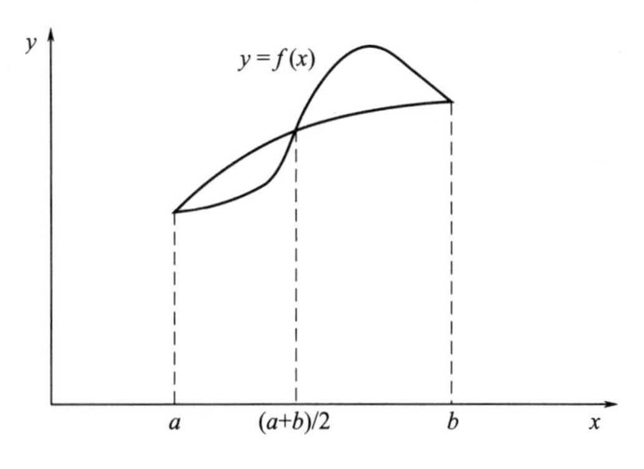

图 5-12 辛普森积分示意图

在积分区间 $[a,b]$ 上对该抛物线进行积分：

$$
\begin{aligned}
S &= \int_a^b (px^2 + qx + r)\mathrm{d}x \\
&= \frac{p}{3}(b^3 - a^3) + \frac{q}{2}(b^2 - a^2) + r(b - a) \qquad (5\text{-}36) \\
&= \frac{1}{6}(b - a)\{(pa^2 + qa + r) + [p(a + b)^2 + 2q(a + b) + 4r] + (pb^2 + qb + r)\} \\
&= \frac{1}{6}(b - a)\left[f(a) + 4f\left(\frac{a + b}{2}\right) + f(b)\right]
\end{aligned}
$$

式(5-36)是将积分区间2等分的计算结果。

如果将整个积分区间细分为 $2n$ 个等分，每一等分的区间长度为 h，则可得到辛普森(Simpson)积分公式

$$
\begin{aligned}
S = \frac{h}{3}\{f(a) + 4[f(a + h) + f(a + 3h) + f(a + 5h) + \cdots] \\
+ 2[f(a+2h) + f(a+4h) + \cdots] + f(b)\} \qquad (5\text{-}37)
\end{aligned}
$$

MATLAB 中，辛普森积分通过函数 quad 实现，其调用格式为

```
q=quad(fun,a,b,tol,trace,p1,p2,...)
```

其中，fun 定义被积分函数 $f(x)$；a、b 代表积分区间界限；tol 为绝对误差限；trace 给出计算中间值；p1、p2 等为传递给被积分函数的额外参数；返回值 q 为得到的积分值。

【例 5-5】 在 MATLAB 中使用 quad 函数计算定积分 $\int_0^{\pi} \sin(x)\mathrm{d}x$ 。

解：(1) 调用 quad 计算

```
Z=quad(@sin,0,pi)
```

此处由于 sin 为 MATLAB 的内置函数，可以直接输入名字。如果用户自定义函数，则需要在定义积分函数后将其名称输入 quad 的第一个参数。0 和 pi 分别代表积分的下限和上限。

(2) 显示结果

```
Z=
    2.0000
```

可见，该方法较梯形积分法精度又有了一定的提高。而且，辛普森积分法无需用户分割积分区间，使用起来更为方便。

此外，在 MATLAB 中还有采用自适应 Lobatto 积分法的 quadl 数值积分函数，其精度更高，使用方法与 quad 函数完全相同。

第四节　最优化

在进行一项工作（例如产品设计、物资运输或分配等）时应用最优化技术，可以较快地选择出最优方案或做出最优决策。因此，最优化方法在各种工程技术，如自动控制、系统工程、运筹学以及经济计划、企业管理等方面，都被广泛应用。

最优化的关键是描述问题和建立问题的数学模型，包括变量、约束和目标函数的确定。

变量一般指最优化问题或系统中待定的量，最优化它们时的限制称为约束。最优化具有一定的标准或评价方法，目标函数就是这种标准的数学描述。对目标函数求极大值和极小值并没有原则上的区别，因为求 $f(x)$ 的极小值相当于求 $-f(x)$ 的极大值。总之，最优化的目标是发现系统中变量的特定数值，使系统获取最佳的性能。

最优化问题的数学模型可以表示为

$$\begin{aligned} &\text{Minimize}: f(x) && \text{目标函数} \\ &\text{Subject to}: h(x)=0 && \text{等式约束} \\ &\qquad\qquad g(x)\geqslant 0 && \text{不等式约束} \end{aligned} \tag{5-38}$$

无约束优化是非线性最优化问题式(5-38)的一种特殊形式，也就是其中的等式约束和不等式约束均不存在的情形。在实践中，研究无约束优化的计算方法是研究非线性优化计算方法所必须的。这是因为很多实际问题的数学模型本身就是无约束优化问题，而且无约束优化问题的求解比一般优化问题容易得多，而解法的基本思想又常常可以推广到一般有约束的情形。该类算法依据所含变量数目的大小可分为一维搜索法和无约束多变量优化方法。下面介绍其中的一些较常用的方法。

一、一维搜索法

在包含极值点的区间上，一维搜索法（One-Dimensional Search）按照一定的方法逐渐缩小搜索区间，并使其始终包含极值点。当搜索区间缩小到一定程度满足了计算精度要求时，即可认为搜索到了函数的极值点。该法实际上就是求一元函数的极小点问题，是优化方法中最简单、最基本的方法。而且，在求多变量目标函数极值时大多要进行一维搜索，它所占用的机时较多，其效果对整个最优化算法的收敛速度影响较大，所以应重视对一维搜索法的学习和研究。

1. 黄金分割法

给定如图 5-13 所示的单峰单变量函数 $y=f(x)$，假设它在区间 $[a_1,a_2]$ 上存在极小点 x^*。

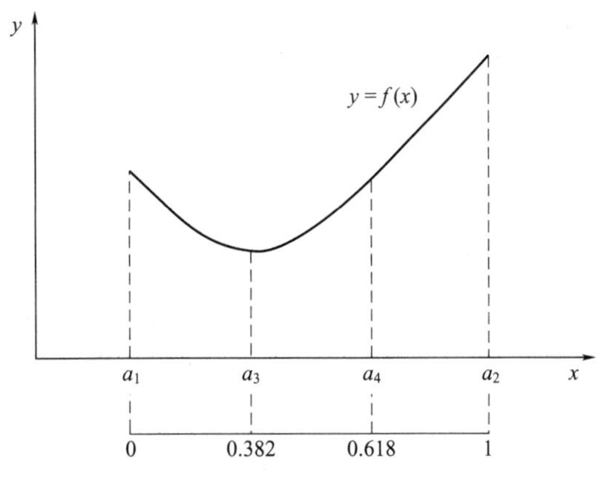

图 5-13　黄金分割法示意图

在该区间的 0.618 位置上取一个试验点 a_4，在该区间 0.382 位置上取另一个试验点 a_3，则 a_3 与 a_4 为区间上的两个对称点，且

$$a_3=a_1+0.382(a_2-a_1) \tag{5-39a}$$

$$a_4=a_1+0.618(a_2-a_1) \tag{5-39b}$$

若函数值 $f(a_3)<f(a_4)$，则说明 a_3 更加靠近极点，极小点必在 $[a_1,a_4]$ 之内；否则极小点处于 $[a_3,a_2]$ 之内。这样搜索区间被缩小至原来的 0.618 倍，然后在保留区间内继续取点。连续 $N-1$ 次缩短后，最后的区间 $0.618^{N-1}(a_2-a_1)$ 应满足精度要求，若相对精度为 e，则 $0.618^{N-1}\leqslant e$。

黄金分割法（Golden Section）起源于古希腊对黄金的分割，数字 0.618 具有如下性质

$$0.618\times 0.618=0.382$$

$$0.382+0.382\times 0.628=0.618$$

也就是说，当搜索区间由 $[a_1,a_2]$ 缩小至 $[a_1,a_4]$ 后，可把 a_4 视为新的 a_2，而把 a_3 视为新的 a_4。在接下来的迭代中，只需要给出一个新的 a_3 即可。所以，除了计算开始时需要同时计算 a_1 和 a_2 两个点的函数值外，在以后的迭代过程中每次只需要计算一个新点的函数值，从而将计算工作量减少很多。

黄金分割法也称为 0.618 法，按照固定的比例缩短搜索区间。如果按照不同的比例缩短区间，但仍要求迭代一次只计算一个函数值，同时要求在同样多的迭代次数下所求近似最优点的精度最好，则可采用分数法（Fibonacci）。分数法利用 Fibonacci 数列压缩搜索区间，算法较为复杂。虽然在理论上分数法更好，但由于黄金分割法实现起来较为简单，实践中最常使用的仍是黄金分割法。

2. 二次插值法

多项式是逼近函数的一种常用工具。在寻求函数极小点的区间上，可以用若干点的函数值构成低阶插值多项式，用后者作为求极小点函数的近似表达式，并用这个多项式的极小点作为原函数极小点的近似。重复应用这一方法进行迭代计算，直到得出满意的结果为止。

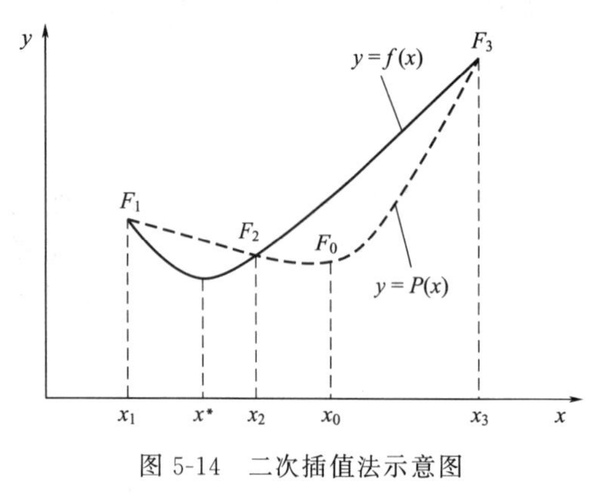

图 5-14　二次插值法示意图

采用二次多项式和三次多项式逼近 $f(x)$，分别称为二次插值法和三次插值法。三次插值法收敛性较好，但导数计算不方便。二次插值法（Parabolic Interpolation）比较简单，又称抛物线插值法，如图 5-14 所示。

在一维搜索的路径上，若已经试验了 3 个点 x_1、x_2、x_3，其函数值分别为 F_1、F_2、F_3，就可以求出过这 3 点的一条二次曲线

$$P(x)=a_0+a_1x+a_2x^2 \tag{5-40}$$

通过已知的 F_1、F_2、F_3 就可以同时确定上式中的系数 a_0、a_1、a_2。

该抛物线的极值点为

$$x_0=-\frac{a_1}{2a_2} \tag{5-41}$$

该值是原函数极值的近似值，其近似函数值为 $F_0=P(x_0)$。如果 $\min\{|F_0-F_1|,|F_0-F_2|,|F_0-F_3|\}<e$，则可取 x_0 为近似解，否则以 x_0 点和 x_1、x_2、x_3 中与 x_0 较为接近的另外两点构成新的抛物线，再次进行二次插值迭代。

二次插值法对于不易求解导数的目标函数使用较为方便，并比黄金分割法更为有效。

3. 单变量最优化函数 fminbnd

上述的一维搜索过程在 MATLAB 中采用 fminbnd 函数实现。该函数在固定区间上最小化单变量的目标函数，其内置算法基于黄金分割法和二次插值法构成，调用格式为：

```
[x,fval,exitflag]=fminbnd(fun,x1,x2,options,P1,P2,...)
```

其中，fun 为目标函数名称；x1 和 x2 为自变量区间界限；options 为优化参数选项；P1、P2 等为需要传递给目标函数的额外参数；返回值 x 为优化解；fval 为目标函数最优值；exitflag 描述了算法结束状态（>0 表示正常收敛，=0 表示已达到函数引用或迭代的最大次数，<0 表示不收敛）。

【例 5-6】 在 MATLAB 中，调用 fminbnd 求取函数 x^3+3x^2-9x 在区间 [0,100] 内的

最小值。

解：(1) 调用 fminbnd 函数

```
function demo_fminbnd
% 单变量最优化--函数 fminbnd 的简单应用示例
clear,
clc,
x1=0;
x2=100;
[x,fval,exitflag]=fminbnd(@ObjFunc,x1,x2)
```

(2) 定义目标函数

```
function f=ObjFunc(x)
f=x ^3 + 3 * x ^2 - 9 * x;
```

(3) 显示结果

```
x=
    1.0000
fval =
    -5.0000
exitflag =
    1
```

二、无约束多变量优化方法

如同一维搜索法那样，求取多变量函数的极值问题也可以使用搜索法，其基本思想是：

① 选择初始迭代点 x_0。

② 确定迭代计算公式，即迭代的方向与步长

$$x_{n+1}=x_n+t_n p_n \tag{5-42}$$

式中，t_n 代表第 n 次迭代步长；p_n 代表第 n 次迭代方向。

③ 按式(5-43) 进行一维搜索，求出 p_n 方向上的最优步长 t_n

$$\min f(x_{n+1})=\min_{t_n} f(x_n+t_n p_n) \tag{5-43}$$

④ 重复以上步骤，比较 x_{n+1} 与 x_n，直至 $|x_{n+1}-x_n|<e$。

无约束多变量优化（Unconstrained Multivariable Optimization）的不同计算方法主要区别在于选用了不同的搜索方向，总体迭代过程相同。

1. 梯度法

将式(5-38) 中的目标函数 $f(x)$ 在 x_n 点处展开为泰勒级数，并取至一阶导数逼近原函数

$$f(x_{n+1})=f(x_n)+(x_{n+1}-x_n)^{\mathrm{T}}\nabla f(x_n) \tag{5-44}$$

式中，$\nabla f(x_n)$ 表示 $f(x)$ 在 x_n 点处的梯度，它与自变量向量 $(x_{n+1}-x_n)^{\mathrm{T}}$ 的内积为

$$(x_{n+1}-x_n)^{\mathrm{T}}\nabla f(x_n)=\| x_{n+1}-x_n \| \| \nabla f(x_n) \| \cos\theta \tag{5-45}$$

式中，θ 表示上述二向量间的夹角。

由式(5-43)～式(5-45) 可以看出，对于给定的 x_n 点，变量向量和梯度的模均已固定，欲使 $f(x_{n+1})$ 最小，只能调整角度 θ。由余弦函数性质可知，$\cos\theta$ 在 $\theta=180°$ 时最小化为 -1，也就是说使目标函数值下降最快的方向应为负梯度方向，所以梯度法将负梯度方向作

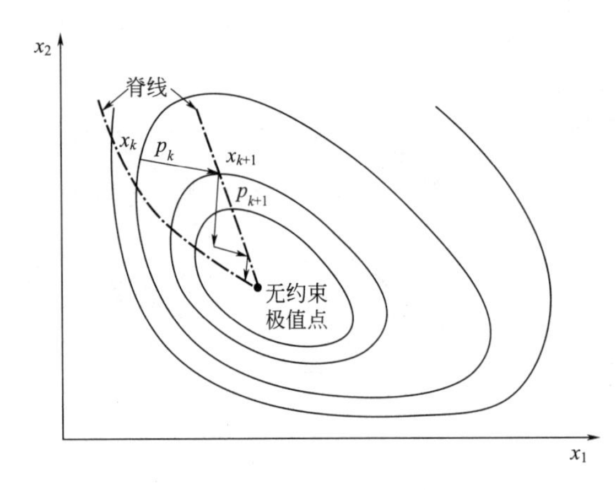

图 5-15　梯度法示意图

为其搜索方向。

正因为如此，梯度法（Gradient）有时也称为最速下降（steepest descent）法，如图 5-15 所示。其迭代式为

$$x_{n+1}=x_n-t_n\nabla f(x_k) \tag{5-46}$$

从图 5-15 可以看出，梯度法的一个重要的特点是前后两步迭代的搜索方向正交，这是由梯度法本身决定的。此外，梯度法虽然比较简单，但由于只用到了目标函数的一阶梯度信息，收敛较慢，而且越接近极值点收敛越慢。因此，基于梯度法又发展了许多收敛较快的算法，如共轭梯度法、变尺度法等。此外，梯度法在迭代开始的前几圈是有利的，所以可以与其他优化方法结合使用，从而构成混合算法，以有利于搜索。

2. 牛顿法

牛顿（Newton）法的基本思想是将目标函数 $f(x)$ 在 x_n附近展开成泰勒级数，并取至二阶导数项逼近原函数

$$f(x_{n+1})=f(x_n)+(x_{n+1}-x_n)^{\mathrm{T}}\nabla f(x_n)+\frac{1}{2}(x_{n+1}-x_n)^{\mathrm{T}}\nabla^2 f(x_n)(x_{n+1}-x_n) \tag{5-47}$$

式中，$\nabla^2 f(x_n)$ 为二阶偏导矩阵，又称为 Hessian 矩阵。

对式(5-47) 求导，并令导数等于零，则可得到牛顿法的迭代公式

$$x_{n+1}=x_n-[\nabla^2 f(x_n)]^{-1}\nabla f(x_n) \tag{5-48}$$

牛顿法又称为二阶梯度法，是一种经典算法。这种算法不仅利用目标函数在搜索点的梯度，还利用目标函数的二次导数，考虑了梯度变化的趋势。因此，牛顿法得到的每一步搜索方向比梯度法有所改进，可以更好地指向极值点，搜索速度也更快。但由式(5-48) 可以看出，牛顿法要计算每步搜索点的 Hessian 矩阵并求逆。若该矩阵非正定，则无法使用牛顿法。如果该矩阵为正定而维数较高，则对其进行计算需要耗费大量的机时，这对计算机的存储容量和计算速度都提出了很高的要求。

牛顿法的主要缺点是每次迭代均需计算二阶偏导数矩阵及其逆矩阵，这给实际应用带来诸多不便。其中一种改进的方法是用差分表示一阶导数和二阶导数，构造一个 Hessian 逆矩阵的近似矩阵，这种方法称为拟牛顿（quasi-Newton）法。

构造近似矩阵的方法不同，就有不同的拟牛顿法。其中，在迭代过程中可保持近似矩阵对称、正定并获得广泛应用的是 DFP 法和 BFGS 法。二者的迭代公式均为

$$x_{n+1}=x_n+t_n H_n\nabla f(x_n) \tag{5-49}$$

DFP 法构造的 H_n 为

$$H_n=H_{n-1}+\frac{\delta_{n-1}\cdot\delta_{n-1}^{\mathrm{T}}}{\delta_{n-1}^{\mathrm{T}}\cdot r_{n-1}}-\frac{H_{n-1}\cdot r_{n-1}\cdot r_{n-1}^{\mathrm{T}}\cdot H_{n-1}^{\mathrm{T}}}{r_{n-1}^{\mathrm{T}}\cdot H_{n-1}\cdot r_{n-1}} \tag{5-50a}$$

$$\delta_n=x_{n+1}-x_n \tag{5-50b}$$

$$r_n=\nabla f(x_{n+1})-\nabla f(x_n) \tag{5-50c}$$

BFGS 法构造的 H_n 为

$$H_n=H_{n-1}+\frac{r_{n-1}\cdot r_{n-1}^{\mathrm{T}}}{\delta_{n-1}^{\mathrm{T}}\cdot r_{n-1}}-\frac{H_{n-1}\cdot\delta_{n-1}\cdot\delta_{n-1}^{\mathrm{T}}\cdot H_{n-1}^{\mathrm{T}}}{\delta_{n-1}^{\mathrm{T}}\cdot H_{n-1}\cdot\delta_{n-1}} \tag{5-51}$$

式中，δ_n 和 r_n 的定义与式(5-50b）和式(5-50c）相同。

3. 单纯形法

所谓单纯形（Simplex）就是空间最简单的图形，如二维空间中的三角形和三维空间中的四面体。借助单纯形求解无约束优化问题的基本思路是计算单纯形顶点的函数值，通过比较它们的大小判别极值点的搜索方向，用不断更新单纯形的方法使单纯形的某个顶点逼近极值点，当达到计算精度要求时迭代过程即告结束。

下面以二维为例说明单纯形法的迭代过程。对于函数 $f(x)$，从初始点 x_0 开始搜索，应首先构造一个单纯形，如图 5-16 所示。令 a 点为初始点，沿坐标方向按一定步长取两点 b 和 c，于是得到一个三角形△abc（即二维单纯形）。比较 a、b、c 3 点的目标函数值。函数值最高的点为最差点，记作 H；函数值最低的点为最好点，记作 L；介于 H 和 L 之间的点为中间点，记作 G。所以，$f(x_H)>f(x_G)>f(x_L)$，如图 5-17 所示。显然，在最差点 H 的反对称方向上目标函数值会有所改进，也即可以作为下一步的搜索方向。以 GL 的中点 F 为中心做平行四边形▱GHLR，将 H 去掉，得到新的二维单纯形△GRL，其中的 R 是 H 对 F 的反射点。下一步是对新单纯形的 3 个顶点 G、R、L 计算并比较其函数值。如果 $f(x_G)>f(x_R)>f(x_L)$，则应当求 G 点的反射点 K，形成新的单纯形△RLK，再做计算比较，直到最差点与最好点的函数值差别小于给定的误差为止。

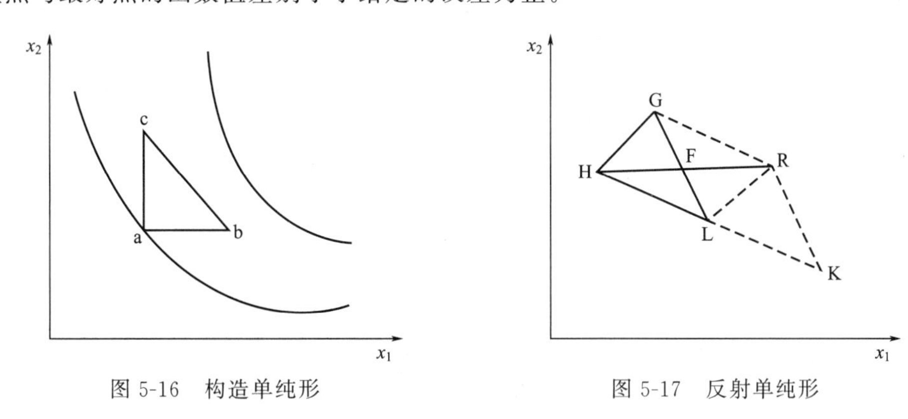

图 5-16　构造单纯形　　　图 5-17　反射单纯形

单纯形更换的方法除了反射外，还有扩展和压缩，分别用于同一方向上加大和减小搜索步长。

单纯形法的最大优点是计算工作量小，计算速度快，应用方便；缺点是只利用了函数值，收敛速度慢。通常，只要单纯形的边长选得足够小，虽然迭代次数相应增多，仍可得到令人满意的结果。

4. MATLAB 中的无约束多变量优化函数

在 MATLAB 中该类函数有两个：fminunc 和 fminsearch。前者采用梯度法和牛顿法，后者采用单纯形法。二者的调用格式分别为

```
[x,fval,exitflag]=fminunc(fun,x0,options,P1,P2,...)
[x,fval,exitflag]=fminsearch(fun,x0,options,P1,P2,...)
```

可见二者用法完全相同。输入参数 fun 代表目标函数，x0 表示初值，options 为算法参数，P1、P2 等属于需要向 fun 传递的常量。返回值 x 为最优解，fval 为最优函数值，exitflag 为算法返回状态（>0 表示成功收敛，=0 表示达到最多迭代次数，<0 表示未收敛）。

【例 5-7】 在 MATLAB 中分别使用 fminunc 和 fminsearch，求取函数

$$f(x_1,x_2)=100(x_2-x_1)^2+(1-x_1)^2$$

的最小值。

解：（1）调用函数

```
function demo_minunconst
% 无约束多变量优化示例
% 调用函数:1. fminunc;2. fminsearch
clc,
clear,
x0=[-1.9,2]; % 初值
OPTIONS=optimset('Display','iter'); % 显示迭代过程
[x,fval,exitflag]=fminunc(@ObjFunc,x0,OPTIONS)% 无约束优化,fminunc
% [x,fval,exitflag]=fminsearch(@ObjFunc,x0,OPTIONS)% 无约束优化,fminsearch
```

程序中调用了 fminunc 进行优化。该函数可直接替换为 fminsearch，程序的其他部分无需进行任何修改。OPTIONS 为算法参数，采用 optimset 设置，程序中设置内容含义为显示迭代中间信息。

（2）定义目标函数

```
function f=ObjFunc(x)
f=100 * (x(2)-x(1)^2)^2 + (1 - x(1))^2;
```

该目标函数较为简单，所以仅需输入变量 x，而不再需要传递额外的常量。

（3）计算结果

采用 fminunc 的计算结果如下：

Iteration	Func-count	f(x)	Step-size	Directional derivative
1	2	267.62	0.001	-1.62e+006
2	8	6.03794	0.000360666	-1.04e+004
3	15	5.98743	0.0965277	-0.000508
4	21	5.40845	4.68404	-0.0605
5	27	4.92023	0.712063	-0.445
6	34	3.24245	2.43591	-0.361
7	40	2.51678	2.65291	-0.0818
8	46	2.16662	0.168701	-0.809
9	52	1.81219	0.28852	-0.105
10	58	1.69952	0.913358	-0.00623
11	65	0.939234	3.28723	-0.108
12	71	0.841497	1.24045	-0.000435
13	77	0.656071	0.186807	-0.797
14	83	0.583494	0.097695	-0.2
15	89	0.533193	1.61832	-0.00238
16	96	0.232259	5.00498	-0.0217
17	102	0.210772	0.414214	-1.47e-007
18	108	0.141493	0.920715	-0.0414
19	114	0.119857	0.452042	-0.00475
20	121	0.0398433	3.3303	-0.00805
21	127	0.0314265	0.435774	-1.06e-007
22	133	0.01406	1.24627	-0.0051
23	139	0.00850681	0.987481	-0.000286
24	146	0.00192135	1.2347	-2.88e-006
25	152	0.000379354	0.923557	-3.62e-005
26	159	9.53066e-006	2.20222	-2.72e-006
27	165	4.74804e-008	0.584528	-1.06e-008

```
    Optimization terminated successfully:
    Current search direction is a descent direction, and magnitude of
    directional derivative in search direction less than 2 * options. TolFun
x=
      0.9999      0.9999
fval =
    4.0636e-009
exitflag =
      1
```

采用 fminsearch 的计算结果如下：

```
Iteration    Func-count    min f(x)         Procedure
1            3             236.42           initial
2            5             67.2672          expand
3            7             12.2776          expand
4            8             12.2776          reflect
5            10            12.2776          contract inside
                                    …
98           180           1.80497e-006     contract inside
99           182           1.80497e-006     contract inside
100          184           1.80497e-006     contract inside
101          185           1.80497e-006     reflect
102          187           3.74217e-007     contract inside
103          189           3.74217e-007     contract inside
104          191           3.26526e-007     contract inside
105          193           8.07652e-008     contract inside
106          195           1.66554e-008     contract inside
107          197           1.66554e-008     contract inside
108          199           1.66554e-008     contract inside
109          201           5.57089e-009     contract outside
110          203           1.86825e-009     contract inside
111          205           1.86825e-009     contract outside
112          207           5.53435e-010     contract inside
113          208           5.53435e-010     reflect
114          210           4.06855e-010     contract inside
Optimization terminated successfully:
  the current x satisfies the termination criteria using OPTIONS.TolX of 1.000000e-004
  and F(X)satisfies the convergence criteria using OPTIONS.TolFun of 1.000000e-004
x=
      1.0000      1.0000
fval=
    4.0686e-010
exitflag =
      1
```

单纯形法的迭代次数较多，所以上面仅给出了部分迭代信息。该信息的最后一列 Procedure 代表单纯形的变化操作，initial 代表产生初始单纯形，reflect 代表反射，expand 代表扩展，contract 代表压缩。

比较两种方法的计算结果可以看出，二者皆得到了正确解，但采用梯度法和牛顿法的 fminunc 收敛较快，这是由于它们较单纯形法更多地利用了目标函数的特征。实践中，如果可能的话，还可以在定义目标函数时给出其一阶导数和二阶导数矩阵，从而大大加快收敛速度。

三、其他优化方法

有约束最优化方法（Constrained Optimization）和最小二乘法（Least Squares），是在化工计算中经常使用的另外两类优化方法。但它们计算过程较为复杂，此处仅对其计算原理做简单介绍，并说明 MATLAB 中实现函数的调用方式。

1. 有约束最优化方法

它是完整求解模型式(5-38）的计算方法，也是最优理论、技术、方法中最复杂最困难的内容之一。该方法从求解思路上可分为 3 类：一类是将有约束极值问题转化为无约束极值问题进行求解，如拉格朗日乘子法和罚函数法；另一类是将复杂的非线性优化问题转化为较为简单的线性规划问题或二次规划问题求解，如序列二次规划法；最后一类是直接求解法，如可变容差法和复合形法。

序列二次规划法（successive quadratic programming，SQP）是其中最为重要的一种算法，其基本思路是：在某个近似解 x_n 处，将原非线性规划问题简化处理为一个二次规划问题，求取其最优解 x_{n+1}，若 $|x_{n+1}-x_n|<e$，则认为 x_{n+1} 即是原问题的最优解，否则用 x_{k+1} 代替 x_k 构成一个新的二次规划问题，继续迭代。目前，SQP 法在过程系统优化技术中起着举足轻重的作用，特别是在化工、石油化工领域，SQP 法给复杂大系统的模拟与优化计算带来了突破性的进展。

在 MATLAB 中，SQP 法由函数 fmincon 实现，调用格式为

```
[x,fval,exitflag]=fmincon(fun,x0,A,b,Aeq,beq,lb,ub,nonlcon,options,P1,P2,...)
```

其中，输入量 fun 表示目标函数；x0 为初值；A 和 b 代表线性不等式约束 $Ax\leqslant b$；Aeq 和 beq 代表线性等式约束 $A_{eq}x=b_{eq}$；lb 和 ub 分别为优化变量 x 的下限和上限；nonlcon 代表非线性约束函数；options 为算法参数；P1、P2 等为需要传递给 fun 和 nonlcon 的额外常量。返回值意义同函数 fminunc，不再一一介绍。

为加快计算，也可以额外指定目标函数的梯度和 Hessian 矩阵，这时需要设定 options 为

```
options=optimset('GradObj','on','Hessian','on')
```

并按如下方式定义目标函数 fun。

```
function [f,g,H]=myfun(x)
f=...              % 返回 x 处的目标函数值
if nargout>1    % 如果函数被调用时需要返回两个参数
    g=...   % 返回 x 处的函数梯度
    if nargout>2
     H=...   % 返回 x 处的 Hessian 矩阵
end
非线性约束函数 nonlcon 的定义格式如下：
function [c,ceq,GC,GCeq]=mycon(x)
c=...              % 返回 x 处的非线性不等式约束
ceq=...           % 返回 x 处的非线性等式约束
if nargout > 2  % 如果函数被调用时要求返回 4 个参数
    GC=...   % 返回不等式约束梯度
    GCeq=...% 返回等式约束梯度
end
```

上面的函数定义中返回了对应约束的梯度，需要在 options 中进行如下设定

```
options=optimset('GradConstr','on')
```

【例 5-8】 在 MATLAB 中调用 fmincon 求解如下优化问题

$$\min f(x) = -x_1 x_2 x_{13}$$

$$\text{s. t. } 0 \leqslant x_1 + 2x_2 + 2x_3 \leqslant 72$$

其中，s. t. 是 Subject to 的简写，意为“约束条件为”。

解：（1）转化约束形式

为满足 $Ax \leqslant b$ 的特定形式，将题中约束转化为如下的两个线性不等式约束：

$$-x_1 - 2x_2 - 2x_3 \leqslant 0$$

$$x_1 + 2x_2 + 2x_3 \leqslant 72$$

则

$$A = \begin{bmatrix} -1 & -2 & -2 \\ 1 & 2 & 2 \end{bmatrix}, \quad b = \begin{bmatrix} 0 \\ 72 \end{bmatrix}$$

（2）调用 fmincon

```
function demo_fmincon
% fmincon 函数调用示例
clc,
clear,
x0=[10; 10; 10];     % 初值
A=[-1 -2 -2; 1 2 2];  % 不等式约束矩阵
b=[0; 72];            % 不等式约束矩阵
[x,fval]=fmincon(@myfun,x0,A,b,[],[],[],[],[],optimset('Display','iter'))  % 调用 fmincon
```

调用 fmincon 时，很多参数无需输入，指定空矩阵 [] 即可。

（3）定义目标函数 myfun

```
function f=myfun(x)
f=-x(1) * x(2) * x(3);
```

（4）计算结果

```
                        max                      Directional     First-order
Iter  F-count  f(x)     constraint   Step-size   derivative      optimality   Procedure
1     10       -1587.17  -11          0.5         642             584
2     15       -3323.25  0            1           -1.9e+003       161
3     24       -3324.69  -1.421e-014  0.0625      146             58.2         Hessian modified
4     29       -3337.54  1.421e-014   1           -10.7           56.8
5     34       -3380.38  0            1           -28.4           47.4
6     39       -3426.55  0            1           -26.7           39.6
7     44       -3449.87  -1.421e-014  1           -8.01           26.5
8     49       -3455.06  0            1           -2.53           10.8
9     54       -3456     1.421e-014   1           -0.0692         1.18
10    59       -3456     0            1           -0.000104       0.0487
11    64       -3456     -1.421e-014  1           -4.25e-007      0.00248
Optimization terminated successfully:
 Magnitude of directional derivative in search direction
  less than 2 * options.TolFun and maximum constraint violation
```

```
    is less than options. TolCon
Active Constraints:
       2
x=
    24.0000
    12.0000
    12.0000
fval =
  -3.4560e+003
```

可见，经过11次迭代，目标函数值达到最小值－3456。

2. 最小二乘法

在实际问题中常常碰到一种特殊类型的函数极小问题，即目标函数形式为平方和

$$f(x)=\sum_{i=1}^{n}f_i^2(x) \tag{5-52}$$

对于这类问题，显然可以用前面介绍的优化方法进行计算。但是考虑到目标函数的特殊形式，有可能对某些方法进行改造，使之更为简单、有效，还可以针对函数的特殊形式提出一些该类问题所特有的新方法。

高斯-牛顿（Gauss-Newton）法是常用的一种最小二乘算法，其求解思路是通过解一系列线性最小二乘问题求非线性最小二乘问题的解。但该方法与无约束优化中的牛顿法一样会出现迭代矩阵奇异的问题。Marquardt法是对该方法的修正算法之一，它通过把一个正定对角矩阵加到原矩阵上改变原矩阵的特征值结构，使其变成条件数较好的对称正定矩阵。Powell法为另外一种改进算法，它在最初的迭代中用差商代替导数，以便得到一阶导数矩阵的初值。

在MATLAB中，最小二乘算法函数为lsqnonlin，调用格式为

```
x=lsqnonlin(fun,x0,lb,ub,options,P1,P2,... )
```

其中，fun为目标函数，它接收向量x返回向量F，后者各元素的平方和将作为目标函数；x0为初值；lb和ub分别为变量的下限和上限；options为算法参数；P1、P2等为向fun额外传递的常量。

【例5-9】 在MATLAB中调用lsqnonlin求解如下优化问题

$$\min\sum(2+2k-e^{kx_1}-e^{kx_2})^2$$

解：（1）调用lsqnonlin函数

```
function demo_lsqnonlin
% lsqnonlin 实例程序
clc,
clear,
x0=[0.3 0.4];  % 初值
x=lsqnonlin(@myfun,x0,[],[],optimset('Display','iter')) % 最小二乘法
```

（2）定义目标函数

```
function F=myfun(x)
k=1:10;
F=2 + 2 * k-exp(k * x(1))-exp(k * x(2));
```

特别要注意，此处定义的目标函数返回值为式(5-52) 中的元素 f_i，其平方和形式由 lsqnonlin 函数自动生成。

(3) 显示结果

Iteration	Func-count	f(x)	Norm of step	First-order optimality	CG-iterations
1	4	4171.31	1	4.37e+004	0
2	7	4171.31	0.282867	4.37e+004	1
3	10	690.077	0.0707167	8.84e+003	0
4	13	690.077	0.141433	8.84e+003	1
5	16	233.559	0.0353584	2.93e+003	0
6	19	152.199	0.0707167	1.33e+003	1
7	22	147.185	0.0707167	1.18e+003	1
8	25	125.595	0.0176792	142	1
9	28	125.595	0.0353584	142	1
10	31	124.69	0.00883959	31.2	0
11	34	124.496	0.0176792	57.3	1
12	37	124.366	0.0044198	5.12	1
13	40	124.366	0.0044198	5.12	1
14	43	124.362	0.00110495	0.43	0
15	46	124.362	0.00110495	0.43	1
16	49	124.362	0.000276237	0.2	0
17	52	124.362	6.90593e-005	0.0822	1
18	55	124.362	6.90593e-005	0.0287	1
19	58	124.362	6.90593e-005	0.0287	1
20	61	124.362	1.72648e-005	0.000708	0
21	64	124.362	1.72648e-005	0.000708	1
22	67	124.362	4.31621e-006	0.000708	0
23	70	124.362	1.07905e-006	0.000708	0
24	73	124.362	2.69763e-007	0.000239	0

```
Optimization terminated successfully:
  Norm of the current step is less than OPTIONS. TolX
x=
      0.2578      0.2578
```

可以看出，迭代信息与前面述及的其他优化函数基本相同，这进一步说明最小二乘法本质就是一种特殊的最优化方法。

本章小结

☆ 化工计算中常用的试差法就是直接迭代法，只不过其中的 $\Phi(x)$ 是由物料衡算、热量衡算和反应速率等规律构成的复杂方程组。应用直接迭代法时，关键在于构造函数 $\Phi(x)$，该函数只有在 $|\Phi'(x)|<1$ 时迭代才收敛。

☆ 牛顿迭代法通常具有很好的收敛特性。但选取适当的迭代初值 x_0 是牛顿迭代法成功求解的重要前提，当该初值处于根的附近时迭代才能有效收敛。

☆ 考虑到目标函数的特殊形式，有可能对某些最优化方法进行改造，使之更为简单、有效，还可以针对函数的特殊形式提出一些该类问题所特有的新方法。

第六章

MATLAB 软件应用

★ **学习目的**

学习化工过程管路计算的思路、换热器的优化设计计算过程、图解法求理论板数过程、反应器模拟与控制的建模思路和方法。

★ **重点掌握内容**

利用 MATLAB 语言进行非线性优化的编程及计算过程，实现试差法计算的过程、相平衡曲线的拟合与图解阶梯三角形的绘制、反应器的稳态模拟与动态模拟。

第一节　MATLAB 用于流体基础计算

流体可简单地分为可压缩流体（气体）和不可压缩流体（液体）两种，其常用的物性参数是密度，常用的计量参数是流量（或流速）。流体流动有定态流动和非定态流动两种形式，遵循质量守恒定律和机械能守恒定律。实际过程中，流体具有一定的黏度，管壁具有一定的粗糙度，导致流体流动中产生一定的阻力损失，该损失依照流动类型不同而有所不同，并与流动边界层的存在有关。本节对上述内容中存在的流体流动内在规律进行讨论，介绍 MATLAB 及其他软件工具在这些规律中的应用。

一、流体的可压缩性

流体的可压缩性就是流体在受到外力的作用时体积或密度发生改变的性质。

流体的可压缩性大小通常用等温压缩系数 β 衡量。其定义为：在一定温度下，升高一个单位压力时，流体体积的相对缩小量（或流体密度的相对增加量），即

$$\beta=\frac{\mathrm{d}\rho}{\rho\mathrm{d}p} \tag{6-1}$$

β 值越大，流体越容易被压缩。通常称 $\beta\neq0$ 的流体为可压缩流体，压缩性可忽略（$\beta\approx0$）的流体为不可压缩流体。由式(6-1) 也可以看出，对于不可压缩流体，$\mathrm{d}\rho/\mathrm{d}p=0$，即流体的密度不随外界压力改变。因此，密度为常数的流体为不可压缩流体。在一般情况下液体的 β 值都很小，因此只要压力变化不是太大，液体可以认为是不可压缩流体。而气体的 β 值相对较大，为可压缩流体。但对于流场内压力变化较小的情形，气体亦可视为不可压缩流体。将流体当作不可压缩流体处理，常使问题得到简化。

流体的可压缩性可用流体的状态方程求取。状态方程表达了流体的 p-V-T 函数关系

$$f(p,V,T)=0 \tag{6-2}$$

同经验关联式相比，它可以准确地代表相对广泛范围内的 p-V-T 性质，能计算某些无法直接通过实验测定的热力学性质，还可进行相平衡计算，如计算饱和蒸气压、混合物汽液平衡、液液平衡等。所以，利用状态方程进行化工热力学方面的计算具有简捷、准确、方便的优点，这是其他方法不能相比的。

一个优秀的状态方程应当形式简单、计算方便、使用范围广，在计算不同热力学性质时均有较高的精度。目前，化学工程领域中最常使用的状态方程有 Soave-Ridlich-Kwang（简称 SRK）方程、Peng-Robinson（简称 PR）方程和 Starling-Han-Benedict-Webb-Rubin（简称 SHBWR）方程。它们除可以计算真实气体的状态变化外，还可以同时计算饱和液体密度。此外，SRK 方程和 PR 方程形式简单，模型所需输入的基础数据少，具有简单、准确的优点；SHBWR 方程较复杂，所需的二元交互作用系数数据不易收集齐全，但在较宽的温度、压力范围内具有较高的准确性。下面以 SRK 方程为例，说明如何利用状态方程计算 β。

SRK 方程形式为

$$p=\frac{RT}{V-b}-\frac{a(T)}{V(V+b)} \tag{6-3a}$$

$$a(T)=(0.42748R^2T_c^2/p_c)[1+m(1-T_r^{0.5})]^2 \tag{6-3b}$$

$$b=0.08664RT_c/p_c \tag{6-3c}$$

$$m=0.480+1.574\omega-0.176\omega^2 \tag{6-3d}$$

式中，ω 为偏心因子。该方程属于立方型状态方程，即方程可表示为体积或密度的三次多项式，即

$$V^3-\frac{RT}{p}V^2+\frac{1}{p}(a-bRT-pb^2)V-\frac{ab}{p}=0 \tag{6-4}$$

在指定的温度 T 和压力 p 下，该式具有 1 个或 3 个实根。当有 3 个实根存在时，最小的根代表液相摩尔体积，最大的根代表汽相摩尔体积，中间的根则无实际物理意义。

根据式(6-3a) 可得到 $\mathrm{d}p/\mathrm{d}V$，从而得到压缩系数 β 的计算式

$$\beta=-\frac{1}{v}\frac{\mathrm{d}v}{\mathrm{d}p}=-\frac{1}{v}\Bigg/\left\{-\frac{RT}{(V-b)^2}+\frac{a(2V+b)}{[V(V+b)]^2}\right\} \tag{6-5}$$

式中，$v=1/\rho$，为流体的比容。

可见，β 为 T、p 和 V 的函数。在一定的 T 和 p 下，根据式(6-4) 可求得 V，进而得到 β。求 V 的方法分数值法和解析法两种，前者采用迭代式逐次逼近真解，后者通过分析方程形式直接推出真解。由于状态方程的形式一般比较复杂，多采用数值法求解。

式(6-4) 的左侧为一关于 V 的函数 $f(V)$，令

$$f(V)=V^3-\frac{RT}{p}V^2+\frac{1}{p}(a-bRT-pb^2)V-\frac{ab}{p} \tag{6-6}$$

其导函数为

$$f'(V)=3V^2-2\frac{RT}{p}V+\frac{1}{p}(a-bRT-pb^2) \tag{6-7}$$

此时，式(6-4) 的根 V 可采用如下的迭代式求解

$$V_{n+1}=V_n-\frac{f(V_n)}{f'(V_n)} \tag{6-8}$$

该方法称为牛顿迭代法，是数值计算中最为常用的计算方法之一。

应用牛顿迭代法需假设摩尔体积初值。对于汽相，可按理想气体设为 $V_0=RT/p$。对于液相，在 $\omega\leqslant0.24$ 时 $V_0=0.025\mathrm{m^3/kmol}$，否则 $V_0=0.05\mathrm{m^3/kmol}$。计算过程如图 6-1 所示。

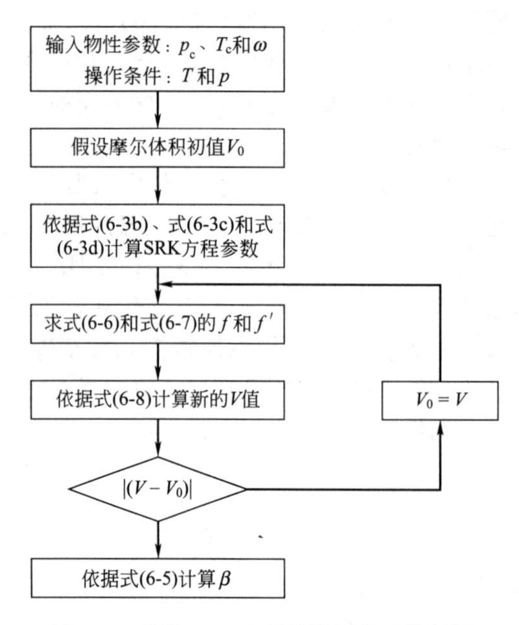

图 6-1 采用 SRK 方程计算压缩系数框图

扫码观看
例 6-1 讲解

【例 6-1】 试用 SRK 方程计算异丁烷在 300K 和 3.704×10^5Pa 时饱和蒸气和饱和液体的压缩系数。已知异丁烷的有关物性参数为：$T_c=408.1$K，$p_c=3.648\times10^6$Pa，$\omega=0.176$。

解：(1) 首先输入已知数据

```
% 已知
T=300; % 温度,K
p=3.704e5; % 压力,Pa
R=8.314; % 通用气体常数,J/(mol·K)
Tc=408.1; % 临界温度,K
pc=3.648e6; % 临界压力,Pa
omiga=0.176; % 偏心因子
```

(2) 然后根据相态估算摩尔体积的初值 V_0

```
% 初值
switch j
    case 1  % 汽相
        V0=R*T/p;
        fprintf('开始计算汽相...\n'),
    case 2  % 液相
        if omiga<=0.24
            V0=0.025e-3;
        else
            V0=0.05e-3;
        end
        fprintf('开始计算液相...\n'),
end
```

程序中用变量 j 表示计算任务，如果等于 1 则为汽相压缩系数，如果等于 2 则为液相压缩系数。

(3) 用牛顿迭代法计算摩尔体积 V

```
% 计算摩尔体积
i=0;
while 1
    m=0.480+1.574*omiga-0.176*omiga^2;
    a=0.42747*R^2*Tc^2/pc*(1+m*(1-sqrt(T/Tc)))^2;
    b=0.08664*R*Tc/pc;
    f=V0^3-R*T/p*V0^2+(a-b*R*T-p*b^2)*V0/p-a*b/p;
    f1=3*V0^2-2*R*T*V0/p+(a-b*R*T-p*b^2)/p;
    V=V0-f/f1;
    i=i+1;
    fprintf('Iter=%d\tV=%em3/mol\n',i,V),
    if abs((V-V0)/V0)<1.e-3
        break;
    else
        V0=V;
    end
end
fprintf('摩尔体积成功收敛:V=%em3/mol\n',V),
```

关键字 while 后面的“1”表示无条件地进行迭代循环，直至满足条件语句 if 中的 abs((V-V0)/V0)<1.e-3 条件为止。该收敛判据采用的是相对误差，这是因为 V 的绝对值较小，采用绝对误差可能产生虚假解。如果满足收敛条件，则用 break 语句跳出循环，否则用牛顿迭代式(6-8) 得到的 V 代替 V_0 重复计算。变量 i 记录迭代次数，中间计算结果用 fprintf 语句格式化输出。

(4) 收敛后用得到的 V 计算压缩系数 β

```
% 求压缩系数
dpdv=-R*T/(V-b)^2+a*(2*V+b)/(V*(V+b))^2;
beta=-1/(V*dpdv);
fprintf('压缩系数为:β=%em2/N\n',beta),
```

其中的 dpdv 为根据式(6-3a) 得到的压力对体积的导数，对该值取导数并除以 $-v$ 后得到 β。

经过上述步骤，得到的计算结果如下。

```
开始计算汽相...
Iter=1   V=6.205870e-003m3/mol
Iter=2   V=6.105345e-003m3/mol
Iter=3   V=6.101792e-003m3/mol
摩尔体积成功收敛:V=6.101792e-003m3/mol
压缩系数为:β=3.005901e-006m2/N

开始计算液相...
Iter=1   V=9.930915e-005m3/mol
Iter=2   V=1.132530e-004m3/mol
Iter=3   V=1.137671e-004m3/mol
Iter=4   V=1.137678e-004m3/mol
摩尔体积成功收敛:V=1.137678e-004m3/mol
压缩系数为:β=7.189234e-009m2/N
```

可见，对于同一物质，液体压缩系数较气体压缩系数小 3 个数量级，说明液体比气体更难以压缩，因此工程中一般将液体作为不可压缩流体对待。

(5) 绘制状态曲线

```
% 绘制 V-p 图
Vx=linspace(Vres(2)*0.99,Vres(1)*1.5,30);
py=R*T./(Vx-b)-a./(Vx.*(Vx+b));
plot(Vx,py,'k-'),hold on,
line([0,Vres(1)*1.5],[p,p],'LineStyle','--','Color','k'),
legend('V-p 曲线','操作压力'),
xlabel('V,m^3/mol'),
ylabel('p,Pa'),
```

最后，为更加清晰地表达 V 与 p 间的关系，将 SRK 方程式(6-3a) 绘制出来，见下图。

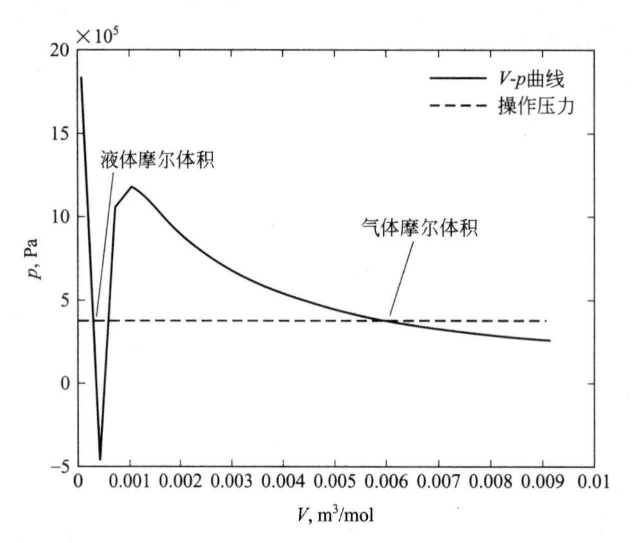

程序中的 Vres 代表计算得到的汽液相摩尔体积，linspace 函数用于生成线性分布向量，xlabel 的输入字符串中的^符号代表上标。由图中可以明显地看出该曲线有 3 个根，其中最左端的为液体摩尔体积，最右端的为气体摩尔体积。而且，在液体摩尔体积附近压力随体积变化很大，也即体积随压力变化很小，所以液体的压缩系数较小。

二、流体输送管路直径的选择

流量（V_s）与流速（u）是流体流动中经常使用的物理量，二者间的关系为

$$u=\frac{V_s}{\frac{\pi}{4}d^2} \tag{6-9}$$

式中，d 为管路输送直径；V_s为流量，一般由生产任务决定。所以选取合适的流速后即可得到管路直径。

管路直径的优化是管路设计的重要内容，需要根据设备费用和操作费用两方面均衡考虑。如果流速选得太大，管径虽然可以减小，但流体流过管道的阻力增大，消耗的动力就大，操作费用亦随之增加。反之，如果流速选得太小，操作费用可以相应减少，但管径增大，管路的投资费和基建费均随之增加。所以，实践中存在一最佳的管路直径，使总费用最低。而要得到该优化值，关键在于如何给定目标函数（总费用）。

管道投资费用包括采购费用、安装费用和维修费用 3 部分，计算式如下

$$C_p=Kd^nL(1+F)\alpha \tag{6-10}$$

式中，K 为材料价格；n 表示管径 d 对管材用量的影响；L 为管长；F 为管道安装（包括

阀门、管件和管道）费用占管道采购费用的比例；α 为管道的年折旧率。

管路操作费用主要指输送泵的操作费用，可根据泵的轴功率计算，计算式如下

$$C_f = \frac{\theta J_p}{\eta} W_e G \tag{6-11}$$

式中，θ 为泵年运行时间；J_p 为用电单价；η 为泵效率；W_e 为泵提供的有效功；G 为输送流体的质量流量。

这样，管道的全部年费用为

$$C_t = C_p + C_f \tag{6-12}$$

给定了目标函数后，即可据此选择最优的管径。

通常管径选择具有一定的范围，所以选择管径可归结为一有界、单变量的优化问题，在 MATLAB 中通过调用函数 fminbnd 求解，其调用格式为

```
x=fminbnd(fun,x1,x2,options,P1,P2,...)
```

其中 fun 为目标函数；x1 和 x2 分别为优化变量的上、下界；options 为算法参数；P1、P2 等为需要向 fun 传递的参数。

【例 6-2】 10℃的水以 500L/min 的流量流过一根长为 300m 的水平管，管壁绝对粗糙度为 0.05mm。试确定合适的管径。

扫码观看
例 6-2 讲解

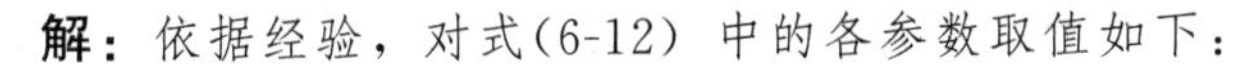

解： 依据经验，对式(6-12) 中的各参数取值如下：

参数	数值	参数	数值
K	1.0×10^7	θ	8000h/a
n	0.6	J_p	1.0 元/(kW·h)
F	0.5	η	0.6
α	0.15		

10℃水的密度，经查表取为 999.7kg/m^3。管径的选择范围取为 [0.01,1]，单位为 m。式(6-11) 中的离心泵的有效功 W_e，通过在管路进出口间列伯努利方程获得

$$W_e = \lambda \frac{L}{d} \frac{u^2}{2} = \lambda \frac{8LQ^2}{\pi^2 d^5}$$

其中的摩擦系数 λ，在假设流体流动处于阻力平方区时，用尼库拉则-卡门（Nikuradse-Karman）方程计算

$$\frac{1}{\sqrt{\lambda}} = 2\lg\frac{d}{\varepsilon} + 1.14$$

依据上述数据和公式，编制程序如下。

(1) 输入数据

```
% 已知
K=26;% 钢材价格
n=0.6;% 管径对管材用量的影响指数
F=0.5;% 安装费用比例
alpha=0.15;% 年折旧率
cita=8000;% 泵年运行小时
Jp=1.0;%电价,元/(kW·h)
yita=0.6;% 泵效率
g=9.81;% 重力加速度
L=300;%管道长度,m
e=0.05e-3;% 管壁绝对粗糙度,m
Q=500/1000/60;% 水流量,m3/s
den=999.7;% 水密度,kg/m3
```

(2) 定义目标函数

```
% ------------------ 目标函数 -----------------------
function Ct=obj(d,K,n,L,F,alpha,e,Q,g,den,cita,Jp,yita)
% 设备投资费用
Cp=K * d ^n * L * (1+F) * alpha;
% 设备操作费用
lamda=(1/(2 * log10(d/e)+1.14))^2;
He=lamda * 8 * L * Q ^2/(pi ^2 * g * d ^5);
G=Q * den;
Cf=cita * Jp/yita * He * G/1000 * 3600;
% 总费用
Ct=Cp+Cf;
```

该函数第1个输入参数 d 为自变量，其余为目标函数中用到的常数。其中log10为常用对数函数，如果需要自然对数则只输入log即可；变量pi表示圆周率，是MATLAB内置的常数。

(3) 定义优化过程

```
fprintf('开始计算...\n'),
d=fminbnd(@obj,0.01,1,optimset('Display','iter'),K,n,L,F,alpha,e,Q,g,den,cita,Jp,yita);
fprintf('计算结束,最优的管路直径为%fm\n',d),
```

函数fminbnd的options参数用optimset('Display','iter')输入，表示输出优化的中间过程。该函数的其他参数（从K至yita）为向目标函数obj传送的常数，需要与obj的定义函数相一致，即具有相同顺序和个数。此外，该段程序必须放置在目标函数定义之前。而且，由于需要定义目标函数，主程序也必须定义为函数，但它可以没有输入与输出。

```
计算结果如下:
开始计算...
Func-count        x            f(x)           Procedure
1             0.388146       3.82571e+008     initial
2             0.621854       5.07595e+008     golden
3             0.243707       2.89459e+008     golden
4             0.154439       2.21234e+008     golden
5             0.0992682      1.80513e+008     golden
6             0.0651708      2.36885e+008     golden
7             0.113077       1.88457e+008     parabolic
8             0.0862442      1.79561e+008     golden
9             0.0908035      1.78668e+008     parabolic
10            0.0916067      1.78677e+008     parabolic
11            0.0910645      1.78666e+008     parabolic
12            0.0910311      1.78666e+008     parabolic
13            0.0909978      1.78666e+008     parabolic
Optimization terminated successfully:
the current x satisfies the termination criteria using OPTIONS.TolX of 1.000000e-004
计算结束,最优的管路直径为0.091031m
```

以上信息的第1列表示目标函数被调用次数；第2列表示变量值；第3列表示目标函数值；第4列表示使用的算法，golden表示黄金分割法，parabolic表示二次插值法。

最后，为便于分析，将管道投资费用、操作费用及总费用曲线绘制出来：

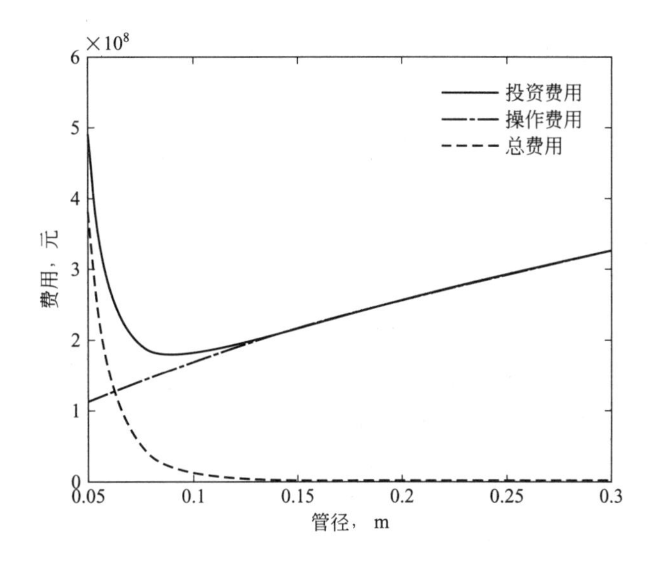

三、非稳态流动

在流动系统中，各截面上流体的流速、压强、密度等有关物理量与位置和时间有关。根据是否与位置有关，可将流动分为分布参数和集中参数；根据是否与时间有关，可将流动分为非稳态流动和稳态流动。化工中经常遇到的是稳态分布参数流动，化工计算中也常将其作为假设前提。但是，化工生产中正在出现越来越多的非稳态流动操作，如间歇反应、简单蒸馏等，再加上绝对的稳态是不存在的，都是非稳态流动的简化形式，所以正确理解非稳态流动不仅可以扩大解决问题的思路，还可以加深对稳态流动的理解。

对于非稳态流动，物料衡算中需要考虑设备内的物料积累。对于无反应的情况，非稳态流动的物料衡算式为

$$\frac{\mathrm{d}n_i}{\mathrm{d}t}=F_{\mathrm{in}}x_{\mathrm{in},i}-F_{\mathrm{out}}x_{\mathrm{out},i} \tag{6-13}$$

式中，n_i代表设备内i组分的物料量；t代表时间；F_{in}和F_{out}分别代表进、出设备的物流流量；$x_{\mathrm{in},i}$和$x_{\mathrm{out},i}$分别代表进、出设备的物流组成。

流体流动中，能量衡算常用机械能衡算代替，因为后者与流动联系较为紧密。机械能衡算方程在稳态流动中称为伯努利方程，可以应用于非稳态流动系统的任一瞬间。

从式(6-13) 可以看出，非稳态流动中包括常微分方程，这在 MATLAB 中采用 ode45 函数求解，调用格式为：

```
[T,Y]=ode45(odefun,tspan,y0,options,p1,p2...)
```

其中，odefun 定义反应速率方程；tspan 定义积分区间；y0 为积分初始条件；options 为算法参数；p1、p2 等为需要向 odefun 传递的额外参数。

【例 6-3】 本题附图所示的贮槽内径 D 为 2m，槽底与内径 d_0为 32mm 的钢管相连，槽内无液体补充，其液面高度 h_1为 2m（以管子中心线为基准）。液体在管内流动时的全部能量损失可按 $\sum h_\mathrm{f}=20u^2$ 计算（式中 u 为管内的流速，m/s）。试求 4h 内槽内液面的变化情况。

扫码观看
例 6-3 讲解

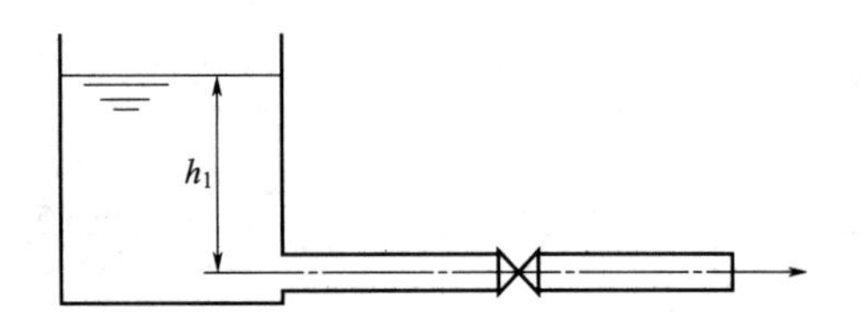

解：针对例题数据，化简式(6-13)为

$$\frac{\mathrm{d}n}{\mathrm{d}t}=-F_{\mathrm{out}}$$

将上式中的摩尔量替换为体积量，可得到

$$\frac{\pi D^2}{4}\frac{\mathrm{d}h}{\mathrm{d}t}=-\frac{\pi d_{\mathrm{o}}^2}{4}u$$

在贮槽液面和管路出口间列伯努利方程，得到

$$gz_1+\frac{u_1^2}{2}+\frac{p_1}{\rho}+W_{\mathrm{e}}=gz_2+\frac{u_2^2}{2}+\frac{p_2}{\rho}+\sum h_{\mathrm{f}}$$

由于

$$z_1-z_2=h,\ u_1=u_2=0,\ p_1=p_2,\ W_{\mathrm{e}}=0,\ \sum h_{\mathrm{f}}=20u^2$$

代入上式，化简得 $gh=20u^2$

将上式代入体积衡算式，得到

$$\frac{\mathrm{d}h}{\mathrm{d}t}=-\left(\frac{d_{\mathrm{o}}}{D}\right)^2\sqrt{\frac{gh}{20}}$$

该式为常微分方程，h 为微分函数，t 为微分变量。

(1) 在MATLAB中计算该式，首先定义已知条件

```
% 已知
do=32; % 管内径,mm
D=2;% 贮槽内径,m
g=9.81; % 重力加速度,m/s2
period=3; % 模拟时间,h
h0=2;% 初始液面高度,h
```

(2) 然后定义该微分函数

```
% ---------------- 微分方程 --------------------
function dhdt=fun(t,h,do,D,g)
dhdt=-(do * 1.e-3/D)^2 * sqrt(g * h/20);
```

(3) 最后用ode45求解该方程并显示结果

```
% 模拟
[t,h]=ode45(@fun,[0 period * 3600],h0,[],do,D,g);
% 显示液位变化过程
plot(t/3600,h,'k-'),
xlabel('Time,h'),
ylabel('Level,m'),
```

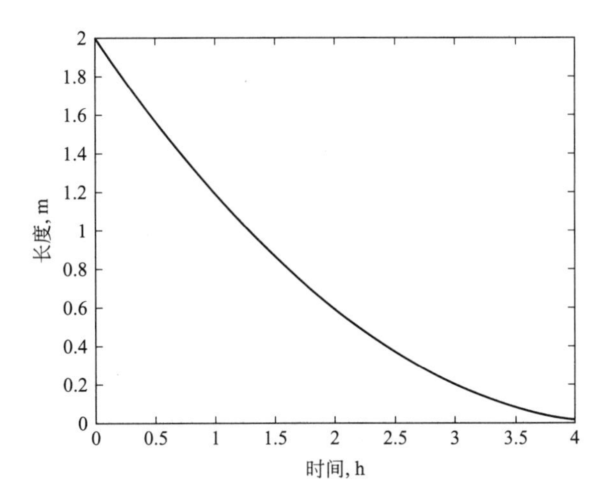

从上图可以看出，随着时间的变化，贮槽液面不断变化。而且，随着液位的降低，其变化速率也不断减小，从而体现了非稳态流动中物理量随时间变化的特征。

第二节　MATLAB 用于管路计算

对于不可压缩流体，在定态流动情况下，管路计算实际上是连续性方程、伯努利方程与范宁公式的联合运用。由于已知量与未知量指定情况不同，管路计算方法亦随之变化。又针对流体输送管路的连接和配置情况不同，管路计算可分为简单管路计算和复杂管路计算两种。在计算过程中，如果管径或流速未知，则需要试差求解。本节就简单管路计算中的试差计算过程进行分析，并讨论复杂管路中的一些特性。

一、简单管路分析

简单管路计算中主要使用机械能衡算方程，即伯努利方程

$$gZ_1+\frac{u_1^2}{2}+\frac{p_1}{\rho}+W_e=gZ_2+\frac{u_2^2}{2}+\frac{p_2}{\rho}+\sum h_f \tag{6-14}$$

在无外界做功并假设整个管路的直径相同的情况下，该式可简化为

$$\Delta P_Z=g\Delta Z-\frac{\Delta p}{\rho}=\sum h_f \tag{6-15}$$

式中，ΔP_Z代表势能（包括位能和静压能）的变化。

方程式(6-15) 中的阻力项可通过范宁公式求得

$$\sum h_f=\lambda\frac{l}{d}\frac{u^2}{2} \tag{6-16}$$

摩擦系数 λ 与流动状态和管路粗糙程度有关，即

$$\lambda=f_\lambda\left(Re,\frac{\varepsilon}{d}\right) \tag{6-17}$$

雷诺数定义为

$$Re=\frac{du\rho}{\mu} \tag{6-18}$$

化工生产中，流速通常以流量的形式表现出来，二者间的关系如下

$$u=\frac{4V}{\pi d^2} \tag{6-19}$$

方程式(6-15)～式(6-18) 中涉及的变量见表 6-1。

表 6-1　简单管路计算中的变量

变量	说明	变量	说明
ΔP_Z	势能变化	Re	雷诺数
$\sum h_f$	阻力损失	ε	绝对粗糙度
λ	摩擦系数	d	直径
l	管长	u	流速
ρ	密度	μ	黏度
V	体积流量		

由上面的分析可知，方程数为 5，变量数为 11，所以自由度为 6。

所谓自由度，就是指变量数与独立方程数的差，即

$$f=n-m \tag{6-20}$$

式中，n 和 m 分别代表变量数和方程数；f 代表自由度。

由数学原理可知，m 个互相不矛盾（即独立）的方程只能求解出 m 个未知量。所以，自由度 f 实质上表示方程组可求解的程度，具体有以下 3 种情况：

① $f=0$，方程组有唯一解；

② $f<0$，方程组无解；

③ $f>0$，方程组解不确定。

自由度分析是化工建模前的必要步骤。经过自由度分析，如果属于情况②则需要减少方程数目，如果属于情况③则需要减少变量数目，只有属于情况①才有必要进一步开发模型算法。

从简单管路的计算分析可知 $f>0$，所以需要减少表 6-1 中的变量个数，具体措施是将 f 个变量指定为常量。一般来说，ρ、μ、l、ε 和 ΔP_Z 是已知的，这样需要待定的变量只有 1 个。这一变量可从剩余的 Re、$\sum h_f$、λ、d、u 和 V 中任选一个。这样得到的具有唯一解的方程组原则上可通过特定的方程组数值计算方法对其进行求解。然而，通过分析方程组的结构和定义特定的求解过程可以大大加快求解速度。

根据计算目的不同，管路计算通常可分为设计型和操作型两类。设计型计算已知流体流量，确定合适的管径及相应物理量（如高度、压强等）。操作型计算针对已知管路，核算给定条件下的输送能力或某项指标。

在这两类计算中，式(6-17) 均为分段函数。在层流时

$$\lambda=\frac{64}{Re} \tag{6-21}$$

在湍流及过渡区时，工程计算一般推荐科尔布鲁克（Colebrook）公式进行计算

$$\frac{1}{\sqrt{\lambda}}=1.74-2\lg\left(\frac{2\varepsilon}{d}+\frac{18.7}{Re\sqrt{\lambda}}\right) \tag{6-22}$$

由于工业生产中流体大多处于湍流状态，非线性方程式(6-22) 给管路计算带来了一定的困难，故而往往需要试差求解。

二、试差计算

试差法本质上属于方程组求解，对应数值计算中的直接迭代法。该法的核心思想是，首先假设方程组中某一变量的初值，然后依次代入各方程中，最后计算出该变量的一个新值。如果新旧值相差不大，则认为原初值即为方程组的真解，否则继续上述步骤，直至收敛为止。由于流速 u 同大多数变量有关联，经常将其作为迭代变量进行试差。但由于流速的初值不易准确估算，而摩擦系数 λ 变化不大，所以实践中更多地选择 λ 为试差变量。下面分别说明这两类试差计算过程。

1. 以流速为迭代变量的试差法

该法的计算过程如图 6-2 所示。

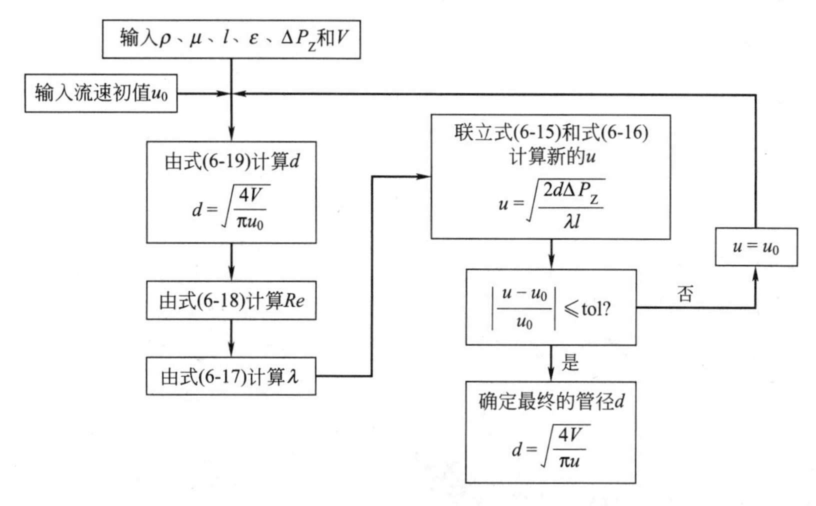

图 6-2 以流速为迭代变量的试差法计算框图

注：tol 为相对误差

【例 6-4】 在钢管中输送水，管路总长为 100m，水体积流量为 $27m^3/h$，输送过程中允许的压强降为 4×10^4 Pa。已知水的密度为 $1000kg/m^3$，黏度为 1.005mPa·s，管壁绝对粗糙度为 0.2mm，摩擦系数采用公式 $\lambda=0.1(\varepsilon/d+68/Re)^{0.23}$ 计算。试确定管路的直径。

扫码观看
例 6-4 讲解

解： 假设该管路为水平管路，则式(6-15) 可简化为

$$\Delta P_Z=\frac{-\Delta p}{\rho}$$

为统一单位，将体积流量变为

$$V=27/3600=0.0075(m^3/s)$$

(1) 程序初始化

```
% 以流速为迭代变量的试差法
% 初始化
clc
clear
```

首先在程序的首行输入程序说明，该说明以注释的形式给出，将显示在 MATLAB 的“Current Directory”窗口中的“Description”列，用于说明程序用途。命令“clc”用于清

除“Command Window”中原有的显示内容，以便更为清楚地显示本程序的输出内容。命令“clear”用于清空MATLAB工作内存区（Workspace），以避免先前程序结果干扰本程序的计算过程。

（2）给出已知数据

```
% 已知
L=100;          % 管长,m
dp=4e4;         % 压降,Pa
den=1000;       % 密度,kg/m3
vis=1.005e-3;   % 黏度,Pa·s
V=0.0075;       % 体积流量,m3/s
e=2e-4;         % 管壁绝对粗糙度,m
```

注意，所有变量的单位均已转换为SI单位。

（3）给定流速初值

```
% 阻力损失
hf=dp/den;
% 给定流速初值
u0=1;
i=1;
fprintf('试差计算开始...\n');
```

首先根据压降给出阻力损失，然后假设流速等于1（也可以假设其他值）。变量i计数迭代次数，fprintf函数用于另起一行显示下一步输出的信息。

（4）开始试差

```
while(1)
    % 计算管径
    d=2*sqrt(V/(pi*u0));
    % 计算雷诺数
    Re=d*u0*den/vis;
    % 计算摩擦系数
    if Re<=2000
        Lamda=64/Re;
    else
        Lamda=0.1*(e/d+68/Re)^0.23;
    end
    % 重新计算流速
    u=sqrt(2*d*hf/(Lamda*L));
    % 打印中间结果
    fprintf('iter=%d\tu=%fm/s\n',i,u);
    % 判据
    if(abs(u-u0)<1.0e-3)
        break;
    else
        u0=u;
        i=i+1;
    end
end
```

采用while循环进行多次迭代试差，循环条件“(1)”表示不受限循环，将根据循环内的判据部分利用break语句适时退出。该循环体首先根据已知的流量和假定的流速初值计算管径，然后计算雷诺数，其后根据流动型态分段计算摩擦系数，根据阻力计算式重新计算流速并打印中间结果，最后为判据。函数 fprintf 的用法同 C 语言，要注意格式字符串中的变量要在第 2 个参数后（包括第 2 个参数）逐一给出。

（5）收敛后再次计算管径

```
% 计算管径
d=2*sqrt(V/(pi*u));
fprintf('d=%fm',d);
```

其中 pi 表示圆周率，是 MATLAB 的内置常量。

计算结果如下：

```
试差计算开始...
iter=1u=1.742157m/s
iter=2u=1.488294m/s
iter=3u=1.557197m/s
iter=4u=1.537142m/s
iter=5u=1.542865m/s
iter=6u=1.541222m/s
iter=7u=1.541693m/s
d=0.078702m
```

2. 以摩擦系数为迭代变量的试差法

由式(6-21）和式(6-22）可知摩擦系数是管路计算中最难确定的变量，所以试差法也可以选择它作为迭代变量，计算过程见图 6-3。此框图解决的问题是已知管径 d 求解流量 V，属于操作型问题。与此相对应，图 6-2 解决的是设计型问题。原则上二者均可任选 u 或 λ 为迭代变量，所以图 6-3 所示过程经适当修改后也可用于设计型计算。此规律对图 6-2 亦适用。

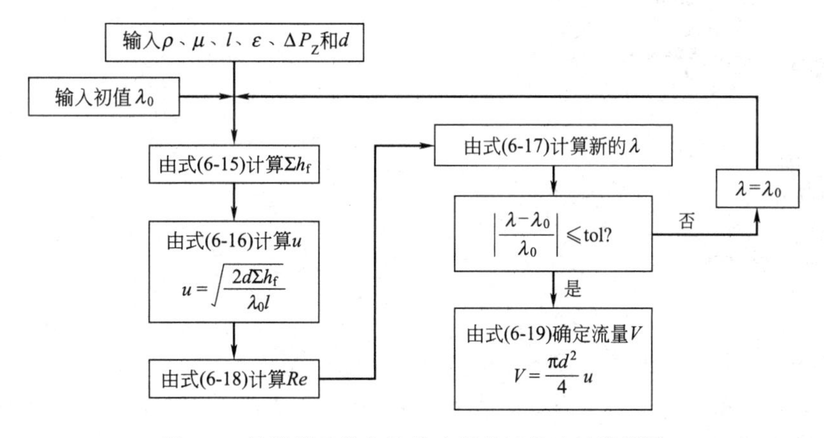

图 6-3　以摩擦系数为迭代变量的试差法计算框图

【例 6-5】 密度为 950kg/m^3、黏度为 1.24mPa·s 的料液从高位槽送入塔中，高位槽内的液面维持恒定且高于塔的进料口 4.5m，塔内表压为 3.82×10^3Pa，送液管道直径为 ϕ45mm×2.5mm、长为 35m（包括管件及阀门的当量长度，但不包括进、出口损失），管壁的绝对粗糙度为 0.2mm。试求输液量为多少（m^3/h）。

扫码观看
例 6-5 讲解

解： 在高位槽液面和塔进料口外侧间列伯努利方程

$$gz_1+\frac{u_1^2}{2}+\frac{p_1}{\rho}=gz_2+\frac{u_2^2}{2}+\frac{p_2}{\rho}+\sum h_f$$

由于 $$h=z_1-z_2,\quad u_1=u_2=0,\quad p_1(\text{表压})=0$$

所以 $$\Delta P_Z=gh-\frac{p_2}{\rho}=\sum h_f$$

阻力计算式中需要综合考虑当量长度和局部阻力系数，用下式计算

$$\sum h_f=\left(\lambda\frac{l+\sum l_e}{d}+\sum\zeta\right)\frac{u^2}{2}$$

所以图 6-3 中计算 u 的公式变为

$$u=\sqrt{2\sum h_f\Big/\left(\lambda\frac{l+\sum l_e}{d}+\sum\zeta\right)}$$

此外，本例未给出摩擦系数的具体计算公式，此时采用式(6-21) 和式(6-22) 计算。

(1) 初始化

```
% 以摩擦系数为迭代变量的试差法
% 初始化
clc
clear
```

(2) 输入已知数据

```
% 已知
d=0.04;% 管径,m
L=35;% 管长(包括当量长度),m
h=4.5;% 位差,m
p2=3.82e3;% 塔内压强(表压),Pa
den=950;% 密度,kg/m^3
vis=1.24e-3;% 黏度,Pa·s
e=0.2e-3;% 管壁绝对粗糙度,m
g=9.81;% 重力加速度,m/s^2
```

(3) 给定摩擦系数初值

```
% 阻力损失
hf=g*h-p2/den;
% 给定摩擦系数初值
lamda0=0.01;
i=1;
fprintf('试差计算开始...\n');
```

查阅摩擦系数图可知，摩擦系数通常处于 0.008～0.1 范围以内，所以此处将 0.01 作为摩擦系数的试差初值。

(4) 试差迭代

```
while(1)
    % 计算流速
    u=sqrt(2*hf/(lamda0*L/d+1.5));
    % 计算雷诺数
    Re=d*u*den/vis;
    % 重新计算摩擦系数
    if Re<=2000
```

```
        lamda=64/Re;
    else
        lamda=1/(1.74-2*log10(2*e/d+18.7/(Re*sqrt(lamda0))))^2;
    end
    % 打印中间结果
    fprintf('iter=%d\tlamda=%f\n',i,lamda);
    % 判据
    if(abs((lamda-lamda0)/lamda0)<1.0e-3)
        break;
    else
        lamda0=lamda;
        i=i+1;
    end
end
```

流速计算式中用到的局部阻力系数为 1.5，包括进口 0.5 和出口 1.0。用式(6-22) 计算摩擦系数时，考虑到该式的特殊性，将旧摩擦系数代入等式右侧，从而得到左侧的新摩擦系数。该步骤实质上是将式(6-22) 的"小"试差过程融入到图 6-3 所示的"大"试差过程中。

(5) 最后计算流量

```
% 计算体积流量
V=pi*d^2*u/4*3600;
fprintf('V=%fm3/h',V);
```

注意：流量的单位已由 m^3/s 换算为了 m^3/h。

计算结果如下：

```
试差计算开始...
iter=1   lamda=0.032248
iter=2   lamda=0.032154
iter=3   lamda=0.032154
V=7.444349m3/h
```

可以看出，迭代次数较例 6-4 有了大幅度的降低，这受益于摩擦系数取值范围小、初值指定较为准确的特征。

3. 复杂管路计算

如果多段简单管路间存在分支、汇合关系，则构成复杂管路。复杂管路的计算同样可以采用试差法，原理同简单管路，但需要包括每一段简单管路中的所有公式。此外，复杂管路还有两个重要的特征：一是总管路流量等于其分支管路流量之和；二是分支点或汇合点机械能唯一。所以，复杂管路的试差计算还需要包括上述两个特征所对应的方程式。但是，由于复杂管路计算工作量较大，试差法往往效率较低，再加上试差法本质上属于方程组求解，所以复杂管路计算问题更多地采用方程组联立求解的方法解决。

在 MATLAB 中，方程组求解函数为 fsolve，调用格式为

```
x=fsolve(fun,x0,options,P1,P2,...)
```

其中，fun 函数定义待求方程组；x0 为方程解初值；options 为 fsolve 的算法参数（通常不需要指定，输入空矩阵 [] 即可)；P1、P2 等是需要向 fun 传递的常数。

【例 6-6】 下图所示为输水系统，高位槽的水面维持恒定。水分别从BC与BD两支管排出，高位槽液面与两支管出口间的距离均为11m。AB管段内径为38mm、长为58m，BC支管内径为32mm、长为12.5m，BD支管内径为26mm、长为14m，各段管长均包括管件及阀门全开时的当量长度。试计算当所有的阀门全开时两支管的排水量各为多少（m^3/h）。已知各段管的管壁绝对粗糙度均为0.15mm，水的密度为1000kg/m^3，水的黏度为0.001Pa·s。

扫码观看
例 6-6

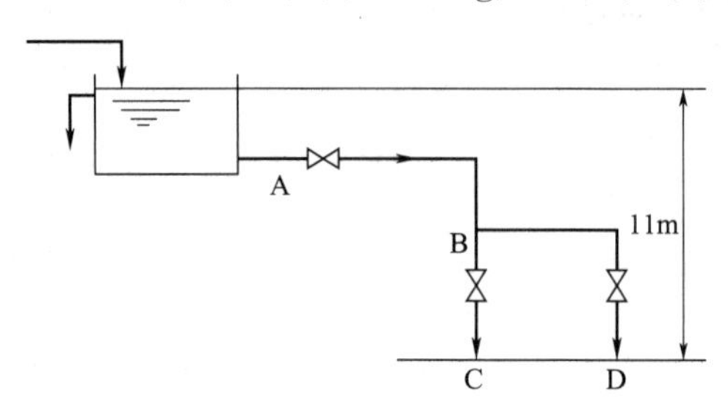

解： 定义高位槽液面为1面，在1面和B点间列伯努利方程

$$gZ_1+\frac{u_1^2}{2}+\frac{p_1}{\rho}=gZ_B+\frac{u_B^2}{2}+\frac{p_B}{\rho}+\left(\lambda_{AB}\frac{l_{AB}}{d_{AB}}+0.5\right)\frac{u_{AB}^2}{2}=E_B+\left(\lambda_{AB}\frac{l_{AB}}{d_{AB}}+0.5\right)\frac{u_{AB}^2}{2}$$

其中的E_B代表B点的机械能总和。

同样可以在BC两点间列伯努利方程

$$E_B=gZ_C+\frac{u_C^2}{2}+\frac{p_C}{\rho}+\left(\lambda_{BC}\frac{l_{BC}}{d_{BC}}+1.0\right)\frac{u_{BC}^2}{2}$$

在BD两点间列伯努利方程

$$E_B=gZ_D+\frac{u_D^2}{2}+\frac{p_D}{\rho}+\left(\lambda_{BD}\frac{l_{BD}}{d_{BD}}+1.0\right)\frac{u_{BD}^2}{2}$$

以上3式均已包括进出口阻力，将它们联立，消去其中的E_B，得到

$$gZ_1+\frac{u_1^2}{2}+\frac{p_1}{\rho}=gZ_C+\frac{u_C^2}{2}+\frac{p_C}{\rho}+\left(\lambda_{BC}\frac{l_{BC}}{d_{BC}}+1.0\right)\frac{u_{BC}^2}{2}+\left(\lambda_{AB}\frac{l_{AB}}{d_{AB}}+0.5\right)\frac{u_{AB}^2}{2}$$

$$gZ_1+\frac{u_1^2}{2}+\frac{p_1}{\rho}=gZ_D+\frac{u_D^2}{2}+\frac{p_D}{\rho}+\left(\lambda_{BD}\frac{l_{BD}}{d_{BD}}+1.0\right)\frac{u_{BD}^2}{2}+\left(\lambda_{AB}\frac{l_{AB}}{d_{AB}}+0.5\right)\frac{u_{AB}^2}{2}$$

由于 $h=Z_1-Z_B=Z_1-Z_C$， $u_1=u_C=u_D=0$， $p_1=p_C=p_D$

所以上述两式可化简为

$$gh=\left(\lambda_{BC}\frac{l_{BC}}{d_{BC}}+1.0\right)\frac{u_{BC}^2}{2}+\left(\lambda_{AB}\frac{l_{AB}}{d_{AB}}+0.5\right)\frac{u_{AB}^2}{2} \tag{a}$$

$$gh=\left(\lambda_{BD}\frac{l_{BD}}{d_{BD}}+1.0\right)\frac{u_{BD}^2}{2}+\left(\lambda_{AB}\frac{l_{AB}}{d_{AB}}+0.5\right)\frac{u_{AB}^2}{2} \tag{b}$$

此外，对于分支管路，总流量等于各分支管流量之和，即

$$\frac{\pi d_{AB}^2}{4}u_{AB}=\frac{\pi d_{BC}^2}{4}u_{BC}+\frac{\pi d_{BD}^2}{4}u_{BD}$$

简化为

$$d_{AB}^2u_{AB}=d_{BC}^2u_{BC}+d_{BD}^2u_{BD} \tag{c}$$

这样，方程(a)～方程(c) 描述了上述复杂管路系统的流动规律，变量为三段的流速。

因此，该模型的自由度为0，存在唯一解，可采用fsolve函数解上述方程组。各段的摩擦系数可依照式(6-21)和式(6-22)计算，但由于式(6-22)不能显式给出λ，需要单独求解该方程，调用fzero函数即可。

fzero函数用于单变量方程求根，调用格式为

```
x=fzero(fun,x0,options,P1,P2,...)
```

其中各符号含义同fsolve函数，不再逐一说明。

(1) 初始化

```
function ComplexPipeCal
% 复杂管路计算
% 初始化
clc
clear
```

由于fsolve函数和fzero函数均需输入函数名称，主程序中要定义两个函数。依照MATLAB的规定，凡需要定义子函数的程序其自身也必须定义为函数。所以，程序第一行用关键字function说明主程序为函数，其后的ComplexPipeCal为主程序名称。可以看出，这是一个不需要输入和输出的特殊函数。

(2) 给定已知

```
% 已知
d=[0.038 0.032 0.026]; % AB,BC,BD段的管径,m
L=[58 12.5 14];% AB,BC,BD段的管长,m
e=0.15e-3;% 各段管的管壁绝对粗糙度,m
den=1000;% 水的密度,kg/m3
vis=0.001;% 水的黏度,Pa·s
h=11;% 高位槽液面距管路出口高度,m
g=9.8;% 重力加速度,m/s2
```

为便于循环计算，各段的管径和管长均用向量存储。

(3) 调用fsolve函数求解方程组(a)～(c)。

```
% 联立方程计算
x0=[1,1,1]; % 流速、摩擦系数初值
options=optimset('Display','iter');% 要求fsolve显示中间迭代过程
u=fsolve(@myfun,x0,options,d,L,e,den,vis,g,h);% 开始计算
```

此处，各段流速的初值均选为1m/s。程序中给定的算法参数options的含义是：显示迭代过程的中间结果，以便于用户掌握计算进展情况。函数myfun定义方程组(a)～(c)，它需要管径d、管长L、管壁粗糙度e、水的密度den、水的黏度vis、重力加速度g和位差h作为已知常量。由于MATLAB中函数定义并无明确的结束符，仅当遇到文件结尾或另一函数定义时才结束，所以myfun函数的定义代码放置在fsolve函数调用语句之后。fsolve函数返回的u代表各段流速的计算结果。

(4) 显示结果

```
% 获取结果
V=pi.*d.^2.*u./4*3600;
fprintf('\nVab=%fm3/h\tVbc=%fm3/h\tVbd=%fm3/h',V(1),V(2),V(3));
```

变量V的赋值语句中，由于d和u均为向量，V也为向量，代表各管段的流量。该语

句中运算符前的“.”符号表示对矩阵进行运算，该符号需要在运算符前/后存在矩阵时特别输入。

（5）定义方程组

```
% ------------------------- 定义方程组 ------------------------------
function f=myfun(u,d,L,e,den,vis,g,h)
Re=d. * u * den/vis;
for i=1:3
    if Re(i)<=2000
        Lamda(i)=64/Re(i);
    else
        Lamda(i)=fzero(@Lfun,0.03,optimset('fzero'),e,d(i),Re(i));
    end
end
f=[g * h-(Lamda(2) * L(2)/d(2)+1) * u(2)^2/2-(Lamda(1) * L(1)/d(1)+0.5) * u(1)^2/2;
    g * h-(Lamda(3) * L(3)/d(3)+1) * u(3)^2/2-(Lamda(1) * L(1)/d(1)+0.5) * u(1)^2/2;
    d(1)^2 * u(1)-d(2)^2 * u(2)-d(3)^2 * u(3)];
```

该函数根据 *Re* 数的大小分别计算层流时和湍流时的摩擦系数，后者通过调用 fzero 函数计算得到。fzero 函数中的 Lfun 定义科尔布鲁克（Colebrook）公式，0.03 为摩擦系数的初值，算法参数 optimset（'fzero'）用于消除版本提示信息。

（6）定义摩擦系数计算式

```
% ----------------------- 定义科尔布鲁克(Colebrook)公式 -----------------------
function f=Lfun(Lamda,e,d,Re)
f=1/sqrt(Lamda)-1.74+2 * log10(2 * e/d+18.7/(Re * sqrt(Lamda)));
```

该函数需要 *e*、*d* 和 *Re* 3 个常量，输入变量为摩擦系数，返回值为方程式(6-22）的残差值（等式左边减去等式右边），注意 myfun 函数返回的也是对应方程组的残差值。

计算结果如下：

```
                                          Norm of          First-order       Trust-region
Iteration    Func-count    f(x)           step             optimality          radius
1            4             11420.5                         6.94e+003         1
2            8             120.496        1                1.3e+003          1
3            12            9.03134        0.723516         305               2.5
4            16            0.0013423      0.0727339        4.52              2.5
5            20            4.91447e-012   0.000374781      0.000273          2.5
6            24            4.03897e-028   2.33176e-008     2.48e-012         2.5
Optimization terminated successfully:
First-order optimality is less than options. TolFun.
Vab=7.945642m3/h   Vbc=5.130173m3/h   Vbd=2.815469m3/h
```

第三节　MATLAB 用于换热器的操作计算

化工过程中，传热过程通常通过间壁进行，此时的传热由热流体至壁面的对流传热、壁面内的热传导和壁面至冷流体的对流传热 3 个过程串联组成，如图 6-4 所示。

传热过程遵循的规律有两个：一是单侧流体的热量衡算，无相变时采用式(6-23）计算，有相变时采用式(6-24)计算；二是热冷流体间的热量传递，采用式(6-25)计算。式(6-25)中 Δt_m 为冷热流体间的对数平均温度差，用式(6-26)计算，其中 Δt_1 和 Δt_2 分别为换热器两端冷热流体间的温度差；K 为总传热系数，用式(6-27)计算。

$$Q = W_h C_{ph}(T_1 - T_2) = W_c C_{pc}(t_2 - t_1) \tag{6-23}$$

式中，W 为流量；C_p 为比定压热容；T_1、T_2 分别为热流体进、出口温度；t_1、t_2 分别为冷流体进、出口温度；下角标 h、c 分别表示热流体和冷流体。

$$Q = Wr \tag{6-24}$$

$$Q = KS\Delta t_m \tag{6-25}$$

$$\Delta t_m = \frac{\Delta t_1 - \Delta t_2}{\ln \dfrac{\Delta t_1}{\Delta t_2}} \tag{6-26}$$

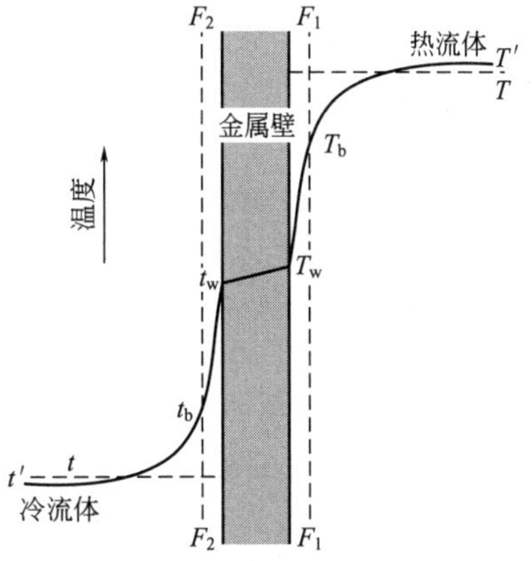

图 6-4　间壁传热示意图

$$\frac{1}{K} = \frac{1}{\alpha_i}\frac{d_o}{d_i} + R_{si}\frac{d_o}{d_i} + \frac{b}{\lambda}\frac{d_o}{d_m} + R_{so} + \frac{1}{\alpha_o} \tag{6-27}$$

换热器的操作型计算通过联立求解上述方程即可完成，但式(6-26)的非线性关系导致不能直接得到流体出口温度的解析解，只能通过试差得到。在试差时，关键在于如何给定流体出口温度的初值。在 Δt_1 和 Δt_2 数值上相差不超过 2 倍时，Δt_m 可用算术平均值代替，所以可以首先用式(6-28)代替式(6-26)，将计算得到的出口温度作为初值进行试差。

$$\Delta t_m = \frac{\Delta t_1 + \Delta t_2}{2} \tag{6-28}$$

试差计算流体出口温度的过程如图 6-5 所示。此处在不影响问题一般性的情况下选择冷流体出口温度 t_2 为试差变量。

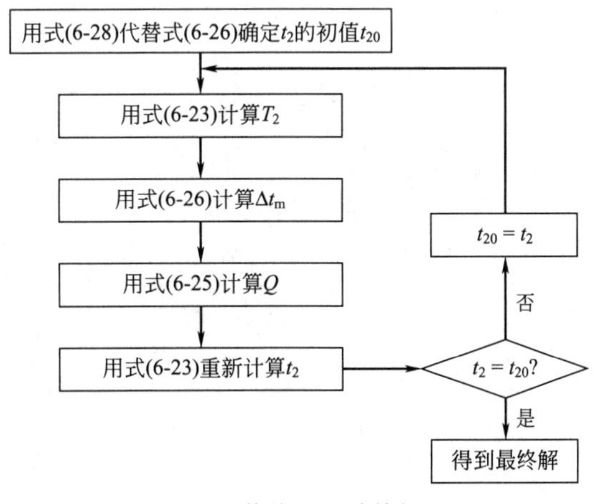

图 6-5　传热试差计算框图

【例 6-7】 在一传热面积为 15.8m^2 的逆流套管换热器中用油加热冷水。油的流量为 2.85kg/s，进口温度为 110℃；水的流量为 0.667kg/s，进口温度为 35℃。油和水的平均比热容分别为 1.9kJ/(kg·℃) 和 4.18kJ/(kg·℃)。换热器的总传热系数为 320W/(m^2·℃)。试求水的出口温度及传热量。

解：该换热器传热面积一定，属于操作型问题，可直接利用图 6-5 进行计算。现对计算程序分步介绍如下。

（1）输入已知条件

```
% 清空内存
clc,
clear,
% 已知
T1=110;
t1=35;
K=320;
Wh=2.85;
Wc=0.667;
S=15.8;
Cph=1.9e3;
Cpc=4.18e3;
```

为保持计算的统一，所有已知变量的单位均已转换成 SI 单位。

（2）输入冷却水出口温度初值

```
% 计算出口温度初值
% t20=(2*Wh*Cph*T1+(Wc*Cpc-Wh*Cph+2*Wh*Cph*Wc*Cpc/K/S)*t1)/(Wc*
Cpc*(1+2*Wh*Cph/K/S)+Wh*Cph);
% fprintf('用算术平均值代替对数平均值计算冷却水出口温度初值为:%f\n',t20),
t20=(T1+t1)/2;
fprintf('用冷热流体进口温度的平均值确定冷却水出口温度的初值为:%f\n',t20),
```

程序中给出两种初值的指定方式：第 1 种采用算术平均温度差代替式(6-26) 得到出口温度初值；第 2 种采用冷热流体进口温度的平均值作为出口温度初值。

利用算术平均温度代替对数平均温度，可得到水出口温度初值的计算式：

$$t_{20}=\frac{2W_{\mathrm{h}}C_{ph}T_1+\left(W_{\mathrm{c}}C_{pc}-W_{\mathrm{h}}C_{ph}+\dfrac{2W_{\mathrm{h}}C_{ph}W_{\mathrm{c}}C_{pc}}{KS}\right)t_1}{W_{\mathrm{c}}C_{pc}\left(1+\dfrac{2W_{\mathrm{h}}C_{ph}}{KS}\right)+W_{\mathrm{h}}C_{ph}}$$

由于应用该式需要推导复杂的公式，程序中采用了较为简单的第 2 种方法，但第 1 种方法所需的公式也以注释的形式列在程序中以供参考。

（3）试差计算

```
% 开始试差
for i=1:20
    T2=T1-Wc*Cpc/Wh/Cph*(t20-t1);
    dtm=((T1-t20)-(T2-t1))/log((T1-t20)/(T2-t1));
    t2=t1+K*S*dtm/Wc/Cpc;
    if(abs((t2-t20)/t20)<1.e-4)
        break;
    else
        t20=t2;
    end
    fprintf('迭代次数=%d\tt2=%f\n',i,t2),
end
if i<20
    fprintf('成功收敛,结果为:\nT2=%f\tt2=%f',T2,t2),
else
    fprintf('未收敛,退出!'),
end
```

为防止试差不收敛而导致无限次循环，试差次数限制在 20 次。程序最后通过检查试差次数是否等于 20 来判断计算是否收敛。

(4) 计算结果

试差计算结果如下：

```
用冷热流体进口温度的平均值确定冷却水出口
温度的初值为:72.500000
迭代次数=1      t2=118.415009
迭代次数=2      t2=43.418074
迭代次数=3      t2=159.639853
迭代次数=4      t2=15.123279
迭代次数=5      t2=198.745137
迭代次数=6      t2=-37.293155
迭代次数=7      t2=269.530667
迭代次数=8      t2=-132.615170
迭代次数=9      t2=396.785043
迭代次数=10     t2=-302.189052
迭代次数=11     t2=622.102575
迭代次数=12     t2=-601.316710
迭代次数=13     t2=1018.878123
迭代次数=14     t2=-1127.440754
迭代次数=15     t2=1716.336979
迭代次数=16     t2=-2051.920906
迭代次数=17     t2=2941.634898
迭代次数=18     t2=-3675.854689
迭代次数=19     t2=5093.841446
迭代次数=20     t2=-6528.145249
未收敛,退出!
```

可以看出，试差过程没有收敛。究其原因，是由图 6-5 中的“$t_2=t_{20}$”引起的。这种变量更新过程称为直接迭代，在某些情况下可能导致变量变化幅度过大，产生计算振荡甚至发散。

解决方法是引入松弛因子，将变量更新过程改写为

$$t'_{20}=t_{20}+\varepsilon(t_2-t_{20})$$

式中，ε 为松弛因子，取 0.0～1.0 间的某一小数，具体数值根据经验确定。

可以看出，在 $\varepsilon=1.0$ 时该式还原为试差迭代式，在 $\varepsilon=0$ 时变量不更新。所以，松弛因子可以控制更新的幅度，有效控制收敛性能。

取 $\varepsilon=0.5$ 时的试差结果为：

```
用冷热流体进口温度的平均值确定冷却水出口
温度的初值为:72.500000
迭代次数=1      t2=118.415009
迭代次数=2      t2=83.168191
迭代次数=3      t2=93.171373
迭代次数=4      t2=90.102186
迭代次数=5      t2=91.014671
迭代次数=6      t2=90.741021
迭代次数=7      t2=90.822869
迭代次数=8      t2=90.798369
成功收敛,结果为:
T2=81.268331   t2=90.805701
```

下表列出了不同 ε 值对计算过程的影响。可以看出 ε 有一最佳值。在实践中，可以通过一些简化算法估算该值，更多的是直接采用经验值。

ε	1.0	0.8	0.6	0.4	0.2
迭代次数	20①	20①	11	2	9

① 表示达到最大迭代次数。

此外，不用算术平均温度估算水的出口温度，而直接用常温（25℃）作为初值进行试差，结果如下（$\varepsilon=0.5$）：

```
取水出口温度的初值为常温:25.000000
迭代次数=1      t2=184.701220
迭代次数=2      t2=65.337132
迭代次数=3      t2=99.719240
迭代次数=4      t2=88.221379
迭代次数=5      t2=91.585555
迭代次数=6      t2=90.570859
迭代次数=7      t2=90.873857
迭代次数=8      t2=90.783115
迭代次数=9      t2=90.810266
成功收敛,结果为:
T2=81.267184   t2=90.802140
```

通过比较可以看出，迭代初值对计算量具有一定的影响，但对计算结果的精度影响不大，所以需要针对具体问题提出特定的初值估计方法。

第四节　MATLAB 用于换热器的最优设计

换热器优化设计的主要内容包括设备形式选择、换热表面确定和设备参数最佳设计 3 个方面。冷却水出口温度的确定是参数最佳设计的重要内容。

式(6-29) 给出了冷却水出口温度 t_2 的计算方法。可以看出，在换热量一定的情况下，t_2 的降低使传热推动力增加，可以促使换热面积减小，从而降低设备投资；但同时也看出，冷却水消耗量 W_c 随之增加，导致操作费用升高。在 t_2 升高的情况下，可推出相反的结论。所以，确定 t_2 时要综合考虑设备费用和操作费用两方面（即总费用）。此时换热器存在一最佳的冷却水出口温度，使总费用最小，这属于优化问题。

$$Q=W_c C_{pc}(t_2-t_1)=KS\Delta t_m \tag{6-29}$$

式中，S 为换热面积。

优化问题的三要素是优化目标、优化变量和约束。该问题中的优化目标为总费用，可用式(6-30) 表示

$$C=C_A S+C_w\theta W \tag{6-30}$$

优化变量为 t_2，约束为式(6-29)。由于 t_2 在约束中受 Δt_m 非线性关系限制，该问题属于有约束的非线性优化问题。

在 MATLAB 中，该问题通过 fmincon 函数求解，调用格式为

```
x=fmincon(fun,x0,A,b,Aeq,beq,lb,ub,nonlcon,options,P1,P2,...)
```

其中，fun 为目标函数；x0 为初值；A 和 b 代表线性不等式约束 $Ax\leqslant b$；Aeq 和 beq 代表线性等式约束 $A_{eq}x=b_{eq}$；lb 和 ub 分别为优化变量的下限和上限；nonlcon 为非线性约束；options 为算法参数；P1、P2 等为需要向 fun 和 nonlcon 传递的模型参数。nonlcon 函数要返回两个向量 c 和 ceq，分别表示非线性不等式约束 $c(x)\leqslant 0$ 和非线性等式约束 $c_{eq}(x)=0$。函数 fmincon 根据问题规模大小分别采用信赖域法或 SQP 算法，可以根据计算情况自动调整搜索步长。

【例 6-8】 在逆流换热器中，用初温为 20℃ 的水将 1.25kg/s 的液体 [比热容为 1.9kJ/(kg·℃)，密度为 850kg/m³] 由 80℃冷却到 30℃。换热器的列管直径为 ϕ25mm×2.5mm，水走管外。水侧和液体侧的对流传热系数分别为 0.85kW/(m²·℃) 和 1.70kW/(m²·℃)，污垢及管壁热阻忽略不计。要求设计该冷却器，使其年度总费用最小。已知：冷却器单位面积的投资费用为 200 元/m²，年运行时间为 8000h，冷却水单价为 0.04 元/t，水的比热容为 4.18kJ/(kg·℃)。

解： 将已知条件代入式(6-30)，得到目标函数

$$C=200S+0.32W_c$$

将已知条件代入式(6-23)、式(6-24)、式(6-26) 和式(6-27)，得到如下的约束条件

$$1.02\times 10^5=W_c(t_2-20)$$

$$1.02\times 10^2=0.49S\frac{70-t_2}{\ln\dfrac{80-t_2}{10}}$$

其中的优化变量为水流量 W_c、水出口温度 t_2 和换热面积 S。

编制程序的步骤如下。

(1) 给定初值

```
function OptCon
% 换热器的有约束非线性优化设计
clc,
clear,
x0=[0 50 0];          % 给定初值
xL=[0 20 0];          % 设定下限
xU=[1e5 80 100];      % 设定上限
```

其中，x0 代表优化变量初值；xL 和 xU 分别代表它们的下限和上限。

(2) 调用 fmincon 进行优化

```
x=fmincon(@obj,x0,[],[],[],[],xL,xU,@confun,optimset('Display','iter'));
W=x(1);
t2=x(2);
S=x(3);
fprintf('优化结果:\n\n')
fprintf('冷却器最优出口温度为:%.2f ℃\n',t2)
C=obj(x);
fprintf('最小年费用为:%.3f 元\n',C)
fprintf('冷却器传热面积为:%.3f m^2\n',S)
fprintf('每小时冷却水用量为:%.1f kg/h\n',W)
```

函数 fmincon 中的 obj 和 confun 参数分别代表目标函数和约束条件，将在后面单独定义。返回值 x 为行向量，包含 3 个变量的优化值。

(3) 定义目标函数

```
% 目标函数
function f=obj(x)
W=x(1);
t2=x(2);
S=x(3);
f=200*S+0.32*W;
```

为便于书写表达式，程序中首先将优化变量分离出来，然后给出目标函数的计算式。

(4) 定义约束函数

```
% 约束函数
function [c,ceq]=confun(x)
W=x(1);
t2=x(2);
S=x(3);
c=[];
ceq=[1.02e5-W*(t2-20);
    1.02e2-0.49*S*(70-t2)/log((80-t2)/10)];
```

本例题仅包含等式约束，所以令不等式约束集 c 为空矩阵。此外，数学中的自然对数在 MATLAB 中表示为 log，常用对数表示为 log10，应注意区分。

(5) 计算结果

本问题的计算结果如下：

```
                        max                                 irectional     First-order
Iter  F-count  f(x)     constraint      Step-size  derivative     optimality   Procedure
1     9        3374.9   0.7767          1          3.37e+003      3.85e+005
2     14       3374.91  3.176e-005      1          0.00816        8.69
3     19       3374.91  3.038e-008      1          -1.1e-005      8.56         Hessian modified
4     24       3374.89  0.0005611       1          -0.0193        1.94         Hessian modified
5     37       3374.83  0.005197        0.00391    -14.2          22.6         Hessian modified
6     49       3374.72  0.0233          0.00781    -14            72.7
7     60       3374.51  0.09184         0.0156     -13.6          145
8     70       3374.12  0.3292          0.0313     -12.5          265
9     79       3373.52  0.923           0.0625     -9.7           382
10    86       3371.92  5.333           0.25       -6.37          374
11    91       3370.5   5.633           1          -1.43          308
12    96       3369.37  5.065           1          -1.13          71.3
13    101      3367.18  24.86           1          -2.19          81.1
14    106      3367.73  0.03511         1          0.545          107
15    111      3367.38  1.737           1          -0.352         2.56
16    116      3366.26  28.09           1          -1.11          0.0957
17    121      3366.8   0.1214          1          0.535          0.346
18    126      3366.8   0.0004511       1          0.00194        0.0124
19    131      3366.8   4.795e-005      1          6.56e-006      0.000195     Hessian modified
20    136      3366.8   8.586e-010      1          9e-007         9.04e-006    Hessian modified
Optimization terminated successfully:
First-order optimality measure less than options. TolFun and
  maximum constraint violation is less than options. TolCon
Active Constraints:
    1
    2
优化结果:
冷却器最优出口温度为:48.15℃
最小年费用为:3366.800 元
冷却器传热面积为:11.036m^2
每小时冷却水用量为:3623.6kg/h
```

在获得计算结果后，如果再次仔细分析该问题的约束条件可以看出，W_c 和 S 可显式地用 t_2 表示出来，如下所示

$$W_c = \frac{1.02 \times 10^5}{t_2 - 20}$$

$$S = \frac{2.08 \times 10^2 \ln \dfrac{80 - t_2}{10}}{70 - t_2}$$

将上两式代入目标函数中，就可以消除本问题的约束条件，从而使该问题转换为无约束非线性优化问题。

在 MATLAB 中，无约束非线性优化问题用函数 fminsearch 求解，其调用格式为

```
x=fminsearch(fun,x0,options,P1,P2,...)
```

其中，fun 为目标函数；x0 为优化变量初值；options 为算法参数；P1、P2 等为需要向 fun 传递的函数参数。

该函数采用单纯形法，计算速度较快。此外，通过与 fmincon 调用格式的比较可以看出

该函数使用起来更为简便。

采用无约束非线性优化方法，对本问题重新编制程序如下：

```
function OptUncon
% 冷却器的无约束非线性最优化设计
clear all,
clc,
t0=50;           % 给定初值
t2=fminsearch(@obj,t0,optimset('Display','iter'));
fprintf('优化结果:\n\n')
fprintf('冷却器最优出口温度为:%.2f %s\n',t2,'℃')
C=obj(t2);
fprintf('最小年费用为:%.3f 元\n',C)
S=sfun(t2);
fprintf('冷却器传热面积为:%.3f m ^2\n',S)
W=wfun(t2);
fprintf('每小时冷却水用量为:%.1f kg/h\n',W)
% 总费用
function C=obj(t2)
C=200 * sfun(t2)+0.32 * wfun(t2);
% 换热面积
function S=sfun(t2)
S=2.08e2 * log((80-t2)/10)/(70-t2);
% 冷却水用量
function W=wfun(t2)
W=1.02e5/(t2-20);
```

计算结果如下：

```
Iteration    Func-count    min f(x)    Procedure
1            2             3373.11     initial
2            4             3366.11     reflect
3            6             3365.91     contract inside
4            8             3365.07     contract inside
5            10            3365.07     contract inside
6            12            3365.07     contract inside
7            14            3365.07     contract inside
8            16            3365.07     contract inside
9            18            3365.07     contract inside
10           20            3365.07     contract inside
11           22            3365.07     contract inside
12           24            3365.07     contract inside
13           26            3365.07     contract inside
14           28            3365.07     contract inside
15           30            3365.07     contract inside
16           32            3365.07     contract inside
17           34            3365.07     contract inside
Optimization terminated successfully:
the current x satisfies the termination criteria using OPTIONS.TolX of 1.000000e-004
and F(X)satisfies the convergence criteria using OPTIONS.TolFun of 1.000000e-004
优化结果:
冷却器最优出口温度为:48.16℃
最小年费用为:3365.069 元
冷却器传热面积为:11.029m ^2
每小时冷却水用量为:3622.8kg/h
```

可以看出，本例题在两种计算方式下的结果相同。所以，在处理化工过程的计算问题时要根据计算方程及算法的具体情况决定问题解决方式，以利于问题的快速解决。

第五节　MATLAB 用于单级平衡分离过程计算

单级平衡分离过程是指汽液两相经一次紧密接触后达到平衡随即分离的过程，如图 6-6 所示。进料在一定压力下被加热或冷却，部分汽化或冷凝后进入闪蒸罐，分离出平衡汽液两相。

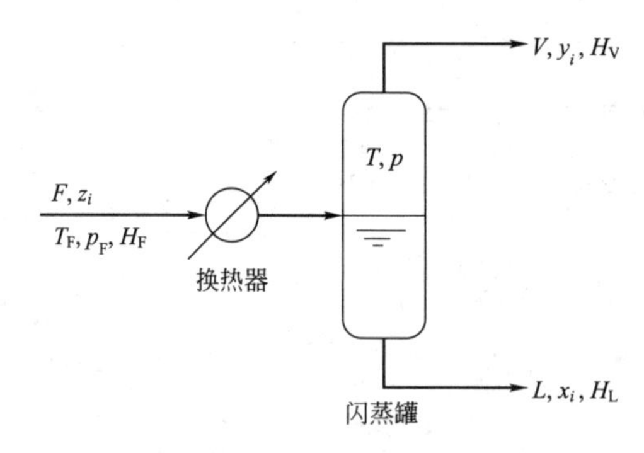

图 6-6　连续单级平衡分离

单级平衡分离过程中涉及的变量见表 6-2。

表 6-2　平衡分离过程变量

变量	变量数	说明	变量	变量数	说明
F	1	进料流量	L	1	液相出料流量
z_i	c	进料组成	x_i	c	液相出料组成
T_F	1	进料温度	H_L	1	液相出料焓
p_F	1	进料压力	V	1	汽相出料流量
H_F	1	进料焓	y_i	c	汽相出料组成
Q	1	换热量	H_V	1	汽相出料焓
T	1	分离温度	K_i	c	相平衡常数
p	1	分离压力	总计	$4c+11$	

过程涉及的方程如下。

物料衡算

$$Fz_i = Lx_i + Vy_i \tag{6-31}$$

热量衡算

$$FH_F + Q = VH_V + LH_L \tag{6-32}$$

$$H_F = f(T_F, p_F, z) \tag{6-33}$$

$$H_L = f(T, p, x) \tag{6-34}$$

$$H_V = f(T, p, y) \tag{6-35}$$

相平衡关系

$$y_i = K_i x_i \tag{6-36}$$

$$K_i = f(T, p, x, y) \tag{6-37}$$

归一化方程如下。

液相出料和汽相出料组成的归一化方程

$$\sum_{i=1}^{c} x_i = 1 \tag{6-38}$$

$$\sum_{i=1}^{c} y_i = 1 \tag{6-39}$$

进料组成的归一化方程

$$\sum_{i=1}^{c} z_i = 1 \tag{6-40}$$

以上方程总数为 $3c+7$，所以自由度为 $(4c+11)-(3c+7)=c+4$。通常进料流量、温度、压力和 $c-1$ 个组成是已知的，这样还需要指定另外两个变量才能计算。这两个变量的不同指定方式导致不同的平衡分离计算方式，表 6-3 列出了一些常用的类型。

表 6-3 平衡分离计算类型

编号	计算类型	指定变量	求 解
1	等温闪蒸	T,p	$Z_c,H_F,Q,L,x_i,H_L,V,y_i,H_V,K_i$
2	部分冷凝	p,L	$Z_c,H_F,Q,T,x_i,H_L,V,y_i,H_V,K_i$
3	部分汽化	p,V	$Z_c,H_F,Q,L,x_i,H_L,P,y_i,H_V,K_i$
4	换热闪蒸	p,Q	$Z_c,H_F,T,L,x_i,H_L,V,y_i,H_V,K_i$

一、等温闪蒸

将式(6-36) 代入式(6-31)，消去 y_i 后得到

$$x_i = \frac{z_i}{\frac{V}{F}K_i + \frac{L}{F}} \tag{6-41}$$

定义汽化分率 $e=V/F$，则

$$x_i = \frac{z_i}{(K_i-1)e+1} \tag{6-42}$$

将式(6-41) 代入式(6-38)，得

$$\sum_{i=1}^{c} \frac{z_i}{(K_i-1)e+1} = 1 \tag{6-43}$$

该方程即为等温闪蒸的计算式。

此外，也可以将式(6-42) 代入式(6-36)

$$y_i = \frac{K_i z_i}{(K_i-1)e+1} \tag{6-44}$$

然后将式(6-42) 和式(6-44) 分别代入式(6-38) 和式(6-39)，二式相减得

$$\sum_{i=1}^{c} \frac{(K_i-1)z_i}{(K_i-1)e+1} = 0 \tag{6-45}$$

式(6-45) 是等温闪蒸的另外一个通用计算式，同式(6-43) 相比它具有更好的收敛性，下面的计算中将采用该式。

在等温闪蒸计算中，为简化计算，通常认为相平衡常数 K 仅与温度和压力有关，即

$$K_i = f(T,p) \tag{6-46}$$

则式(6-45)的等号左侧仅与汽化分率 e 有关，即

$$f(e)=\sum_{i=1}^{c}\frac{(K_i-1)z_i}{(K_i-1)e+1} \tag{6-47}$$

通过对式(6-47)求根，即可得到汽液平衡时的汽化分率。求根过程通常采用牛顿迭代法进行，迭代方程为

$$e_{k+1}=e_k-\frac{f(e_k)}{f'(e_k)} \tag{6-48}$$

其中

$$f'(e_k)=-\sum_{i=1}^{c}\frac{(K_i-1)^2z_i}{[(K_i-1)e+1]^2} \tag{6-49}$$

在应用式(6-45)进行等温闪蒸计算前，应首先判断进料混合物在指定的温度和压力下是否处于两相区，判据如下：

$$\sum_{i=1}^{c}K_iz_i\begin{cases}=1,\text{泡点}\\>1,\text{两相区}\\<1,\text{过冷液体}\end{cases}$$

$$\sum_{i=1}^{c}\frac{z_i}{K_i}\begin{cases}=1,\text{露点}\\>1,\text{两相区}\\<1,\text{过热蒸气}\end{cases}$$

因此，仅当 $\sum K_iz_i$ 和 $\sum\frac{z_i}{K_i}$ 均大于1时，混合物才处于两相区。

等温闪蒸计算过程如图6-7所示。

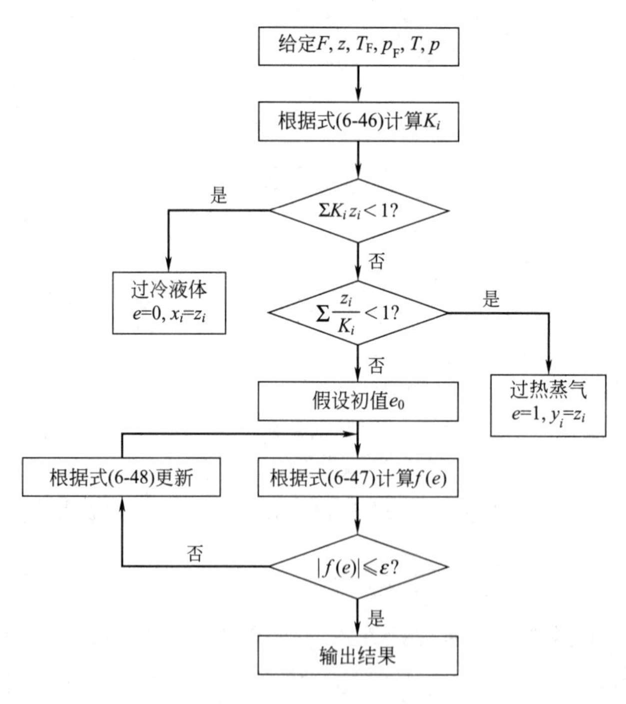

图6-7 等温闪蒸计算框图

注：ε 为收敛精度，下同

【例 6-9】 组成为 0.60（摩尔分数，下同）苯、0.25 甲苯和 0.15 对二甲苯的 100kmol/h 液体混合物，在 101.3kPa 和 100℃下闪蒸。试计算液体产物和气体产物的流量和组成。假设该分离物系为理想物系。

计算三组分饱和蒸气压的安托因方程为（单位：p^0，Pa；T，K）

苯 $\ln p^0 = 20.7936 - 2788.51/(T - 52.36)$；

甲苯 $\ln p^0 = 20.9065 - 3096.52/(T - 53.67)$；

对二甲苯 $\ln p^0 = 20.9891 - 3346.65/(T - 57.84)$。

解： 对于理想物系，相平衡常数用下式计算。

$$K_i = \frac{p_i^0}{p} = \frac{1}{p} e^{A_i - \frac{B_i}{T - C_i}}$$

试差计算得到 e 后，根据式(6-42) 计算 x，根据式(6-44) 计算 y，L 和 V 可直接通过 e 的定义式计算得到。

试差按照图 6-7 进行，结果如下：

```
开始计算汽相分率...
iter=1    e=0.658984
iter=2    e=0.756204
iter=3    e=0.751008
```

成功收敛，结果如下：

```
L=24.899166   x(1)=0.378836   x(2)=0.312941   x(3)=0.308230
V=75.100834   y(1)=0.673325   y(2)=0.229132   y(3)=0.097540
```

可以看出，由于采用了牛顿迭代法更新 e，试差过程收敛很快。所以，等温闪蒸为单级平衡分离计算中较为简单的一类。

二、部分汽化和冷凝计算

该类计算，已知汽化分率 e 和压力 p，求解温度 T。计算式仍采用式(6-47)，但试差变量改为温度 T

$$f(T) = \sum_{i=1}^{c} \frac{(K_i - 1)z_i}{(K_i - 1)e + 1} \tag{6-50}$$

部分汽化和冷凝计算的步骤如图 6-8 所示。

温度 T 的更新仍可采用牛顿迭代法。此时，计算式(6-50) 对 T 的导数为

$$f'(T) = \sum_{i=1}^{c} \frac{z_i \dfrac{dK_i}{dT}}{[(K_i - 1)e + 1]^2} \tag{6-51}$$

对于理想物系且饱和蒸气压采用安托因方程表示的情形，$\dfrac{dK_i}{dT}$值可用例 6-10 中给出的表达式进行计算。

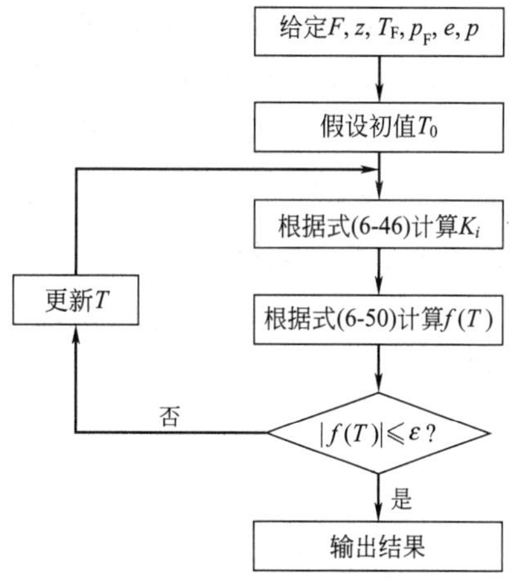

图 6-8 部分汽化和冷凝计算框图

【例 6-10】 某混合物，组成为 45%（摩尔分数，下同）正己烷、25%正庚烷和 30%正辛烷。将其在 101.3kPa 下进行闪蒸，使进料的 50%汽化，求闪蒸温度和汽液两相的组成。假设混合物为理想体系。

计算三组分饱和蒸气压的安托因方程为（单位：p^0，mmHg；T，K)：

正己烷　$\ln p^0=15.8366-2697.55/(T-48.78)$；

正庚烷　$\ln p^0=15.8738-2911.32/(T-56.51)$；

正辛烷　$\ln p^0=15.9426-3120.29/(T-63.63)$。

解：由于混合物为理想体系，所以

$$\frac{dK_i}{dT}=K_i\frac{B_i}{(T-C_i)^2}$$

联合上式与式(6-51)，依据图 6-8 所示计算步骤，得到如下计算结果：

```
开始部分汽化/冷凝计算...
iter=1    T=408.575782                 iter=3    T=366.545092
iter=2    T=354.943942                 iter=4    T=366.709029
```

成功收敛，结果如下：

```
闪蒸温度 T=366.709029
液相组成为：x(1)=0.294946   x(2)=0.268074   x(3)=0.436981
汽相组成为：y(1)=0.605054   y(2)=0.231926   y(3)=0.163019
```

三、绝热闪蒸计算

换热闪蒸是表 6-3 中列出的最后一种单级平衡计算问题，在实践中多表现为绝热闪蒸的形式($Q=0$)。该类计算中，已知进料流量、进料组成、进料温度、进料压力和闪蒸压力，要求计算闪蒸温度和在该温度下产生的汽液两相的组成和流量。其计算方法是先假设闪蒸温度 T，这样即可按照等温闪蒸计算相平衡，再根据进出物料焓相等的原则校正 T，直至 T 不再变化为止。上述计算步骤示于图 6-9。

下面推导其中用到的温度 T 的迭代式。

将 $Q=0$ 和 $e=V/F$ 代入式(6-32)，得到

$$H_F=eH_V+(1-e)H_L \tag{6-52}$$

从而得到温度计算式

$$g(T)=eH_V+(1-e)H_L-H_F \tag{6-53}$$

汽液相焓的计算式为

$$H_F=\sum_{i=1}^{c}H_{Fi}z_i \tag{6-54}$$

$$H_V=\sum_{i=1}^{c}H_{Vi}y_i \tag{6-55}$$

$$H_L=\sum_{i=1}^{c}H_{Li}x_i \tag{6-56}$$

焓为状态函数，通常比较由一种状态变化到另一种状态的焓变，所以在焓衡算中针对每一组分需要统一规定其焓基准。此处，令某一组分 i 在 0℃下的液相焓等于零，则其焓值计算公式［式(6-33)、式(6-34) 和式(6-35)］变为

$$H_{Fi}=C_{pVi}T_F+\Delta H_i \tag{6-57}$$

$$H_{Li}=C_{pLi}T \tag{6-58}$$

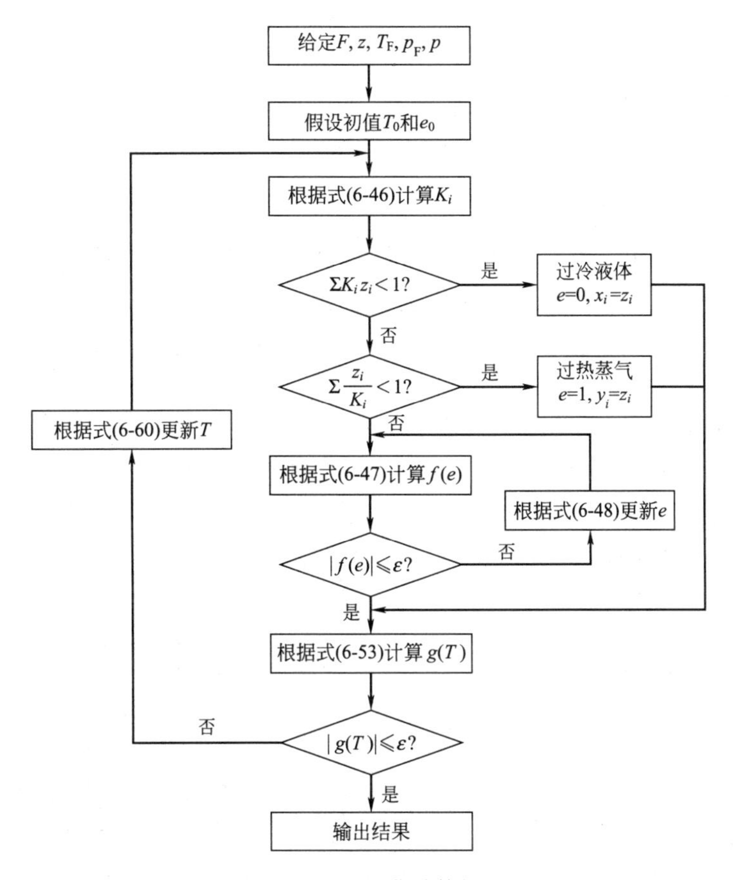

图 6-9　绝热闪蒸计算框图

$$H_{Vi} = C_{pVi} T + \Delta H_i \tag{6-59}$$

利用牛顿迭代法计算 T，得到 T 的迭代公式

$$T_{k+1} = T_k - \frac{g(T_k)}{g'(T_k)} \tag{6-60}$$

$$g'(T_k) = eC_{pV} + (1-e)C_{pL} \tag{6-61}$$

【例 6-11】 液相闪蒸进料组成为：甲烷 20%（摩尔分数，下同），正戊烷 45%，正己烷 35%。进料流率 1500kmol/h，进料温度 42℃。已知闪蒸罐操作压力是 206.84kPa，求闪蒸温度、汽相分率、汽液相组成和流率。该物系为理想体系。

各组分饱和蒸气压的安托因方程为（单位：p^0，mmHg；T，K）：

甲烷　$\ln p^0 = 15.2243 - 897.84/(T-7.16)$；

正戊烷　$\ln p^0 = 15.8333 - 2477.07/(T-39.94)$；

正己烷　$\ln p^0 = 15.8366 - 2697.55/(T-48.78)$。

液体比热容为：

甲烷　$C_{pL} = 46.05\text{kJ}/(\text{kmol}\cdot℃)$；

正戊烷　$C_{pL} = 166.05\text{kJ}/(\text{kmol}\cdot℃)$；

正己烷　$C_{pL} = 190.83\text{kJ}/(\text{kmol}\cdot℃)$。

气体比热容为［单位：C_{pV}，kJ/(kmol·℃)；T，℃］：

甲烷　$C_{pV} = 34.33 + 0.05472T + 3.66345\times10^{-6}T^2 - 1.10113\times10^{-8}T^3$；

正戊烷　$C_{pV}=114.93+0.34114T-1.89997\times10^{-4}T^2+4.22867\times10^{-8}T^3$；

正己烷　$C_{pV}=137.54+0.40875T-2.39317\times10^{-4}T^2+5.76941\times10^{-8}T^3$。

解： 由于此处的汽相比热容为温度的多项式，如果用下式

$$C_{pVi}=a_i+b_iT+c_iT^2+d_iT^3$$

表示，则式(6-61)具体化为

$$g'(T_k)=e\sum_{i=1}^{c}(b_i+2c_iT+3d_iT^2)y_i+(1-e)C_{pL}$$

在MATLAB中，多项式的求导也可采用polyder函数自动计算，调用格式如下

```
k=polyder(p)
```

其中，p为原多项式系数；k为求导后的多项式系数。

温度初值采用25℃，汽化分率初值采用0，按照图6-9所示步骤进行计算，结果如下：

```
开始绝热闪蒸计算...
    iter=1    e=0.008151
    iter=2    e=0.023812
    iter=3    e=0.052659
    iter=4    e=0.101215
    iter=5    e=0.168200
    iter=6    e=0.227739
    iter=7    e=0.249498
    iter=8    e=0.251150
iter=1    T=24.520420
    iter=1    e=0.249792
iter=2    T=24.743770
    iter=1    e=0.250426
iter=3    T=24.640268
    iter=1    e=0.250134
iter=4    T=24.688266
iter=5    T=24.672356
iter=6    T=24.677632
iter=7    T=24.675883
iter=8    T=24.676463
iter=9    T=24.676270
iter=10    T=24.676334
iter=11    T=24.676313
```

成功收敛，结果如下：

```
汽化分率 e=0.250134
闪蒸温度 T=24.676313℃
液相流率为：L=1124.798829kmol/h  组成为：x(1)=0.006496  x(2)=0.541159
           x(3)=0.452249
汽相流率为：V=375.201171kmol/h  组成为：y(1)=0.780097  y(2)=0.176718
           y(3)=0.043473
```

可以看出，随着外层温度逐渐收敛，内层汽化分率的迭代次数逐渐减少，再加上初值的选取没有特定的要求，所以该算法进行绝热闪蒸计算是比较可靠的。

第六节　MATLAB用于精馏操作计算

多组分精馏采用多级平衡闪蒸的方式得到高纯度产品，是化学工业中最重要的单元操作之一。多组分精馏塔可分为简单塔和复杂塔两种，前者仅有一股进料且无侧线出料和中间换热设备，在生产中较为常见。本节介绍通过三对角矩阵法进行多组分简单精馏塔计算的过

程，其计算思路经适当修改后也可用于其他类型的多级分离计算（如复杂精馏塔、特殊精馏塔和吸收塔等）。

一、数学模型的建立

简单精馏塔的数学模型见图 6-10。其中涉及的变量见表 6-4。此处假设塔顶冷凝器为全凝器，因此冷却器（第 1 块塔板）无气相出料，与其有关的流量、组成、温度、焓和相平衡常数未列于表 6-4 中。

模型涉及的方程如下。

M（质量）方程：

对于冷凝器

$$V_2 y_{i,2} = L_1 x_{i,1} + D x_{i,1} \tag{6-62}$$

对于第 j 块塔板

$$L_{j-1} x_{i,j-1} + V_{j+1} y_{i,j+1} = L_j x_{i,j} + V_j y_{i,j} \tag{6-63}$$

对于进料板

$$F z_i + L_{j-1} x_{i,j-1} + V_{j+1} y_{i,j+1} = L_j x_{i,j} + V_j y_{i,j} \tag{6-64}$$

对于再沸器

$$L_{N-1} x_{i,N-1} = L_N x_{i,N} + V_N y_{i,N} \tag{6-65}$$

E（平衡）方程：

$$y_{i,j} = K_{i,j} x_{i,j} \tag{6-66}$$

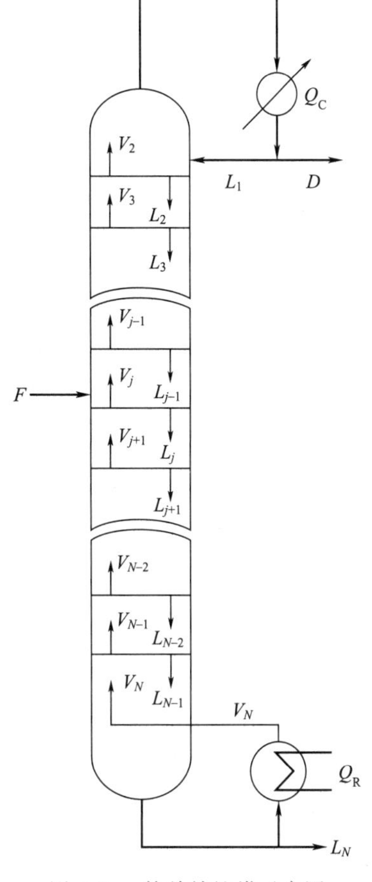

图 6-10　简单精馏塔示意图

S（归一化）方程：

$$\sum_{i=1}^{c} x_{i,j} = 1 \tag{6-67}$$

$$\sum_{i=1}^{c} y_{i,j} = 1 \tag{6-68}$$

$$\sum_{i=1}^{c} z_i = 1 \tag{6-69}$$

表 6-4　简单精馏塔模型中的变量

变量	变量数	说　明	变量	变量数	说　明
F	1	进料流量	$y_{i,j}$	$c(N-1)$	各板汽相组成
z_i	c	进料组成	$x_{i,j}$	cN	各板液相组成
T_F	1	进料温度	$H_{V,j}$	$N-1$	各板汽相焓
H_F	1	进料焓	$H_{L,j}$	N	各板液相焓
J_F	1	进料位置	$K_{i,j}$	$c(N-1)$	各板相平衡常数
N	1	全塔板数	Q_C	1	冷凝器热负荷
p_j	N	各板压力	Q_R	1	再沸器热负荷
T_j	N	各板温度	D	1	塔顶馏出量
V_j	$N-1$	各板汽相流量	总计	$3cN+6N-c+6$	
L_j	N	各板液相流量			

H（焓）方程：

对于冷凝器

$$V_2 H_{V,2} - Q_C = L_1 H_{L,1} + D H_{L,1} \quad (6\text{-}70)$$

对于第 j 块塔板

$$L_{j-1} H_{L,j-1} + V_{j+1} H_{V,j+1} = L_j H_{L,j} + V_j H_{V,j} \quad (6\text{-}71)$$

对于进料板

$$F H_F + L_{j-1} H_{L,j-1} + V_{j+1} H_{V,j+1} = L_j H_{L,j} + V_j H_{V,j} \quad (6\text{-}72)$$

对于再沸器

$$L_{N-1} H_{L,N-1} + Q_R = L_N H_{L,N} + V_N H_{V,N} \quad (6\text{-}73)$$

以上的 MESH 方程组，再加上相平衡常数计算式、焓计算式和各板压力计算式，列于表 6-5 中。需要注意的是，计算进料焓需要知道汽化分率，可单独通过等温闪蒸获得，所以进料的相平衡常数未列于表 6-5 中。

表 6-5　简单精馏塔模型中的方程

方程	方程数
M 方程	cN
E 方程	$c(N-1)$
S 方程	$2N$
H 方程	N
相平衡常数计算式	$c(N-1)$
焓计算式	$2N$
各板压力计算式	N
总计	$3cN+6N-2c$

表 6-6　简单精馏塔自由度变量的典型指定方案

变量	变量数	说　明
F	1	进料流量
z_i	$c-1$	进料组成
T_F	1	进料温度
J_F	1	进料位置
N	1	全塔板数
p_1	1	塔顶压力
D	1	塔顶馏出量
L_1	1	回流量
总计	$c+6$	

这样，简单精馏塔模型的自由度为 $(3cN+6N-c+6)-(3cN+6N-2c)=c+6$。也就是说，多组分简单精馏塔计算时需要指定 $c+6$ 个变量值。常见的指定方案见表 6-6。这些变量一经指定则所有其他变量值均被确定，精馏计算的目的就是通过联解 MESH 方程组求解塔顶、塔底产品组成以及塔内温度、流量和组成分布等。

二、三对角矩阵法

简单精馏塔各种计算方法的不同之处仅在于联解 MESH 方程组的方法和步骤不同。三对角矩阵法是最为常用的一种多组分精馏计算方法，它以方程解离法为基础，将 MESH 方程按类型分成 3 组，即修正的 M 方程、S 方程和 H 方程，然后分别求解。该法适合分离过程的操作型计算，具有容易程序化、计算速度快和占用内存少等优点。本法的思路是将物料衡算方程组化成三对角矩阵形式，由之解出各板液相（或汽相）组成后，通过泡点（或露点）计算各板新的温度和相平衡常数。

1. ME 方程的联立

将 E 方程式(6-66) 代入 M 方程式(6-62)～式(6-65) 中，消去 $y_{i,j}$，得到：

对于冷凝器

$$-(L_1+D)x_{i,1} + V_2 K_{i,2} x_{i,2} = 0 \quad (6\text{-}74)$$

对于第 j 块塔板

$$L_{j-1} x_{i,j-1} - (L_j + V_j K_{i,j}) x_{i,j} + V_{j+1} K_{i,j+1} x_{i,j+1} = 0 \quad (6\text{-}75)$$

对于进料板

$$L_{j-1}x_{i,j-1}-(L_j+V_jK_{i,j})x_{i,j}+V_{j+1}K_{i,j+1}x_{i,j+1}=-Fz_i \tag{6-76}$$

对于再沸器

$$L_{N-1}x_{i,N-1}-(L_N+V_NK_{i,N})x_{i,N}=0 \tag{6-77}$$

上述方程可统一表示成下面的形式：

$$A_{i,j}x_{i,j-1}+B_{i,j}x_{i,j}+C_{i,j}x_{i,j+1}=D_{i,j} \tag{6-78}$$

式中各系数分别为：

$j=1$ 时，$A_{i,1}=0$，$B_{i,1}=-(L_1+D)$，$C_{i,1}=V_2K_{i,2}$，$D_{i,1}=0$；

$2\leqslant j\leqslant N-1$ 时，$A_{i,j}=L_{j-1}$，$B_{i,j}=-(L_j+V_jK_{i,j})$，$C_{i,j}=V_{j+1}K_{i,j+1}$，$D_{i,j}=0$（当 $j=J_F$时，$D_{i,j}=-Fz_i$）；

$j=N$ 时，$A_{i,N}=L_{N-1}$，$B_{i,N}=-(L_N+V_NK_{i,N})$，$C_{i,N}=0$，$D_{i,N}=0$。

上述方程组进而可写成矩阵形式，见式(6-79)。因为该矩阵仅在 3 条对角线上具有非零元素，故称为三对角矩阵。对于每一组分均可列出一个三对角矩阵，在假定了 T_j、V_j 和 L_j 并根据具体情况计算出 $K_{i,j}$ 后，就可通过矩阵运算求得各板上所有组分的液相组成。

$$\begin{bmatrix} B_{i,1} & C_{i,1} & & & & \\ A_{i,2} & B_{i,2} & C_{i,2} & & & \\ \cdots & \cdots & \cdots & & & \\ & A_{i,j} & B_{i,j} & C_{i,j} & & \\ & & \cdots & \cdots & \cdots & \\ & & A_{i,N-1} & B_{i,N-1} & C_{i,N-1} & \\ & & & A_{i,N} & B_{i,N} & \end{bmatrix} \begin{bmatrix} x_{i,1} \\ x_{i,2} \\ \vdots \\ x_{i,j} \\ \vdots \\ x_{i,N-1} \\ x_{i,N} \end{bmatrix} = \begin{bmatrix} D_{i,1} \\ D_{i,2} \\ \vdots \\ D_{i,j} \\ \vdots \\ D_{i,N-1} \\ D_{i,N} \end{bmatrix} \tag{6-79}$$

2. 利用 S 方程计算各板温度

根据上面得到的各板液相组成，利用泡点计算可重新得到各板温度。若与原假设温度值一致，则继续下面的计算，否则用其作为新的假设值重复计算。

3. 利用 H 方程计算各板汽相流量和液相流量

由塔顶至各板间截面做总物料衡算

$$V_{j+1}=L_j+D \tag{6-80a}$$

如果 $j>J_F$，则

$$V_{j+1}=L_j-F+D \tag{6-80b}$$

将上述两式与 H 方程联立得：

对于冷凝器

$$V_2=L_1+D \tag{6-81}$$

$$Q_C=(L_1+D)(H_{V,2}-H_{L,1}) \tag{6-82}$$

对于第 j 块塔板

$$V_{j+1}=\frac{V_jH_{V,j}-L_{j-1}H_{L,j-1}-DH_{L,j}}{H_{V,j+1}-H_{L,j}} \tag{6-83}$$

对于进料板

$$V_{j+1}=\frac{V_jH_{V,j}+(F-D)H_{L,j}-L_{j-1}H_{L,j-1}-FH_F}{H_{V,j+1}-H_{L,j}} \tag{6-84}$$

对于进料板以下的塔板

$$V_{j+1}=\frac{V_j H_{V,j}+(F-D)H_{L,j}-L_{j-1}H_{L,j-1}}{H_{V,j+1}-H_{L,j}} \tag{6-85}$$

对于再沸器

$$L_N=F-D \tag{6-86}$$

$$Q_R=L_N H_{L,N}+V_N H_{V,N}-L_{N-1}H_{L,N-1} \tag{6-87}$$

各板温度和汽液相组成已在步骤 2 中解得，所以式(6-80)～式(6-87) 中所有的焓值均可计算得到。交替使用式(6-80) 和式(6-81)～式(6-87)，即可得到各板的汽相流量和液相流量以及冷凝器和再沸器的热负荷。如果计算的 V_j 值与步骤 1 中的假设值相等则计算结束，否则以计算得到的 V_j 值作为新的假设值，重复进行计算。

三对角矩阵法解简单精馏塔的计算过程如图 6-11 所示。

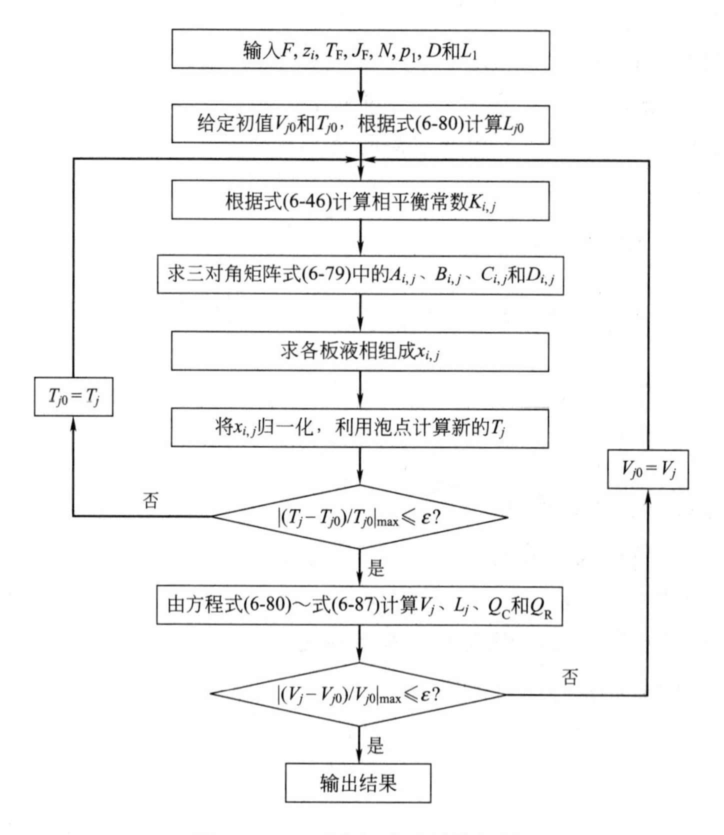

图 6-11　三对角矩阵法计算框图

【例 6-12】 某分离轻烃混合物精馏塔，共有 5 个理论板（包括全凝器和再沸器），塔压为 689.4kPa。在从上往下数第 3 级进料，进料量为 100mol/h，进料中丙烷（1）、正丁烷（2）和正戊烷（3）的含量分别为 $z_1=0.3$、$z_2=0.3$、$z_3=0.4$（摩尔分数），饱和液体进料。塔顶馏出液流量为 50mol/h，饱和液体回流，回流比为 2。规定各级（全凝器和再沸器除外）在绝热情况下操作。试用三对角矩阵法对该塔进行模拟。该物系为理想体系。

各组分饱和蒸气压的安托因方程为（单位：p^0，mmHg；T，K）：

丙烷　$\ln p^0=15.7260-1872.46/(T-25.16)$；

正丁烷　$\ln p^0=15.6782-2154.90/(T-34.42)$；

正戊烷　$\ln p^0=15.8333-2477.07/(T-39.94)$。

液体摩尔焓为（单位：H_L，kJ/kmol；T，K）：

丙烷　$H_L=10730.6-74.31T+0.3504T^2$；

正丁烷　$H_L=-12868.4+64.2T+0.19T^2$；

正戊烷　$H_L=-13244.7+65.88T+0.2276T^2$。

气体摩尔焓为（单位：H_V，kJ/kmol；T，K）：

丙烷　$H_V=25451.0-33.356T+0.1666T^2$；

正丁烷　$H_V=47437.0-107.76T+0.28488T^2$；

正戊烷　$H_V=16657.0+95.753T+0.05426T^2$。

解：回流比 $R=2$，则回流量 $L=RD=100$mol/h。题目中没有给出进料压力，但知道进料处于泡点，所以可直接按照全液相计算进料焓 H_F。

汽相和液相流量初值按恒摩尔流假设，即汽相流量 $V_j=L_1+D=150$mol/h；液相流量，对于 $j<J_F$ 有 $L_j=L_1=100$mol/h，$j=N$ 时 $L_j=F+D=150$mol/h，否则 $L_j=L_1+F=200$mol/h。

由于本例塔板数较少，可假设各板压力相等，均为689.4kPa。

在假定 T_j 初值时，首先计算在操作压力下的各组分沸点，取其中最小者为第1块塔板温度初值。最大者为第 N 块塔板温度初值，其余塔板温度初值通过线性插值得到，公式如下

$$T_{j0}=T_{\text{bmin}}+\frac{T_{\text{bmax}}-T_{\text{bmin}}}{N-1}(j-1)$$

因为是理想物系，所以各板上的相平衡常数用下式计算

$$K_{i,j}=\frac{p_{i,j}^0}{p_j}$$

三对角矩阵法计算精馏塔的中间迭代信息如下：

```
开始三对角矩阵法精馏计算...
max|∑xij-1|=0.553235
max|∑xij-1|=0.567302
max|∑xij-1|=0.576604
max|∑xij-1|=0.582213
max|∑xij-1|=0.585483
max|∑xij-1|=0.587351
max|(Vj-Vj0)/Vj0|=0.137535
max|∑xij-1|=0.126922
max|∑xij-1|=0.069141
max|∑xij-1|=0.037551
max|∑xij-1|=0.020345
max|∑xij-1|=0.011017
max|∑xij-1|=0.005965
max|(Vj-Vj0)/Vj0|=0.086150
max|∑xij-1|=0.009103
max|∑xij-1|=0.003908
max|(Vj-Vj0)/Vj0|=0.009475
max|∑xij-1|=0.003707
max|(Vj-Vj0)/Vj0|=0.003236
max|∑xij-1|=0.003710
max|(Vj-Vj0)/Vj0|=0.000827
三对角矩阵精馏计算成功结束!
冷凝器热负荷 QC=617.644401W
再沸器热负荷 QR=687.525802W
```

最后可得到汽液相流量、温度和组成随塔板数变化的分布曲线，如下面三图所示。可以看出，丙烷作为易挥发组分，大多从塔顶馏出；正戊烷作为难挥发组分，大多从塔底采出；中间组分正丁烷的变化则不太明确。汽液相流量在进料板处有较大的波动，但在精馏段和提馏段仍具有一定的恒定范围。

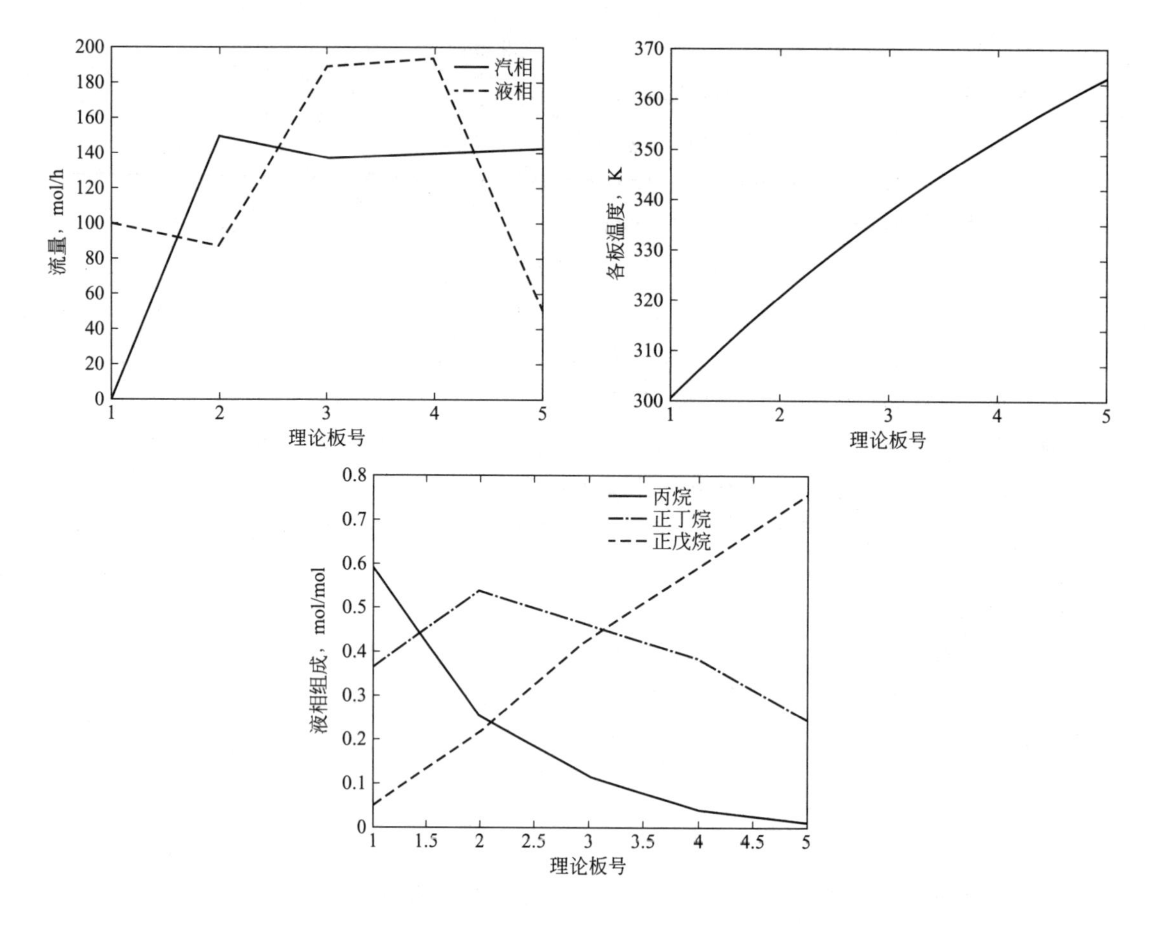

第七节　MATLAB用于精馏和吸收设计

上述的精馏操作计算是在精馏塔设备参数已知的情况下进行的。工程实践中经常需要解决的另外一类问题是：计算为达到规定的产品纯度需要引入的塔板数。该类问题称为精馏设计计算问题，已知条件为产品浓度或回收率，待求量为理论板数。工业中待分离的物料为多组分混合物，以仅含两组分者最简单，其设计采用图解法或逐板计算法；多组分精馏设计相当繁复，不易直观清晰，通常采用简捷法。

一、图解法求解二元精馏塔理论板数

精馏是多级分离过程，即同时进行多次部分冷凝和部分汽化的过程，可使混合液得到几乎完全的分离。为了满足工业上连续化高纯度分离要求，精馏塔在工业上的应用非常广泛，尤其是板式塔。而确定板式精馏塔理论板数就成了精馏塔设计的关键。一个完整的精馏塔应包括精馏段、提馏段、塔顶冷凝器和塔底再沸器。在这样的塔内，可将双组分混合液连续和高纯度地分离为轻、重两组分。确定精馏塔理论板数通常有两种方法：逐板计算法和图解法。图解法的后台计算过程就是逐板计算法，再加上图解法的直观性，因此这里仅介绍图解法。

图解法需要用到汽液平衡方程［式(6-88)］、精馏段操作线方程［式(6-89)］、提馏段操作线方程［式(6-90)］和进料线方程［式(6-91)］。图解法求理论板数时，用平衡曲线和操

作直线分别代替平衡方程和操作线方程，从而可用简便直观的作图法代替繁杂的逐板计算。

$$y=\frac{\alpha x}{1+(\alpha-1)x} \tag{6-88}$$

$$y_{n+1}=\frac{R}{R+1}x_n+\frac{1}{R+1}x_D \tag{6-89}$$

$$y_{m+1}=\frac{L+qF}{L+qF-W}x_m-\frac{W}{L+qF-W}x_W \tag{6-90}$$

$$y=\frac{q}{q-1}x-\frac{1}{q-1}x_F \tag{6-91}$$

图解法步骤如下。

① 在直角坐标上画出待分离混合液的 x-y 平衡曲线。根据平衡关系的复杂程度，可采用函数绘图和曲线拟合两种方式。

② 做出对角线。

③ 根据塔顶组成，绘制精馏段操作线方程。

④ 根据进料热状况和组成，绘制进料线方程。

⑤ 求解精馏段操作线和进料线的交点，将该点与塔釜产品组成点连接，绘制出提馏段操作线方程。

⑥ 从塔顶组成点（x_D，x_D）开始，在精馏段操作线与平衡线之间绘制梯级。当梯级跨过精馏段操作线与提馏段操作线的交点时，则转为在提馏段操作线与平衡线之间绘制梯级，直到某梯级的铅垂线达到或小于 x_W 为止。每一个三角形梯级代表一层理论板，梯级总数即为理论板总数。

【例 6-13】 用一常压操作的连续精馏塔分离含苯为 0.44（摩尔分数，下同）的苯-甲苯混合液，要求塔顶产品中含苯不低于 0.975、塔底产品中含苯不高于 0.0235。操作回流比为 3.5。试用图解法求进料液相分率为 1.362 时的理论板数和加料板位置。

已知苯-甲苯混合液的汽液平衡数据如下表所示：

T/℃	80.1	85	90	95	100	105	110.6
x	1.000	0.780	0.581	0.412	0.258	0.130	0
y	1.000	0.900	0.777	0.633	0.456	0.262	0

解： 本题的详细解题步骤如下。

① 列出所有已知条件：

$$x_D=0.975,\ x_W=0.0235,\ x_F=0.44,\ R=3.5,\ q=1.362$$

② 在直角坐标图上用 line 函数绘出对角线，然后拟合题目给定的汽液平衡数据，用 plot 函数绘制平衡曲线，最后在图中定出 a 点（x_D，x_D）、e 点（x_F，x_F）和 c 点（x_W，x_W）。

曲线拟合可用多项式拟合函数 polyfit 实现，调用格式为

```
p=polyfit(x,y,n)
```

该函数采用最小二乘法对已知数据 x、y 进行拟合，拟合多项式阶数为 n。返回值 p 为一行向量，长度为 $n+1$，包含幂次降序的多项式系数，即

$$p(x)=p_1x^n+p_2x^{n-1}+\cdots+p_nx+p_{n+1}$$

在拟合完成后，需用 polyval 函数计算多项式的拟合值，其调用格式为

```
y=polyval(p,x)
```

该函数的输入值 p 为一向量，则其元素为降序幂次的多项式系数，返回的 y 为 x 处的多项式计算值。如果输入的自变量 x 为一矩阵或向量，则该函数计算多项式在 x 每一个元素处的拟合值。

③ 利用 fplot 函数绘制精馏段操作线方程。

④ 利用 fplot 函数绘制进料线方程。

⑤ 求解精馏段操作线与进料线的交点 f。

该过程实质为联立上述两直线求解的问题，可采用解析法或数值法。解析法需要手工推导解的形式，对于形式较为复杂的方程不太适用。此时可采用数值法，在无需关注方程形式的情况下首先给定交点解的猜测值，然后通过一定的数学算法逐次逼近真实解。

此处为了说明问题的一般性采用数值解法，调用的函数为 fzero，格式为

```
x=fzero(fun,x0,options,P1,P2,...)
```

其中，fun 为待求根函数，x0 为解初值，options 为算法参数，P1、P2 等为需要向 fun 传递的参数。该函数在求解本例的两线交点问题时，将式(6-89) 和式(6-91) 相减，从而转换为单变量 x 的求根问题。

⑥ 将该交点与塔底组成 c 点相连，绘制提馏段操作线。

⑦ 由点 a 开始，在平衡线和精馏段操作线之间画梯级。在梯级跨过交点 f 时，转为在平衡线和提馏段操作线之间画梯级，直至阶梯跨过 c 点。此过程中，一个三角形梯级表示一块理论板，所绘制的梯级数即为总理论板数，过 f 点的梯级为加料板，最后一个梯级为塔底再沸器。绘制梯级水平线，实质为给定 y 值求其平衡的 x 值，通过函数 fzero 解相平衡多项式即可得到。绘制梯级的垂直线，为给定 x 值求操作线上的 y 值，通过直接将 x 代入对应的操作线方程求解即可。

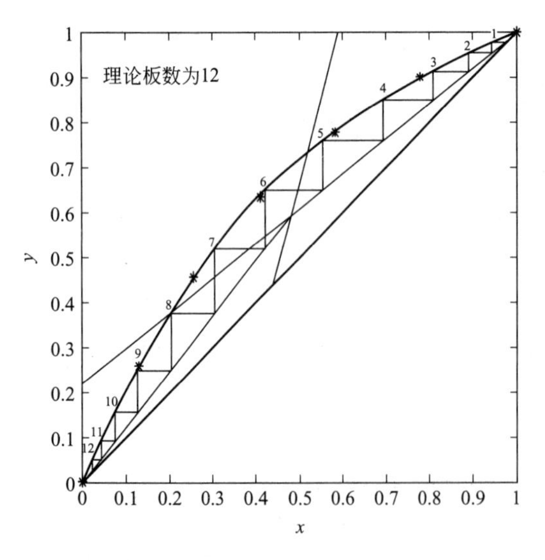

按照以上步骤，利用题中所给数据，可得到下图。可以看出，该分离过程需要 12 层理论板，第 6 层为加料板，故精馏段理论板数为 5。由于再沸器相当于最后一层理论板数，提馏段理论板数为 6。

【例 6-14】 将二硫化碳和四氯化碳混合液进行恒馏出液组成的间歇精馏。原料液量为 50kmol，组成为 0.4（二硫化碳摩尔分数，下同），馏出液组成为 0.95（维持恒定），釜液组成达到 0.079 时停止操作，此时的回流比为最小回流比的 1.76 倍。试求理论板数。

操作条件下物系的平衡数据如下：

x	y	x	y
0	0	0.3908	0.6340
0.0296	0.0823	0.5318	0.7470
0.0615	0.1555	0.6630	0.8290
0.1106	0.2660	0.7574	0.8790
0.1435	0.3325	0.8604	0.9320
0.2580	0.4950	1.0	1.0

解： 间歇精馏过程中，随着轻组分的不断挥发，塔釜组成不断下降。为维持恒馏出组成，必须不断增加回流比。在操作终止时，釜液组成最低，对塔的分离性能要求最高，所以需要根据此时的操作要求确定所需的理论板数。

求理论板数的步骤如下。

① 列出所有已知条件：

$$x_D=0.95, x_W=0.079, x_F=0.4, R=1.76R_{min}, F=50$$

② 在直角坐标图上用函数 line 绘出对角线，然后拟合题目给定的汽液平衡数据，用函数 plot 绘制平衡曲线，最后在图中定出 a 点（x_D,x_D）。

③ 确定最小回流比 R_{min}。

在图中相平衡线上标出 $x=x_W$ 的对应点，与 a 点相连，通过该线的斜率获取 R_{min}，即

$$R_{min}=\frac{x_D-y_{We}}{x_D-x_W}$$

式中，y_{We}是与 x_W 相对应的平衡汽相组成。然后根据题中所给系数确定正常回流比。

④ 根据式(6-89)，调用函数 fplot 绘制精馏段操作线，x 的取值范围为 $[0,x_D]$。

⑤ 由点 a 开始，在平衡线和精馏段操作线之间画梯级，直至梯级垂线横坐标小于 x_W 时为止。

按照以上步骤，利用具体数据绘制得到下图。可以看出，共需 7 层理论板。

图中“理论板数为 7”的字符串是通过函数 text 显示出来的，在点（x,y）处放置 string 字符串的调用格式为

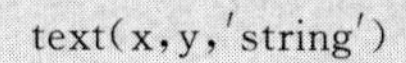

```
text(x,y,'string')
```

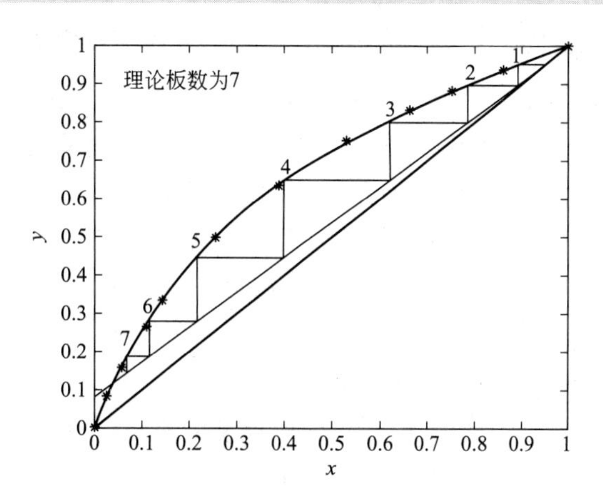

二、图解法求吸收塔传质单元数

在化学工业中，吸收是另一类重要的单元操作，主要用于分离气体混合物。吸收过程中，通常采用传质单元数 N_{OG} 乘以传质单元高度 H_{OG} 的方法计算吸收塔填料层高度 Z，其计算过程与精馏操作中的理论板数计算相似，用到式(6-92)～式(6-94)。传质单元高度的计算可利用有关资料中的算图或经验公式。传质单元数反映吸收过程的难易程度，是吸收塔设计的主要内容。

$$H_{OG}=\frac{V}{K_{Y}a\Omega} \tag{6-92}$$

$$N_{OG}=\int_{Y_2}^{Y_1}\frac{dY}{Y-Y^*} \tag{6-93}$$

$$Z=H_{OG}N_{OG} \tag{6-94}$$

传质单元数计算需要相平衡方程和操作线方程，其中后者与精馏不同，采用式(6-95) 计算

$$Y=\frac{L}{V}X+\left(Y_1-\frac{L}{V}X_1\right) \tag{6-95}$$

求传质单元数的常用方法有 3 种：解析法、积分图解法和梯级图解法。在计算填料层高度时，可根据平衡关系的不同情况选择使用不同方法。解析法适于手工计算，其余两方法均需要绘图。此处仅给出后两者的计算和绘图过程。

1. 积分图解法

积分图解法是直接根据定积分的几何意义引出的一种计算传质单元数的方法。它普遍适用于平衡关系的各种情况，特别适用于平衡线为曲线的情况。基本计算步骤如下：

① 列出所有已知条件；

② 在 $X \sim Y$ 图上根据相平衡关系或对已知数据点拟合，调用绘图函数 plot 分别绘出平衡线和操作线，由图中操作线与平衡线上可读出对应于一系列 Y 值的 X 和平衡 Y^* 值，随之可计算出一系列 $1/(Y-Y^*)$ 值，并将所得数据列于表中；

③ 以 $1/(Y-Y^*)$ 对 Y 作图，调用绘图函数 plot 标绘积分函数曲线；

④ 利用 MATLAB 的计算功能，调用相关定积分函数求该曲线下的面积，即 N_{OG}。

【例 6-15】 用洗油吸收焦炉气中的芳烃。吸收塔内的温度为 27℃，压强为 106.7kPa。焦炉气流量为 850m^3/h，其中所含芳烃的摩尔分数为 0.02，要求芳烃回收率不低于 95%。进入吸收塔顶的洗油中所含芳烃的摩尔分数为 0.005。若溶剂用量为 6.06kmol/h，而且已知汽相总传质单元高度 H_{OG} 为 0.875m，求所需填料层高度。

操作条件下的平衡关系用下式表达

$$Y^*=\frac{0.125X}{1+0.875X}$$

解： 求取填料层高度的关键在于算出汽相总传质单元数 N_{OG}，由题目中给出的平衡关系表达式可知平衡线为曲线，故应采用图解积分法。此处用到的主要函数有：积分函数 quad、绘图函数 plot 和三次样条插值函数 spline。

① 列出所有已知条件：

$V=35.63\text{kmol/h}$，$L=6.06\text{kmol/h}$，$Y_1=0.0204$，$Y_2=0.00102$，$X_2=0.00503$

② 由上述已知条件可以得到操作线关系式 $Y=0.1701X+1.6449\times10^{-4}$，并根据已知的平衡关系式，在 X-Y 直角坐标系中用 plot 函数绘出平衡曲线和操作线，如下图所示。

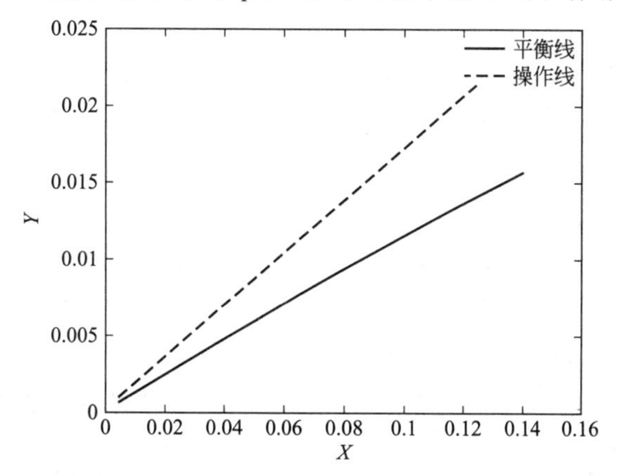

③ 给定一系列 Y 值，由上图中的平衡曲线和操作线读出对应的 X 和 Y^* 值，随之可计算出一系列 $1/(Y-Y^*)$ 值。

④ 以 $1/(Y-Y^*)$ 对 Y 作图，调用绘图函数 plot 标绘积分曲线。

⑤ 根据式(6-93)，调用积分函数 trapz 或 quad 计算 N_{OG}。

trapz 函数采用梯形积分，调用格式为

```
Z=trapz(X,Y)
```

其中，X 为积分变量，Y 为被积分函数值，返回值 Z 为得到的积分值。

quad 函数采用自适应的辛普森法进行积分，调用格式为

```
q=quad(fun,a,b,tol,trace,p1,p2,...)
```

其中，fun 为被积分函数；a 和 b 分别为积分变量的上、下限；tol 和 trace 为算法指定参数；p1、p2 等为需要传递给 fun 的常量。此处的被积分函数 fun 为 $1/(Y-Y^*)$，通过相平衡方程和操作线方程运算得到。

本例分别采用上述两种方法进行积分，以对其进行比较。得到的计算结果如下图所示。

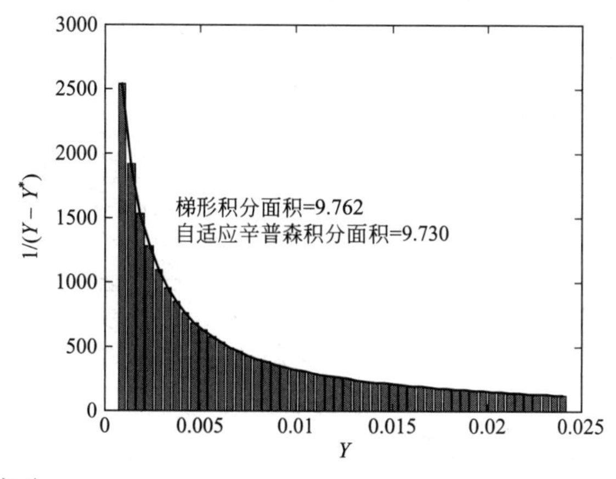

⑥ 所需填料层高度为

$$Z=H_{OG}N_{OG}=0.875\times9.730=8.514(\text{m})$$

2. 梯级图解法

若在过程所涉及的浓度范围内平衡关系为直线或弯曲程度不大的曲线，可采用梯级图解法求解吸收塔的传质单元数。这种梯级图解法是直接根据传质单元数的物理意义引出的一种近似方法，其原理是：如果气体流经一段填料层前后的溶质浓度变化 Y_1-Y_2 恰好等于此段填料层内汽相总推动力的平均值 $(Y-Y^*)_m$，那么这段填料层就可视为一个汽相总传质单元。根据此原理，利用操作线与平衡线之间的水平线段中点轨迹线，即可求得汽相总传质单元数。

该法的基本解题步骤如下。

① 列出所有已知条件。

② 在 X-Y 图上根据相平衡关系或对已知数据点拟合，调用拟合函数 polyfit、取值函数 polyval 和绘图函数 plot 分别做出平衡线和操作线。由图中操作线与平衡线上可读出对应一系列 X 值的 Y 值，使用线性分布向量函数 linspace 在 X_1 和 X_2 间选取一系列 X 值。

③ 采用 fplot 函数绘制操作线与平衡线之间的水平线段中点轨迹线。

④ 从操作线的下端点（或上端点）开始画阶梯，使每一个梯级的水平线都被中点线等分，则最终得到的梯级数即为吸收塔的汽相总传质单元数 N_{OG}。最后一个梯级可能为小数，该数值可按图中比例确定。

⑤ 所需填料层高度为 $Z=H_{OG}N_{OG}$。

【例 6-16】 例 6-15 中条件不变，用梯级图解法求所需填料层高度。

解： 由例 6-15 附图可以看出平衡线的弯曲程度不大，可用梯级图解法求传质单元数。

本题的详细解题步骤如下。

① 列出所有已知条件：

$V=35.63$kmol/h，$L=6.06$kmol/h，$Y_1=0.0204$，$Y_2=0.00102$，$X_2=0.00503$，$X_1=0.1190$

② 在 X-Y 图上根据相平衡关系和操作线方程，调用绘图函数 fplot 分别做出平衡线和操作线。

③ 调用绘图函数 fplot 做出中点轨迹线。将相平衡方程和操作线方程函数值相加除以 2，作为 fplot 函数的第 1 个输入参数 fun 的定义式。

④ 调用绘图函数 line 由下端点开始画阶梯，使每一个梯级的水平线都被中心线等分。此过程中需要根据 Y 求中心线所对应的 X 值，可采用单变量求根函数 fzero 求算。最终得到的梯级数即为吸收塔的汽相总传质单元数 $N_{OG}=9.03$，与采用数值积分方法得到结果相近。

⑤ 所需填料层高度为

$$Z=H_{OG}N_{OG}=0.875\times9.03=7.90$$

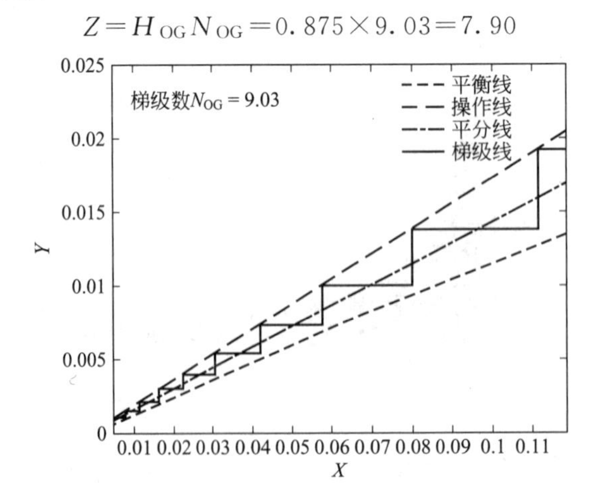

综上所述，传质单元数的不同求法各有其特点及适用场合。对于低浓度气体吸收操作，当平衡线弯曲不甚显著时，可用梯级图解法简捷估算总传质单元数的近似值；当平衡线为曲线时，则宜采用积分图解法。积分图解法是求传质单元数最基本的方法，它不仅适用于低浓度气体吸收的计算，也适用于高浓度气体吸收及非等温吸收等复杂情况下传质单元数的求解。

3. 图解法求最小液气比

在吸收塔计算之初，需要处理的气体流量及气体的初、终浓度已由任务规定，而吸收剂的入塔浓度常由工艺条件决定或由设计者选定，因此 V、Y_1、Y_2 及 X_2 皆已知。但是，吸收剂的用量尚待设计者确定。根据汽液平衡曲线的形状，可通过塔顶组成点（X_2,Y_2）做平衡线的切线，以此确定操作线的最小斜率，亦即最小液气比。之后，再将气体流量代入，求出所需的最小吸收剂用量。

该过程的关键之处在于如何求得该切点。

通过分析可以知道，该点存在的必要条件是：

① 该点处于操作线上；

② 该点处操作线的斜率与该点处平衡线的斜率相等；

③ 该点处于平衡线上。

以上的 3 个条件可通过如下方程组表示

$$\begin{cases} Y=Y_0+K(X-X_0) \\ K=f'(X) \\ Y=f(X) \end{cases} \tag{6-96}$$

其中的第 3 个方程代表平衡关系。

由此可见，求切点的问题实质上是非线性方程组的求解问题，可以通过 MATLAB 中的多变量方程组求解函数 fsolve 解决。但为了简化起见，也可将上述的第 2 个方程和第 3 个方程分别代入第 1 个方程，使变量数减为 1 个，使用单变量求根函数 fzero 求解，以提高计算速度。

针对例 6-15，使用该方法计算得到的最小液气比为 0.1112，最小吸收剂用量为 3.9623。取正常吸收剂用量为最小值的 1.5 倍，从而得到操作线方程。方程绘于下图中，图中标出的 X 值与 Y 值为切点的坐标。

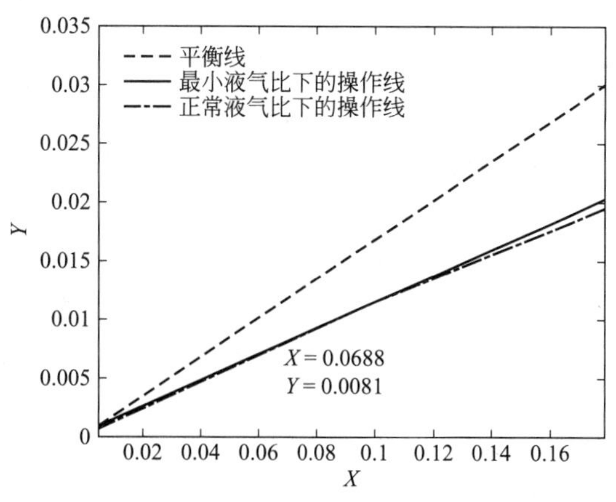

三、简捷法求解二元精馏塔理论板数

图解法适于二元精馏的设计计算，具有简易、直观的优点。对于多组分精馏，图解法不再适用，而需要采用简捷法进行设计。简捷法多采用经验关联图进行设计，具有快速、简便的优点，在基础数据不全、初步选定分离方案、提供严格分离计算初值等情况下得到了广泛的应用。

1. 简捷法原理

生产中，精馏塔是在全回流和最小回流比两个极限间进行操作的，它们对应于最小理论板数 $N_{\min}$ 和最小回流比 $R_{\min}$ 两个参数。在凭经验选取适宜回流比 R 后，简捷法通过吉利兰（Gilliland）图确定理论板数 N。

芬斯克（Fenske）公式［式(6-97)］用于计算 $N_{\min}$（不包括再沸器），其中的下标 l 和 h 分别表示轻、重关键组分。所谓关键组分是指进料中按分离要求选取的两个组分，它们对于分离过程起控制作用，并且在塔顶和塔釜中的浓度或回收率通常是给定的。这两个组分中挥发度较大者称为轻关键组分，挥发度较小者称为重关键组分。式(6-97) 中的相对挥发度 α_{lh} 可取为塔顶、进料和塔釜 3 处相对挥发度的几何平均值，也可仅取为塔顶和塔釜相对挥发度的几何平均值。

$$N_{\min}+1=\frac{\lg\left[\left(\frac{x_{\mathrm{l}}}{x_{\mathrm{h}}}\right)_{\mathrm{D}}\left(\frac{x_{\mathrm{h}}}{x_{\mathrm{l}}}\right)_{\mathrm{W}}\right]}{\lg\alpha_{\mathrm{lh}}} \tag{6-97}$$

此外，如果将上式中的下标 W 替换为 F，α_{lh} 取塔顶和进料的平均值，式(6-97) 也可用于计算精馏段的理论板数，从而确定进料板位置。

恩德伍德（Underwood）公式［式(6-98)］用于计算 $R_{\min}$。计算中，首先试差解出式(6-98a) 的根 θ，然后代入式(6-98b) 求解 $R_{\min}$。如果轻、重关键组分间还存在其他组分，则式(6-98a) 有多个根，通常按照经验只取处于轻、重关键组分相对挥发度之间的那个根，该求解可通过 MATLAB 中的 fzero 函数实现。

$$\sum_{i=1}^{c}\frac{\alpha_i z_i}{\alpha_i-\theta}=1-q \tag{6-98a}$$

$$R_{\min}=\sum_{i=1}^{c}\frac{\alpha_i x_{\mathrm{D}i}}{\alpha_i-\theta}-1 \tag{6-98b}$$

精馏塔是在某一适宜回流比 R 下操作的，一般凭经验取 R 为 $R_{\min}$ 的 1.1～2.0 倍，即

$$R=(1.1\sim2)R_{\min} \tag{6-99}$$

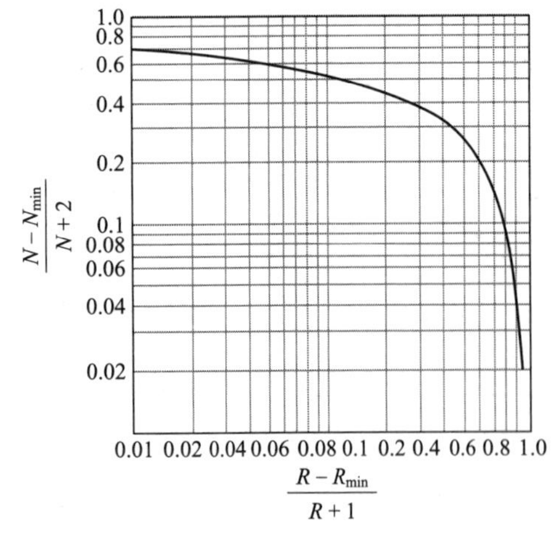

图 6-12　吉利兰图

吉利兰通过对 $R_{\min}$、R、$N_{\min}$ 和 N 之间关系的研究，由实验结果总结出一个经验关联图，即吉利兰图，如图 6-12 所示。这样，在确定了 $R_{\min}$、R 和 $N_{\min}$ 后，即可根据该图确定理论板数 N。需要注意的是，此图为双对数坐标图，其中的 N 和 $N_{\min}$ 均不包括再沸器。

吉利兰图还可拟合成经验关系式用于计算机计算，常见的一种形式为

$$Y=0.545827-0.591422X+0.002743/X \tag{6-100}$$

式中，X 和 Y 分别为图 6-12 中的横坐标和纵坐标。该式的适用条件为 $0.01<X<0.9$。

简捷法求理论板数的具体步骤如下：

① 根据分离要求确定关键组分；

② 根据进料组成和分离要求进行物料衡算，估算各组分在塔顶产品和塔底产品中的组成；

③ 用芬斯克方程［式(6-97)］计算最小理论板数 $N_{\min}$；

④ 利用恩德伍德公式［式(6-98)］确定最小回流比 $R_{\min}$，再由式(6-99) 确定操作回流比 R；

⑤ 利用吉利兰图的经验关联式［式(6-100)］求算理论板数 N；

⑥ 确定进料板位置。

2. 清晰分割法简捷计算

上述步骤中，估算塔顶组成和塔底组成的方法有清晰分割和非清晰分割两种。清晰分割法认为，比轻关键组分还轻的组分全部由塔顶馏出液中采出，比重关键组分还重的组分全部由塔底排出。清晰分割法适用于关键组分间的挥发度相差较大且如果将各组分按照挥发度大小排序两关键组分为相邻组分的情形。清晰分割时，塔顶没有重组分，塔底没有轻组分，只有两个关键组分同时存在于塔顶和塔底。

对于所有比轻组分还轻的组分

$$z_i=\frac{D}{F}x_{\mathrm{D}i} \tag{6-101}$$

对于轻组分

$$z_{\mathrm{l}}=\frac{D}{F}x_{\mathrm{Dl}}+\frac{W}{F}x_{\mathrm{Wl}} \tag{6-102}$$

对于重组分

$$z_{\mathrm{h}}=\frac{D}{F}x_{\mathrm{Dh}}+\frac{W}{F}x_{\mathrm{Wh}} \tag{6-103}$$

对于比重组分还重的组分

$$z_j=\frac{W}{F}x_{\mathrm{W}j} \tag{6-104}$$

将式(6-101)～式(6-103) 中的塔顶物料相加，并将 $\sum x_{\mathrm{D}i}=1$ 和 $W/F=1-D/F$ 代入，得到

$$\frac{D}{F}=\frac{\sum z_i+z_l-x_{\mathrm{Wl}}}{1-x_{\mathrm{Dh}}-x_{\mathrm{Wl}}} \tag{6-105}$$

将 D/F 和 W/F 分别代入式(6-101)～式(6-104)，可得到各组分在塔顶和塔底的浓度。式(6-105) 计算的前提是已知轻组分在塔顶的浓度和重组分在塔底的浓度，如果已知条件改为轻、重关键组分的回收率，则需要适当修改该式后再进行计算。

【例 6-17】 在连续精馏塔中分离多组分混合液（A+B+C+D）。进料为饱和液体，组成为：$z_{\mathrm{A}}=0.25$，$z_{\mathrm{B}}=0.25$，$z_{\mathrm{C}}=0.25$，$z_{\mathrm{D}}=0.25$（摩尔分数，下同）。操作条件下各组分的相对挥发度为：$\alpha_{\mathrm{A}}=5.0$，$\alpha_{\mathrm{B}}=2.5$，$\alpha_{\mathrm{C}}=1.0$，$\alpha_{\mathrm{D}}=0.2$。现要求馏出液中 C 的浓度不大于 0.02、釜液中 B 的浓度不大于 0.02，试用清晰分割简捷法计算该塔理论板数。

解： 根据题意确定 B 为轻关键组分、C 为重关键组分。按照清晰分割原则对各组分进行全塔物料衡算，可以获得它们分别在塔顶和塔底的浓度。如果令 x_{D} 和 x_{W} 分别表示塔顶

和塔底浓度向量，则其中存在很多零元素，所以可用 zeros(1,c)函数将它们初始化为零向量，其中的 c 为组分数。

得到组分分配关系后，采用恩德伍德公式计算最小回流比。此时，需要通过 fzero 函数解方程式(6-98a) 的根 θ，其初值可取为轻、重关键组分挥发度的平均值。由于是饱和液体进料，该公式中的进料热状况 $q=1$。在程序中定义该方程时，不必用 for 循环实现其中的累加过程，只需利用向量运算，并取结果向量元素之和的方式即可获取同样的效果，即

```
f=sum(alpha. * z. /(alpha-cita))-(1-q);
```

其中的 sum 为矩阵元素加和函数。这种方式，代码简单，运算速度也较快，是 MATLAB 推荐的一种编程方式。

得到 $R_{\min}$后，取其 1.5 倍作为操作回流比 R。

采用式(6-100) 计算得到 Y 后，用下式计算 N

$$N=\frac{2Y+N_{\min}}{1-Y}$$

最终，简捷法得到的结果为：

```
简捷法计算完毕...
塔顶组分浓度为：0.500000  0.480000  0.020000  0.000000；
塔底组分浓度为：0.000000  0.020000  0.480000  0.500000；
最小理论板数为 5.936780；
最小回流比为 0.616578，操作回流比为 0.924867；
计算得到的理论板数为 12.925231。
```

3. 非清晰分割法简捷计算

非清晰分割法认为，比轻组分还轻的组分在塔底仍有微量存在，比重组分还重的组分在塔顶也有微量存在。这是一种更具有一般意义的组分分配方式，此时无法仅用物料衡算获得结果，而需假设在一定操作回流比下塔内各组分在塔顶和塔底的分布与全回流操作时的分布基本一致。这样，就可以采用芬斯克公式计算各组分在塔顶、塔底的浓度。

令 $D_i=Dx_{\mathrm{D}i}$，$W_i=Wx_{\mathrm{W}i}$，则针对轻、重关键组分，芬斯克公式［式(6-97)］变为

$$N_{\min}+1=\frac{\lg\left[\left(\frac{D}{W}\right)_{\mathrm{l}}\left(\frac{W}{D}\right)_{\mathrm{h}}\right]}{\lg\alpha_{\mathrm{lh}}} \tag{6-106}$$

针对任意组分 i 和重关键组分，式(6-97) 变为

$$N_{\min}+1=\frac{\lg\left[\left(\frac{D}{W}\right)_{i}\left(\frac{W}{D}\right)_{\mathrm{W}}\right]}{\lg\alpha_{i\mathrm{h}}} \tag{6-107}$$

综合式(6-106) 和式(6-107)，可得到 i 组分在塔顶产品和塔底产品中的分配关系

$$\lg\left(\frac{D}{W}\right)_{i}=\lg\left(\frac{D}{W}\right)_{\mathrm{h}}+\frac{\lg\left(\frac{D}{W}\right)_{\mathrm{l}}-\lg\left(\frac{D}{W}\right)_{\mathrm{h}}}{\lg\alpha_{\mathrm{lh}}-\lg\alpha_{\mathrm{hh}}}(\lg\alpha_{i\mathrm{h}}-\lg\alpha_{\mathrm{hh}}) \tag{6-108}$$

其中，因为 $\alpha_{\mathrm{hh}}=1$，所以 $\lg\alpha_{\mathrm{hh}}=0$。

式(6-108) 说明所有组分分配关系的对数值均位于同一条直线上。由于轻、重关键组分的分配关系通常由已知条件直接推出，任一组分的分配关系可根据其对重关键组分的相对挥发度轻易获得。

上述确定物料分布的方法需要已知关键组分在塔顶和塔底的回收率。若给定的是关键组分的浓度，则不能求得轻、重关键组分在塔顶和塔底的分配比，上述方法就不能直接应用。但如果关键组分为相邻组分，则可先按清晰分割法计算出塔顶和塔底关键组分分配比的初值，再以此分配比进行非清晰分割的试差计算。如果关键组分中间还有其他组分，则需要假设轻、重关键组分的分配比，然后再试差。总之，该试差过程需反复调整关键组分的回收率（或分配比），直至非清晰分割获得需要的关键组分浓度。计算过程如图 6-13 所示。这一过程可理解为方程组的求解，通过调用 fsolve 函数自动实现其中的变量更新过程。

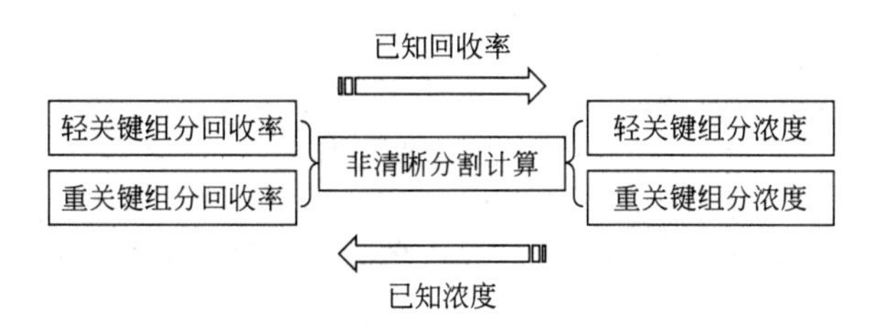

图 6-13 非清晰分割计算

除物料分配关系不同外，非清晰分割简捷法的其他步骤与清晰分割简捷法完全相同，在此不再赘述。

【例 6-18】 设计一个脱乙烷塔，从含有 6 个轻烃的混合物中回收乙烷，进料组成、各组分的相对挥发度和对产物的分离要求见下表，泡点进料。试用非清晰分割简捷法计算所需的理论板数。

编号	进料组分	组成(摩尔分数)/%	α
1	CH_4	5.0	7.356
2	C_2H_6	35.0	2.091
3	C_3H_6	15.0	1.000
4	C_3H_8	20.0	0.901
5	i-C_4H_{10}	10.0	0.507
6	n-C_4H_{10}	15.0	0.408
设计分离要求：			
馏出液中 C_3H_6 浓度	≤2.5%(摩尔分数)		
釜液中 C_2H_6 浓度	≤5.0%(摩尔分数)		

解： 依题意选取组分 2（乙烷）为轻关键组分、组分 3（丙烯）为重关键组分。首先按照清晰分割得到组分分配关系初值，然后采用式(6-108) 进行试差。

令 $f_i=(D/W)_i$，代入物料衡算式中得到

$$D_i=\frac{Fz_i}{1+\dfrac{1}{f_i}}$$

$$W_i=Fz_i-D_i$$

对以上二式归一化，即可得到各组分在馏出液和釜液中的浓度。

比较得到的馏出液中重关键组分浓度和釜液中轻关键组分浓度是否与设计要求相符，然后以此调整轻、重关键组分分配比。重复以上步骤，直至达到设计要求。用 fsolve 函数执行该过程，需将上述两组成计算值与设计值的差定义为函数，将清晰分割结果定义为初值，方程变量为轻、重关键组分的分配比。

浓度差函数除被 fsolve 函数调用外，还要在组分分配计算完成后通过其返回向量的第 2 个元素和第 3 个元素给出塔顶和塔底的浓度，如下所示：

```
function [y,xD,xW]=fun(f,L,h,alpha,z,xDh,xWL)
...
xD=DFi/DF;
...
xW=WFi/WF;
y=[xD(h)-xDh;
   xW(L)-xWL];
```

正常情况下，fsolve 函数仅需要该函数的第 1 个返回值 y。

为获得塔顶和塔底的浓度，可调用 feval 函数，即

```
[y,xD,xW]=feval(@fun,DW,L,h,alpha,z,xDh,xWL);
```

计算结果如下：

```
简捷法计算完毕...
塔顶组分浓度为：0.129687  0.828128  0.024999  0.016951  0.000175  0.000060;
塔底组分浓度为：0.000002  0.050006  0.228430  0.314851  0.162634  0.244078;
最小理论板数为 5.804688;
最小回流比为 1.304713，操作回流比为 1.630892;
计算得到的理论板数为 13.443418。
```

第八节　MATLAB 用于反应动力学数据估计和反应器模拟

化学反应是化工生产的关键，化学反应器的操作与设计是化学反应工程研究的主要内容。化学反应工程研究的核心内容是反应器中化学反应的快慢及其影响因素，从而能够正确选择反应器类型和操作条件。化学反应器主要包括全混流反应器和活塞流反应器两类，其核心是化学反应动力学。本章首先介绍反应动力学参数的获取方法，然后介绍全混流反应器和活塞流反应器的模拟过程。

1. 反应动力学数据估计

正确模拟化学反应器的前提是准确地估计其中的动力学参数，包括反应速率常数和组分的反应级数等。动力学参数是根据实验中获得的某一反应组成随时间变化的曲线推测，涉及的方法有微分法和积分法两种。

(1) 微分法

通常，反应速率可用式(6-109) 表示。实际过程中得到的是浓度 c 随时间变化的离散点，所以需要求出各实验点处的浓度变化导数后，才能利用式(6-109) 估计动力学参数。实践中，经常先对浓度变化曲线进行多项式拟合，再对拟合曲线求导，从而得到各实验点处的数值微分，最后利用最小二乘法将式(6-110) 逼近实验点导数，即可得到动力学参数。

$$\frac{\mathrm{d}c}{\mathrm{d}t}=f(p,T,c) \tag{6-109}$$

$$\min_{k,a}\sum_{i=1}^{n}\left(-\frac{\mathrm{d}c_{\mathrm{c},i}}{\mathrm{d}t}+\frac{\mathrm{d}c_{\mathrm{m},i}}{\mathrm{d}t}\right)^{2} \tag{6-110}$$

式中，下标 c 代表计算值；下标 m 代表实验值。

n 次多项式如下所示

$$f(x)=p_1x^n+p_2x^{n-1}+\cdots+p_nx+p_{n+1} \tag{6-111}$$

在 MATLAB 中，多项式拟合函数为 ployfit，调用格式为

```
p=polyfit(x,y,n)
```

其中，x 和 y 分别代表实验数据的自变量和因变量；n 代表拟合欲采用的多项式次数；返回值 p 代表拟合得到的多项式系数。

拟合后的多项式利用 polyval 函数获取因变量值，其调用格式为

```
y=polyval(p,x)
```

其中，p 为多项式系数；x 为自变量；y 表示以 p 为系数的多项式在自变量为 x 时的函数值。

拟合多项式的导数采用 polyder 函数计算得到，调用格式为

```
k=polyder(p)
```

其中，p 为多项式系数；k 为该多项式导数函数的系数。

非线性最小二乘法用 lsqnonlin 函数实现，调用格式为

```
x=lsqnonlin(fun,x0,lb,ub,options,P1,P2,...)
```

其中，fun 为优化目标函数，该函数返回每一组的实测值与计算值的偏差；lsqnonlin 自动计算这些偏差的平方和；x0 为优化变量初值；lb 和 ub 分别为优化变量的下限和上限；options 为优化算法参数；P1、P2 等为需要向目标函数 fun 传递的其他参数。

【例 6-19】 发生在恒定体积间歇式反应器中的反应为

$$A \longrightarrow B+C$$

通过实验得到了不同时刻的 A 浓度数据：

t/min	0	5	9	15	22	30	40	60
c_A/(mol/L)	2.00	1.60	1.35	1.10	0.87	0.70	0.53	0.35

假定其反应速率可用下式表示

$$-\frac{dc_A}{dt}=kc_A^a$$

试用微分法确定反应速率常数 k 和 A 组分的反应级数 a。

解： 在 MATLAB 中，采用微分法解决该问题的步骤如下：

① 用 plot 函数将离散浓度数据绘制出来；

② 用 polyfit 函数进行多项式拟合，此处将多项式次数设为 3；

③ 用 polyval 函数绘制拟合曲线，将该曲线与实验数据放置在同一图中，以便比较；

④ 用 lsqnonlin 函数进行非线性最小二乘计算，得到动力学参数；

⑤ 以得到的动力学参数估值为基础建立反应模型，用 ode45 函数模拟浓度变化，并将变化曲线同拟合曲线和实验数据绘制在同一图中。

计算结果如下：

```
                                              Norm of        First-order
Iteration     Func-count       f(x)            step          optimality     CG-iterations
    1             4          0.0167334         1                0.43             0
    2             7          0.000289492       0.0382488        0.000593         1
    3            10          0.000131261       0.268627         0.000448         1
    4            13          0.000130729       0.0177092        2.44e-006        1
Optimization terminated successfully:
Relative function value changing by less than OPTIONS. TolFun
动力学参数为：
k=0.034329      a=1.286309
```

利用上面得到的动力学参数模拟A组分浓度随时间变化的曲线如下图所示。该图中还给出了实验值和多项式拟合曲线。可以看出模拟结果与实验值吻合得较好。

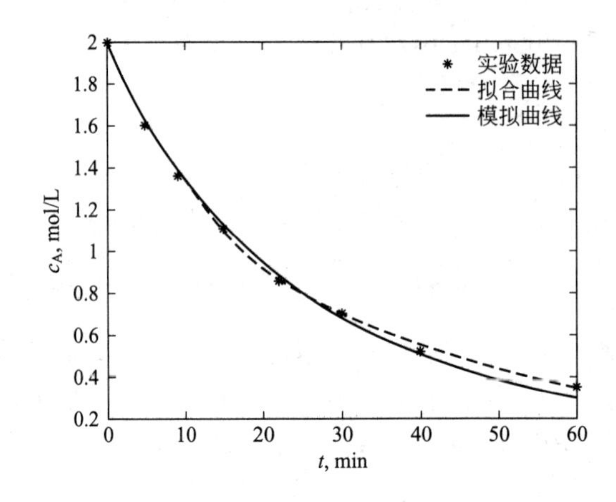

(2) 积分法

该法基于微分反应速率方程，通过数值积分获取反应浓度随时间的变化关系，然后确定反应动力学参数。与微分法一样，积分法也要采用最小二乘法，区别之处仅在于目标函数的构造方式不同。微分法以实验数据变换后得到的浓度变化速率为基础构造目标函数；积分法直接利用实验得到的浓度值为基础构造目标函数，即

$$\min_{k,a}\sum_{i=1}^{n}(c_{c,i}-c_{m,i})^2 \tag{6-112}$$

积分法需要将反应速率方程积分。因为该方程为隐式微分方程，所以采用ode45函数求解。

【例6-20】 试用积分法重新计算例6-19中的反应速率常数 k 和A组分的反应级数 a。

解： 在MATLAB中，采用积分法解决该问题的步骤如下：

① 用plot函数将离散的实验浓度数据绘制出来；

② 以 k 和 a 为模型参数、时间 t 和浓度 c_A 为变量积分反应速率方程；

③ 利用最小二乘法，调整 k 和 a，使式(6-112)中的目标函数最小化，从而得到最优的动力学参数。

计算结果如下：

Iteration	Func-count	f(x)	Norm of step	First-order optimality	CG-iterations
1	4	9.2428	1	486	0
2	7	1.17424	0.0175712	82.1	1
3	10	0.134668	1.55791	12.5	1
4	13	0.0181344	1.3392	3.47	1
5	16	0.000364149	0.296232	0.319	1
6	19	0.000285705	0.0121253	0.00204	1
7	22	0.000285701	0.000103187	4.06e-006	1

```
Optimization terminated successfully:
Relative function value changing by less than OPTIONS.TolFun
动力学参数为：
k=0.032934      a=1.527228
```

利用上面得到的动力学参数模拟 A 组分浓度随时间的变化，如下图所示。

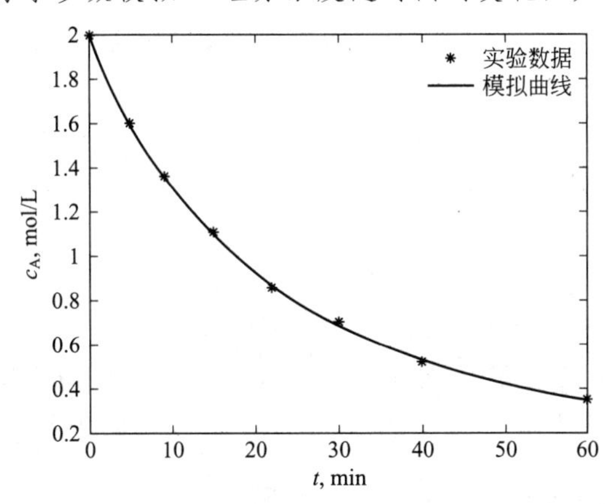

可以看出积分法的计算精度比微分法高。这是由于，与积分法相比微分法采用了多项式回归转换浓度变化速率，从而引入了较多的计算误差。同时，从两种方法的迭代过程也可以看出积分法的迭代次数较多。所以，积分法的高计算精度是通过较多的计算时间获得的。一般情况下，实际反应器动力学参数估值中多采用积分法，但在积分法不能成功收敛的情况下则只能采用微分法。

2. 反应器模拟

反应是在反应器中实现的，化工生产中有多种型式的反应器，这些反应器中流体流动的情况很复杂。但在众多的反应器中可以抽象出两种理想情况：一种是返混达到极大值的全混流反应器；另一种是完全没有返混的活塞流反应器。在这两种理想模型的基础上，经过适当修正，可以得到多种非理想反应器模型。

（1）活塞流反应器的模拟

工业中长径比大于 30 的管式反应器可视为活塞流反应器。物料在反应器中像活塞一样向前流动，无轴向扩散，如图 6-14 所示。

图 6-14　活塞流反应器示意图

在定态条件下，反应器内的各种参数（如温度、浓度、反应速率等）只沿物料流动方向变化，同一截面上的参数相同。因此，可取反应器内某一微元体积 dV 进行物料衡算和热量衡算，从而得到给定转化率下的反应器体积或给定反应器体积情况下的出口转化率。

物料衡算

$$V_0 c_{A0}(1-x_A)=V_0 c_{A0}[1-(x_A+dx_A)]+r_A dV_R$$

将 $dV_R=(\pi d^2/4)dL$ 代入上式，化简后得到

$$\frac{dx_A}{dL}=\frac{\pi d^2}{4V_0 c_{A0}}r_A \tag{6-113}$$

热量衡算

$$-\sum N_i C_{pi}dT=K(T-T_a)dA+\Delta H_R r_A dV_R$$

将 $dA=\pi d dL$ 和 $dV_R=(\pi d^2/4)dL$ 代入上式，得到

$$\frac{dT}{dL}=-\frac{\pi d}{\sum N_i C_{pi}}[K(T-T_a)+\Delta H_R r_A d/4] \tag{6-114}$$

联立求解式(6-113) 和式(6-114) 即可得到浓度和温度随管长的分布曲线，这是该类反应器的操作型计算问题。

式(6-113) 中，由于反应速率 r_A 是浓度 c_A 的函数，需要给出 c_A 与 x_A 的关系式。如果反应过程中无体积变化，则

$$c_A=c_{A0}(1-x_A) \tag{6-115}$$

否则

$$c_A=c_{A0}\frac{1-x_A}{1+\varepsilon_A x_A} \tag{6-116}$$

将式(6-115) 或式(6-116) 代入式(6-113)，即可得到浓度与管长间的微分关系式。该式与式(6-114) 构成微分方程组，变量为浓度 c_A 和温度 T，可利用 ode45 函数求解。

【例 6-21】 邻硝基氯苯连续氨解反应如下

$$\underset{(A)}{O_2NC_6H_4Cl}+\underset{(B)}{2NH_3}\longrightarrow O_2NC_6H_4NH_2+NH_4Cl$$

已知

$$r_A=kc_Ac_B[\mathrm{kmol/(m^3\cdot min)}],\quad \lg k=7.2-\frac{4482}{T},\quad \Delta H_R=-151.19\times10^3\mathrm{kJ/kmol}$$

$c_{A0}=1.2\mathrm{kmol/m^3}$，$V_{A0}=0.08\mathrm{m^3/h}$，$\rho_A=1350\mathrm{kg/m^3}$，$C_{pA}=1.46\mathrm{kJ/(kg\cdot K)}$

$c_{B0}=15.6\mathrm{kmol/m^3}$，$V_{B0}=0.48\mathrm{m^3/h}$，$\rho_B=881\mathrm{kg/m^3}$，$C_{pB}=4.18\mathrm{kJ/(kg\cdot K)}$

采用理想管式活塞流反应器，管道尺寸为 $\phi35\mathrm{mm}\times9\mathrm{mm}$。该反应器的预热段长 20m，进入该段的反应混合物初始温度为 423K，壁温保持在 508K。如果该段管壁的传热系数 $K=6270\mathrm{kJ/(m^2\cdot K\cdot h)}$，试求该段物料温度及反应物 A 的转化率沿管长的变化规律。

解： 由于体积变化对浓度的影响关系较为复杂，加上预热段转化率变化不太大，所以忽略反应过程中的体积变化，浓度与转化率间的关系采用式(6-115)。

本反应的反应速率方程为

$$r_A=kc_A[c_{B0}-2(c_{A0}-c_A)]$$

反应混合物的总体积流量为

$$V_0=V_{A0}++V_{B0}=0.08+0.48=0.56(\mathrm{m^3/h})$$

假设在该换热器的预热段内混合物的总比热流率不变，则

$$\sum N_i C_{pi} = 0.08 \times 1350 \times 1.46 + 0.48 \times 881 \times 4.18 = 1925.32[\mathrm{kJ/(K \cdot h)}]$$

反应混合物的化学膨胀率为

$$\varepsilon_A = \frac{c_{A0}\delta_A}{\sum c_{i0}} = \frac{0.17 \times (-1)}{0.17 + 13.37} = -0.013$$

该式与热量衡算式［式(6-114)］、浓度-转换率关系式［式(6-116)］和反应速率方程构成本题的方程组，采用 ode45 函数求解，待求变量为 c_A 和 T。计算过程中，需要将反应速率方程和浓度-转化率方程作为中间方程，将 x_A 和 r_A 作为中间变量。计算结果如下图所示。

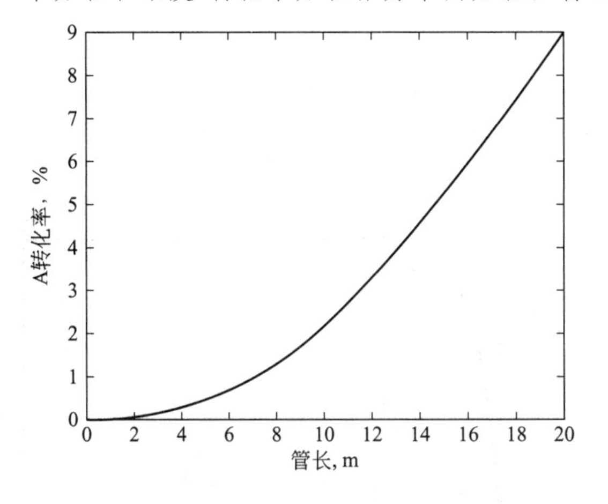

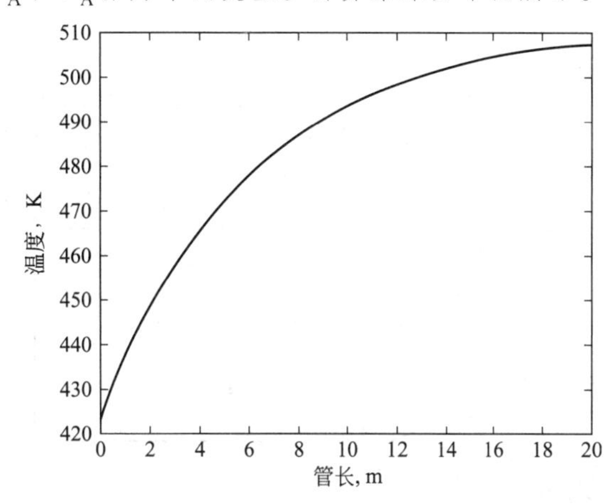

(2) 全混流反应器的动态模拟

全混流反应器是另一类在化工生产中广泛采用的反应器，一般用于大规模连续化生产。在这种反应器中，反应物料连续加入，釜内物料连续排出。原料加入后立即与釜内物料均匀混合，釜内各处的温度、浓度等参数保持均一，并与出口物料的对应参数相同。由于釜内物料容积大，当进料条件发生波动时，釜内反应条件不会发生明显变化，故而操作稳定性好，安全性高。全混流反应器的稳态模拟可参照活塞流反应器进行，此处介绍该类反应器的动态模拟。

与稳态模拟不同，动态模拟给出反应器内部参数随时间的变化，用于研究不同反应条件对产品的影响，在设备稳定性分析、技术培训、控制方案研究、安全评价等方面具有广泛的用途。

假设物料密度恒定且物料充满整个反应器，则全混流反应器的动态物料衡算为

$$V_R \frac{dc_A}{dt} = V_0 c_{A0} - V_0 c_A - r_{Af} V_R$$

整理后得到

$$\frac{dc_A}{dt} = \frac{V_0}{V_R}(c_{A0} - c_A) - r_{Af} \tag{6-117}$$

其中 c_A 与 x_A 间的关系见式(6-115)。

热量衡算为

$$V_R \rho C_{pf} \frac{dT}{dt} = V_0 \rho C_{p0} T_0 - V_0 \rho C_{pf} T - V_R r_A \Delta H_R + KA(T_a - T) \tag{6-118}$$

联立式(6-117)、式(6-118) 和反应速率方程即可构成全混流反应器的动态模型，变量为 c_A、T 和 r_{Af}，其中的 r_{Af} 为中间变量。该方程组仍然采用 ode45 函数求解，与活塞流反应器不同的是此处的积分变量为时间 t。

【例 6-22】 现将例 6-21 中的反应放置在一全混流反应器中进行，进料条件与例 6-21 相同。该反应器体积为 0.2m^3，进料温度为 423K，釜内初始温度为 298K，釜内初始没有反应物 A 和 B，管壁传热系数为 6270kJ/(m^2 · K · h)，传热面积为 1m^2，壁温保持在 508K。现该反应器运行了 2h，试确定该过程中的釜内温度和组成变化。

解： 进料混合物的密度为

$$\rho=\frac{V_{A0}\rho_A+V_{B0}\rho_B}{V_{A0}+V_{B0}}=\frac{0.08\times1350+0.48\times881}{0.08+0.48}=948(\text{kg/m}^3)$$

进料混合物的比热容为

$$C_{p0}=\frac{V_{A0}\rho_A C_{pA}+V_{B0}\rho_B C_{pB}}{V_{A0}\rho_A+V_{B0}\rho_B}=\frac{0.08\times1350\times1.46+0.48\times881\times4.18}{0.08\times1350+0.48\times881}=3.63[\text{kJ/(kg · K)}]$$

计算结果如下两图所示。

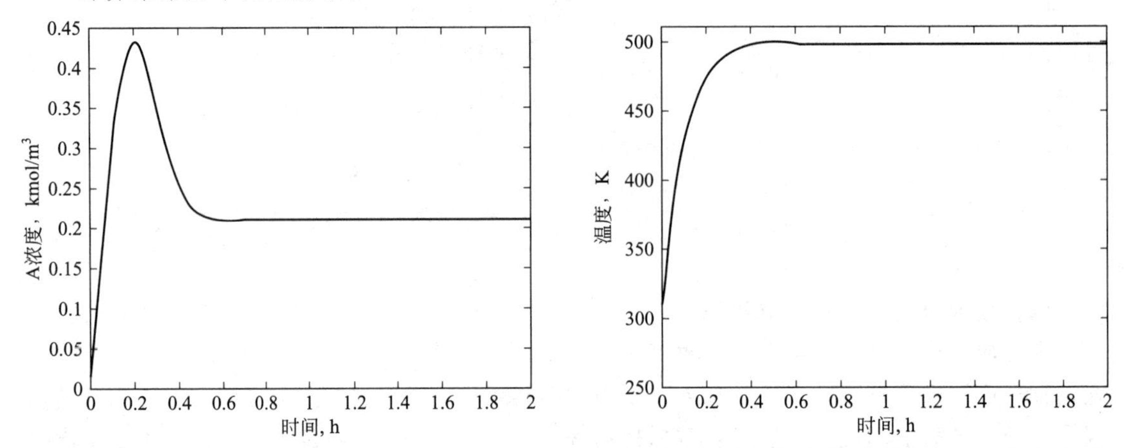

可以看出，A 浓度出现了一个峰值后逐渐趋于恒定。峰值前的上升是由 A 组分的大量进入引起的，峰值后的下降是由于反应对 A 组分的消耗引起的。

(3) 全混流反应器的热稳定性分析

对于化工生产中的放热反应过程，通常利用反应热加热原料，以达到反应所需要的温度。这些过程中可能出现催化剂活性衰退现象，致使反应转化率降低；或原料气中惰性气体分率增加，使单位反应混合物的反应热效应减少；或空速增加，需要预热的原料气增加。此时，反应器能否仍然达到自热要求，就需要考虑反应器的热稳定性问题。

反应器的热稳定性从反应器的放热和移热的合理匹配分析。

反应器中的反应放热速率为

$$Q_R=V_R r_{Af}(-\Delta H_R) \tag{6-119}$$

式中，反应速率 r_{Af} 的浓度项由反应组分 A 的定态物料衡算式［式(6-120)］得到。将其与式(6-120) 结合，就可得到放热速率 Q_R 与反应温度 T 之间的关系式［式(6-121)］，这是一个关于反应物料流量 V_0 和组成 c_{A0} 的函数关系。

$$V_0 c_{A0}=V_0 c_{Af}+V_R r_{Af} \tag{6-120}$$

$$Q_R=f(T,V_0,c_{A0}) \tag{6-121}$$

对反应器做定态热量衡算，并假定物料密度和比热容恒定，可得到反应器的移热速率

$$Q_C=V_0\rho C_{p0}(T-T_0)+KA(T-T_a)$$

整理后得到移热速率与温度的关系式［式(6-122)］。显然，这是一直线关系，与进料流量

V_0、进料组成 c_{A0}、进料温度 T_0、冷却介质温度 T_a、换热面积 A 和换热系数 K 有关。

$$Q_C=(V_0\rho C_{p0}+KA)T-(V_0\rho C_{p0}T_0+KAT_a) \tag{6-122}$$

在式(6-121) 表示的 Q_R 曲线和式(6-122) 表示的 Q_C 直线的交点处，$Q_R=Q_C$，反应器达到热平衡，其交点就是反应器的操作状态点。根据不同的操作参数，反应器可能有 1～3 个操作点，称为反应器的多态，需要分析其对应的不同热稳定状态。

【例 6-23】 某一级不可逆液相放热反应在绝热全混流反应器中进行，反应混合物的进料体积流量 $V_0=6\times10^{-5}\text{m}^3/\text{s}$，进料温度 $T_0=25℃$，其中反应物 A 的浓度 $c_{A0}=3\text{kmol/m}^3$，进料及反应器中反应混合物密度 $\rho=1000\text{kg/m}^3$，比热容 $C_p=4\text{kJ/(kg·K)}$ 在反应过程中保持不变。反应器容积 $V_R=0.018\text{m}^3$，反应热 $\Delta H_R=-2.0\times10^5\text{kJ/kmol}$，反应速率 $r_A=4.48\times10^6\exp(-7549/T)c_A\text{kmol/(m}^3\cdot\text{s)}$。试分析该反应器的热稳定性。

解： 将已知条件代入式(6-120)，得到

$$c_A=\frac{1.8\times10^{-4}}{6\times10^{-5}+8.06\times10^4\text{e}^{-\frac{7549}{T}}}$$

代入 (6-119)，得到放热速率方程

$$Q_R=\frac{2.9\times10^6}{6\times10^{-5}\text{e}^{\frac{7549}{T}}+8.06\times10^4}$$

将已知条件代入式(6-122)，并注意该绝热反应器不存在与冷却介质的换热，则得到移热速率方程

$$Q_R=0.24T-71.52$$

利用 MATLAB 中的 fplot 函数，在同一图中绘制上述两方程，得到的结果如下。

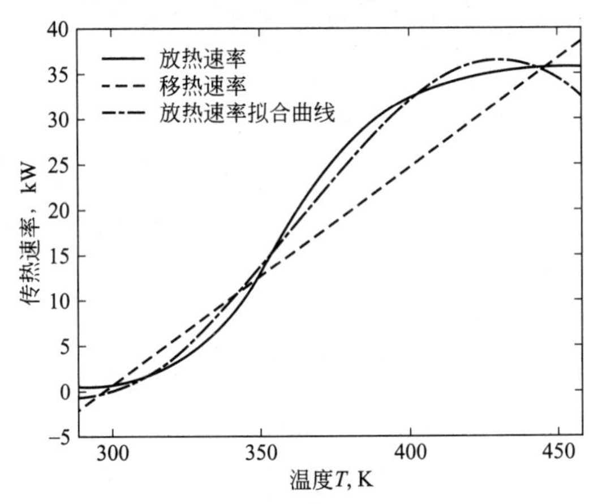

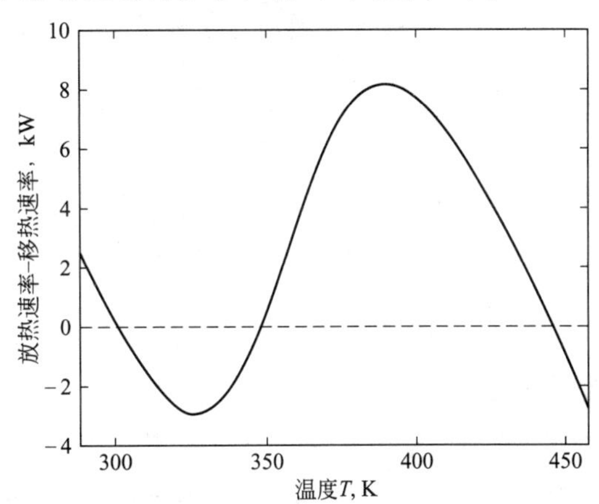

由上左图中可以看出反应器存在 3 个状态点，它们可以通过非线性方程组求根得到。但由于现有的方程组求根算法仅能给出 1 个有效解，还不能同时给出多个解，所以反应器的 3 个状态点需要提供 3 个不同初值或范围进行求解。将放热速率与移热速率相减，可得到反应器的单变量速率匹配图，表示在上右图中。可以看出，反应器的 3 个状态点被匹配曲线的 2 个极值分割开，所以可以利用这 2 个极值确定 3 个状态点的区间。由于放热曲线为 S 形，与三次多项式形状比较接近，故可以对该曲线进行三次多项式回归，利用得到的多项式确定反应器状态就比较容易。放热曲线的拟合结果见上左图。

假设得到的三次拟合多项式可用下式表示

$$Q_R=ax^3+bx^2+cx+d$$

而移热直线可表示为

$$Q_C = px + q$$

则匹配方程可用二者的差表示为

$$Q = ax^3 + bx^2 + (c-p)x + (d-q)$$

上式求导后，可得到两个极值点为

$$T_{hor} = \frac{-2b \pm \sqrt{4b^2 - 12a(c-p)}}{6a}$$

采用上式得到的 3 个状态点的求解区间为

[288.0，316.9][316.9，405.4][405.4，458.0]

在这些区间内采用 fzero 函数可求得 3 个状态点为

$$T_1 = 300.4\text{K}, \quad T_2 = 347.4\text{K}, \quad T_3 = 445.4\text{K}$$

本章小结

☆ 试差法本质上属于方程组求解，对应数值计算中的直接迭代法。迭代初值对试差法计算量具有一定的影响，但对计算结果的精度影响不大，所以需要针对具体问题提出特定的初值估计方法。

☆ 优化问题的三要素是优化目标、优化变量和约束。在处理化工过程的计算问题时，要根据计算方程及算法的具体情况决定优化问题解决方式。

☆ 反应动力学标定时，积分法的计算精度比微分法高，但积分法的迭代次数较多。一般情况下，实际反应器动力学参数估值中多采用积分法，但在积分法不能成功收敛的情况下则只能采用微分法。

第三部分

数值模拟软件

第七章

Fluent 软件

★ **学习目的**

学习计算流体力学的基本原理和数学模型基本结构。

★ **重点掌握内容**

利用 Fluent 软件绘制设备的二维和三维结构，指定算法参数，图形化计算结果，并用于设备过程的强化研究。

第一节 Fluent 软件介绍

传统的换热计算是基于设备规模进行的，所得结果实质上是宏观的平均值。它对于抓住换热过程的主要问题是有益的，但无法从中了解设备内部各位置处的温度、浓度、压力、速度等物理量的分布情况，而这又是换热器设计中所需要的。这些分布可通过计算流体力学（computational fluid dynamics，CFD）获得。下面首先介绍 CFD 的发展和构成情况，然后说明利用 CFD 模拟流动边界层和列管式换热器的步骤和结果。

1. CFD 简介

CFD 是 20 世纪 60 年代伴随计算机技术迅速崛起的流体力学的一个分支。它综合数学、计算机科学、工程学和物理学等多种技术构成流体流动的模型，再通过计算机模拟获得某种流体在特定条件下的有关信息。CFD 最先用离散方程解决空气动力学中的流体力学问题，用有限差分方程形式的纳维-斯托克斯（Navier-Stokes）方程模拟雷诺数（*Re*）为 10 的绕过圆柱的流体流动。从此，CFD 就成为研究各种流体现象，设计、操作和研究各种流动系统和流动过程的有力工具。过去 CFD 只是研究和发展部门专家使用的工具，现在 CFD 技术已经广泛应用于工业生产和设计部门。CFD 计算相对于实验研究，具有成本低、速度快、资料完备、可以模拟真实及理想条件等优点。近年来，作为研究流体流动的新方法，CFD 在化工领域得到了越来越广泛的应用，涉及流化床、搅拌、转盘萃取塔、填料塔、燃料喷嘴气体动力学、化学反应工程、干燥等多个方面。

然而，CFD 技术艰深的理论背景和流体力学问题的复杂多变性阻碍了它向工业界推广。一般工程技术人员很难较深入地了解这门学科，由专家编制的程序用起来也不容易，因为总有不少条件、参数要根据具体问题以及运算过程随时做出修改调整，若不熟悉方法和程序，往往会束手无策。此外，前后处理也显得十分棘手。所以，CFD 研究成果与实际应用的结合成为极大难题，这一切曾使人们对 CFD 的工程应用前景产生疑虑。在此情况下，通用软件包应运而生。常见的 CFD 软件有 Fluent、PHOENICS、CFX、STAR-CD、FIDAP 等。

除了通用的CFD软件外，还有一些专门的CFD软件，例如Fluent公司开发的专门针对搅拌槽进行模拟的软件MixSim。CFD软件一般包括3个主要部分：前处理器、解算器和后处理器。CFD通用软件包的出现与商业化对CFD技术在工程应用中的推广起了巨大的促进作用。现在，CFD技术的应用已从传统的流体力学和流体工程的范畴，如航空、航天、船舶、动力、水利等，扩展到化工、核能、冶金、建筑、环境等许多相关领域中。

各种CFD通用软件的数学模型都是以动量、能量、质量守恒方程为基础，以纳维-斯托克斯方程组和各种湍流模型为主体，再加上多相流模型、燃烧与化学反应流模型、自由面模型以及非牛顿流体模型等构成。大多数附加的模型是在主体方程基础组上补充一些附加源项、附加输运方程及关系式。CFD数值求解方法主要分为有限差分法、有限单元法、边界元法和有限分析法，其中以有限差分法和有限单元法为主。有限差分法从微分方程出发，将计算区域经过离散处理后近似地用差分、差商代替微分、微商，这样微分方程和边界条件的求解就可以归纳为一个线性代数方程组的数值求解；有限单元法汲取了有限差分法中离散处理的内核，同时继承了变分计算中选择试探函数并对求解区域积分的合理方法，在有限单元法中试探函数的定义和积分范围不是整个区域，而是区域中按实际需要划分的单元。这两种方法，对于边界形状较规则的研究区域，如矩形区域，模拟效果相同；对于边界形状较复杂的区域，有限单元法模拟效果更好。目前，大多数商用CFD软件采用的是有限单元法。此外，CFD软件都配有网格生成（前处理）与流动显示（后处理）模块。网格生成质量对计算精度与稳定性有很大的影响，因此网格生成能力的强弱是衡量CFD软件性能的一个重要指标。网格分为结构性网格和非结构性网格两大类，前者应用较为广泛。对于较复杂的求解域，构造结构性网格时要根据其拓扑性质分成若干子域，各子域间采用分区对接或分区重叠技术实现。非结构性网格不受求解域的拓扑结构和边界形状限制，构造起来更为方便，便于生成自适应网格，也能根据流场特征自动调整网格密度，这对提高局部区域的计算精度十分有利。但是，非结构性网格所需内存量和计算工作量都比结构性网格大很多。因此，两者结合的复合型网格是网格生成技术的发展方向。CFD软件的流动显示模块都具有三维显示功能来展现各种流动特性，有的还能以动画功能演示非定态过程。

2. Fluent软件介绍

在全球众多的CFD软件开发、研究厂商中，Fluent软件独占40%以上的市场份额，具有绝对的市场优势。Fluent将不同领域的计算软件组合起来，成为CFD计算机软件群，软件之间可以方便地进行数值交换，并采用统一的前、后处理工具，省却了科研工作者在计算方法、编程、前后处理等方面投入的重复、低效的劳动，而可以将主要精力和智慧用于物理问题本身的探索上。Fluent是用C语言编写的，因此具有很大的灵活性，具有动态内存分配、高效数据结构、灵活的解控制等功能。除此之外，为了高效地执行、交互地控制以及灵活地适应各种机器与操作系统，Fluent还使用Client/Server结构，允许同时在用户桌面工作站和强有力的服务器上分别运行程序。在Fluent中，解的计算与显示可以通过交互界面、菜单界面完成。用户界面是通过Scheme语言及LISP dialect编写的，高级用户可以通过写菜单宏或菜单函数自定义和优化界面。

Fluent程序软件包由以下几部分组成：

① GAMBIT——用于建立几何结构和生成网格；

② Fluent——用于流动模拟计算；

③ prePDF——用于模拟PDF燃烧过程；

④ TGrid——用于从现有的边界网格生成体网格；

⑤ Filters（Translators）——转换其他程序生成的网格。

Fluent 软件结构如图 7-1 所示。

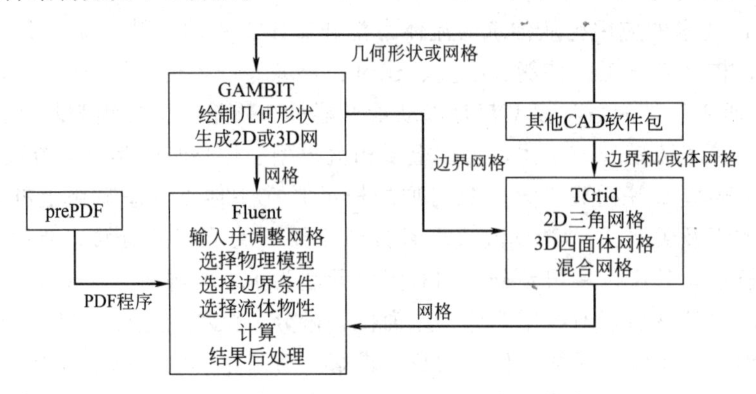

图 7-1　Fluent 软件结构

在图 7-1 中，使用最多的是 GAMBIT 和 Fluent 部分。在 Fluent 中，采用 GAMBIT 专用前处理软件，使网格可以有多种形状。对二维流动，可以生成三角形和矩形网格；对于三维流动，可生成四面体、六面体、三角柱或金字塔网格；结合具体计算，还可生成混合网格，其自适应功能能对网格进行细分或粗化，或生成不连续网格、可变网格和滑动网格。Fluent 本身作为一种计算流体力学软件，可用于可压缩流体和不可压缩流体的计算，内置有层流模型、湍流模型、多相流模型、燃烧模型以及化学反应和污染等模型。此外，Fluent 还可以对模型的网格进行优化，能够检测模拟过程。值得一提的是，Fluent 具有强大的后处理能力，能够对模拟结果进行分析和数据处理，应用起来十分方便。

在决定采用 Fluent 解决某一问题时，首先要考虑如下几点问题：

① 定义模型目标——从 CFD 模型中需要得到什么样的结果？从模型中需要得到什么样的精度？

② 选择计算模型——如何隔离所需模拟的物理系统？计算区域的起点和终点是什么？在模型的边界处使用什么样的边界条件？二维问题还是三维问题？什么样的网格拓扑结构适合解决问题？

③ 物理模型的选取——无黏性、层流还是湍流？定态还是非定态？可压缩流体还是不可压缩流体？是否需要应用其他物理模型？

④ 确定解的程序——问题可否简化？是否使用缺省的解格式和参数值？采用哪种解格式可以加速收敛？使用多重网格时计算机的内存是否够用？得到收敛解需要多久的时间？

然后，再按照以下步骤，利用 Fluent 软件进行求解：

① 用 GAMBIT 或从其他 CAD 软件导入的方式，确定几何形状，生成计算网格；

② 将网格文件输入 Fluent，并检查网格；

③ 选择算法器；

④ 选取求解所需的模型（层流或湍流、化学反应、传热模型等）；

⑤ 确定流体物性；

⑥ 确定边界类型和边界条件（速度入口、压力入口、质量入口、固壁边界等）；

⑦ 输入计算控制参数；

⑧ 初始化流场；

⑨ 计算；

⑩ 保存结果，进行后处理。

第二节　Fluent 用于换热器的流体力学计算

一、流体流动边界层的模拟

化工生产中的传热、传质等过程都是在流体流动的情况下进行，设备的操作效率与流体流动状况有密切关系。因此，研究流体流动对寻找设备的强化途径具有重要意义。边界层的存在是产生流动阻力的重要原因，了解边界层的形成规律是计算流动阻力的重要前提。下面以图 7-2 所示管路为例，说明利用 Fluent 模拟边界层形成过程的步骤。在该管路中，流体自左至右流动，在管路的下壁面存在一半圆柱表面。由于管道壁面具有一定的粗糙度，在内壁面附近形成边界层，在特殊形状的半圆柱表面上产生边界层分离现象。管路中的流体为空气，入口气速为 10m/s。

扫码观看
流体流动边界层的模拟

1. 启动 GAMBIT，绘制图 7-2

GAMBIT 界面如图 7-3 所示，由顶端的菜单、左上部的绘图工作区和右侧的命令区构成。其操作与 AutoCAD 较为相似，所以化工专业的用户可以较为快速地掌握。

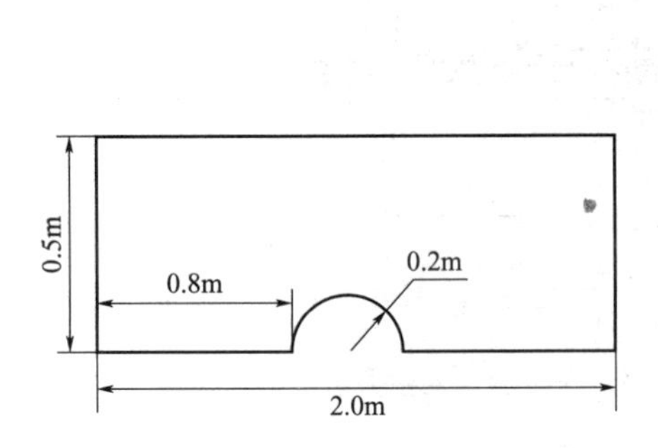

图 7-2　流动边界层示例管路

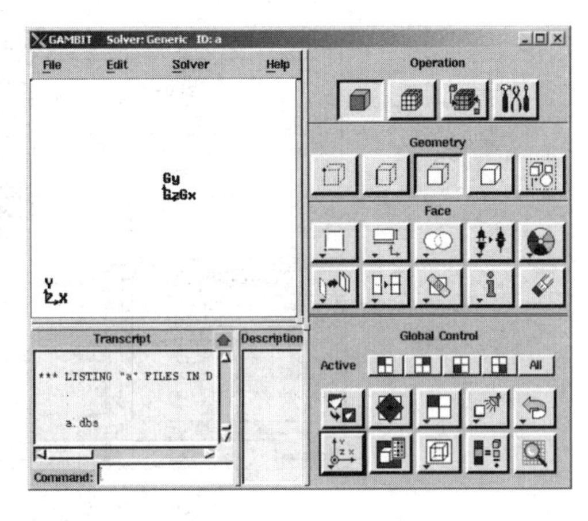

图 7-3　GAMBIT 界面

(1) 绘制长 2m、宽 0.5m 的矩形

点击界面右侧 Geometry 中的面按钮（Face），选择其下出现的创建面按钮（Create Face）。在弹出的“Create Real Rectangular Face”对话框中输入 0.5（Height）和 2（Width），在面名称（Label）中输入 Rectangle。如图 7-4 所示。

(2) 绘制直径为 0.2m 的圆

点击界面右侧 Geometry 中的面（Face）按钮，用右键选择其下出现的创建面按钮（Create Face），在弹出列表中选择圆命令（Circle）。在弹出的“Create Real Circular Face”对话框中输入半径（Radius）0.2，指定该圆面名称（Label）为 cricle。如图 7-5 所示。

点击面按钮中的移动面按钮（Move/Copy/Align Face），摁住键盘上的 Shift 键，用鼠标选中刚绘制出来的名为 circle 的圆，则该圆变为红色。在移动坐标中输入横轴量为 0、纵

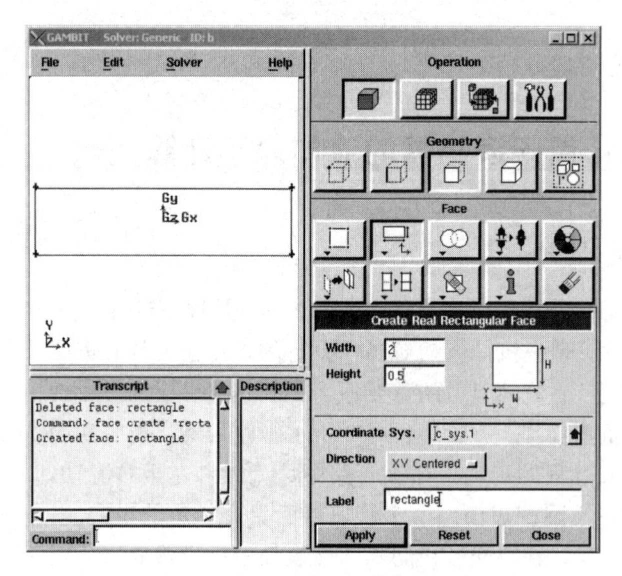

图 7-4　在 GAMBIT 中绘制矩形

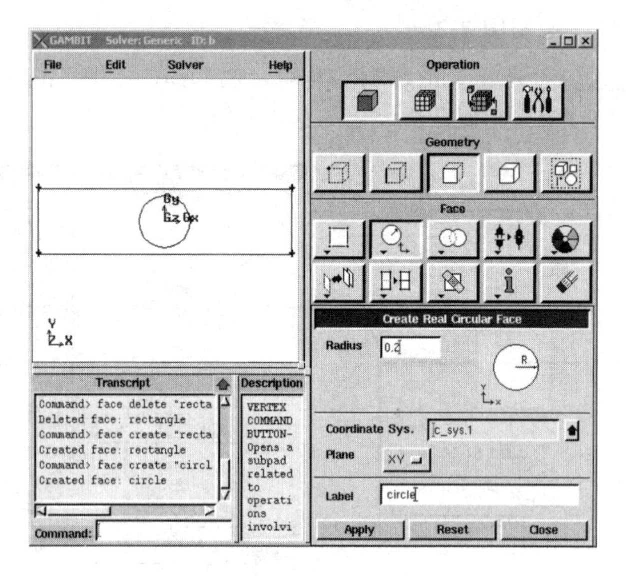

图 7-5　在 GAMBIT 中绘制圆

轴移动量为−0.25，点击 Apply 按钮。此时，circle 圆向下移动了 0.25 的距离，处于矩形的下边上。如图 7-6 所示。

(3) 合并矩形和圆

用鼠标右键点击面操作区的布尔操作按钮（Boolean Operations），在弹出列表中选择减操作（Subtract）。在出现的“Subtract Real Faces”对话框中，第 1 个面（Face）选择 rectangle，第 2 个面（Face）选择 circle，最后点击 Apply 按钮，则圆面被从矩形中去除。此时，circle 面将不再存在，取而代之的是以 rectangle 命名的新组合面。如图 7-7 所示。

(4) 绘制网格

Fluent 通过对指定的网格进行计算得到流场分布，所以在上面绘制完组合面后，下面还需要在其中绘制网格。点击界面右侧第 1 排第 2 个黄色的网格命令按钮（Mesh Command Button），选择其下出现的创建面网格按钮（Mesh Faces Creates）。在弹出的面网格（Mesh

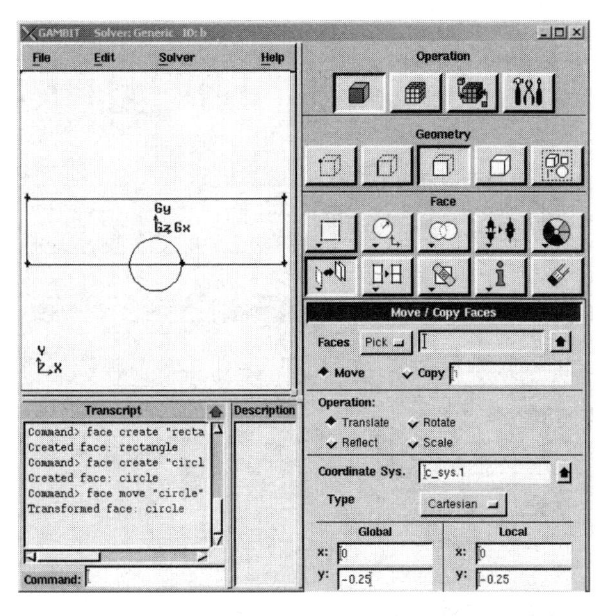

图 7-6　在 GAMBIT 中移动圆

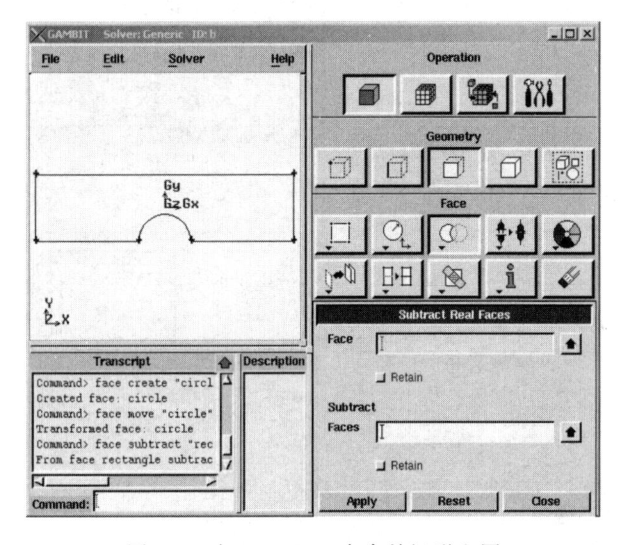

图 7-7　在 GAMBIT 中合并矩形和圆

Faces）对话框中，选择 rectangle 面，指定网格间距为 0.05，点击 Apply 按钮，则系统自动绘制网格。如图 7-8 所示。

（5）指定边界

边界代表 Fluent 计算所需的已知操作条件，可通过界面右侧第 1 排第 3 个蓝色的区域命令按钮（Zones Command Button）指定。在指定前，应首先选择菜单 Solver→FLUENT 5/6 声明该边界所针对的算法器类型。然后点击出现的指定边界按钮（Specify Boundary）。在弹出的“Specify Boundary Types”对话框中，指定进口截面为速度已知类型（VELOCITY _ INLET），名称为 inlet；指定出口界面为物流流出类型（OUTFLOW），名称为 outlet。如图 7-9 所示。

（6）输出网格文件

至此，Fluent 的前处理工作已经全部完成。选择菜单 File→Export→Mesh，输入文件

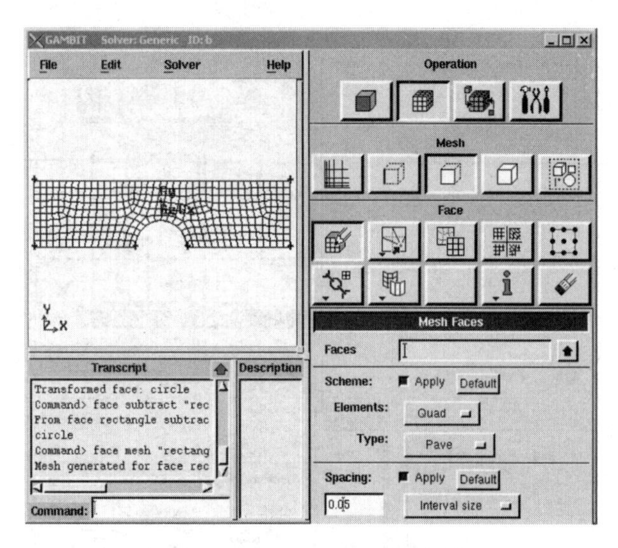

图 7-8　在 GAMBIT 中绘制网格

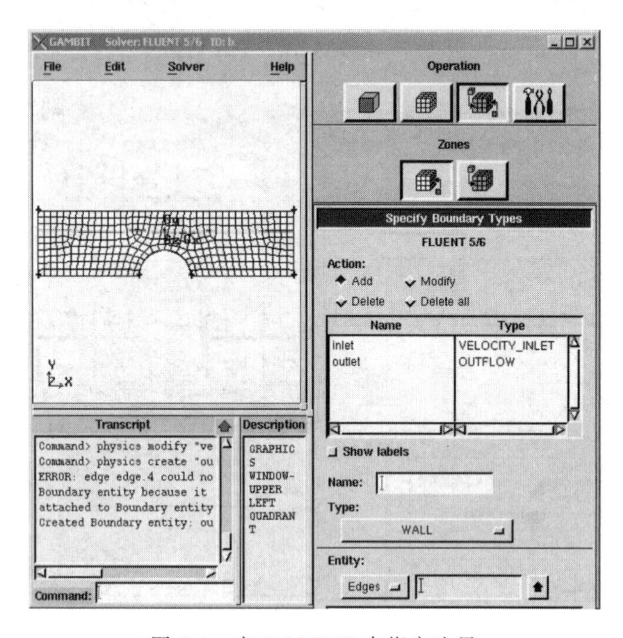

图 7-9　在 GAMBIT 中指定边界

名称，输出网格文件。

2. 启动 Fluent，对图 7-2 所示系统进行模拟

在 Fluent 启动时指定版本（Version）为二维单精度（2d），启动后用户只需操作其中的菜单，界面中间的文本区提供相应的提示信息。常用的菜单项有：File 菜单，用于读入网格文件或以前的计算工程，并保存本次计算结果；Grid 菜单，用于操作网格；Define 菜单，用于定义已知条件，包括模型、物流、操作条件等；Solve 菜单，用于执行模拟；Display 菜单，用于显示计算结果。

(1) 读入 GAMBIT 输出的网格文件，并定义入口气速

读入操作通过菜单 File→Read→Case 完成。读入后需指定已知条件，由于本例较为简单，仅需指定入口气速，其他条件均取 Fluent 默认值。点击菜单 Define→Boundary Conditions，在弹出的对话框中选择 inlet，点击 Set... 按钮，则出现如图 7-10 所示的对话框。在 Velocity Magnitude（m/s）中输入 10，表示入口气速等于 10m/s。

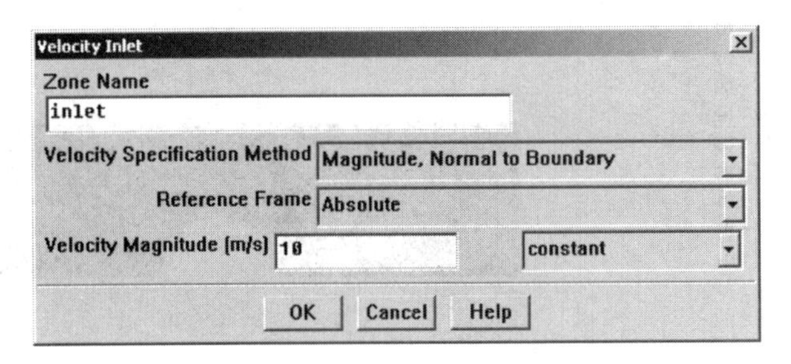

图 7-10　在 Fluent 中指定入口气速

（2）开始计算

点击菜单 Solve→Initialize→Initialize...，初始化流场。然后点击菜单 Solve→Monitors→Residual...，选中弹出对话框中选项（Options）里的绘制项（Plot），意为要求 Fluent 显示迭代过程中的收敛情况。最后点击菜单 Solve→Iterate... 进行迭代，为保证收敛，在弹出对话框中的最大迭代次数（Number of Iterations）中输入 1000。计算过程中出现图 7-11，它表示随迭代次数的增加残差的变化情况。

扫码观看
彩色图 7-11～图 7-14

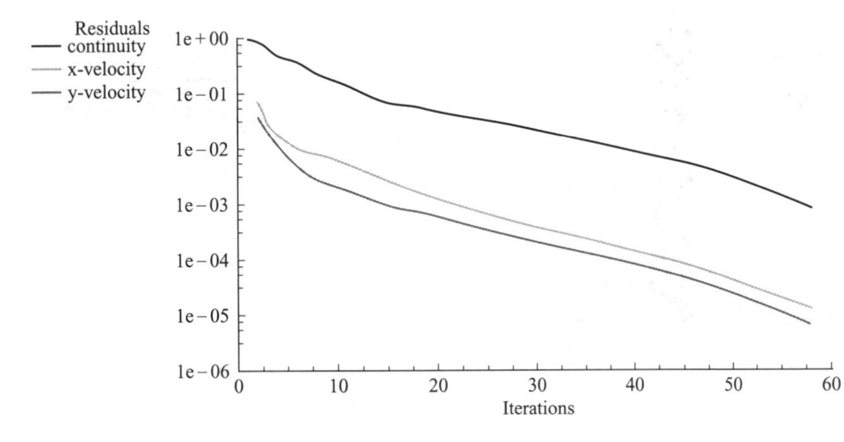

图 7-11　Fluent 计算过程指示图

（3）显示结果

点击菜单 Display→Contours...，在弹出对话框的 Contours of 中选择 Pressure...，则系统绘制出管路中的压力等高线，如图 7-12 所示。点击菜单 Display→Vectors...，在弹出对话框的 Vectors of 中选择 Velocity，则系统绘制出管路的速度矢量图，如图 7-13 所示。从这两图可以看出，在流体刚接触到半圆面时速度最低。随着流体流过半圆面，速度先增后减，并在半圆面后半部分出现倒流，这就是边界层分离。压力的变化与流速正相反，这是由机械能守恒决定的。此外，如果绘制出管路中的速度等高线（图 7-14），还可以看出在管壁上存在一速度很低的区域，这就是层流边界层。

从该实例可以看出，Fluent 的模拟结果可以更加详细地展示流体内部的压力、速度分布，这是仅从设备级的宏观计算得不到的。所以，在化工专业中推广计算流体力学及软件的应用，不仅可以加深对设备计算原理的理解，还有助于细化设计内容，这对工程设计是十分有益的。

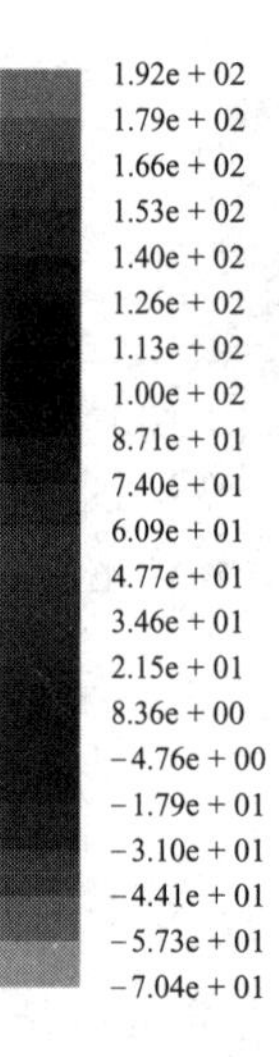

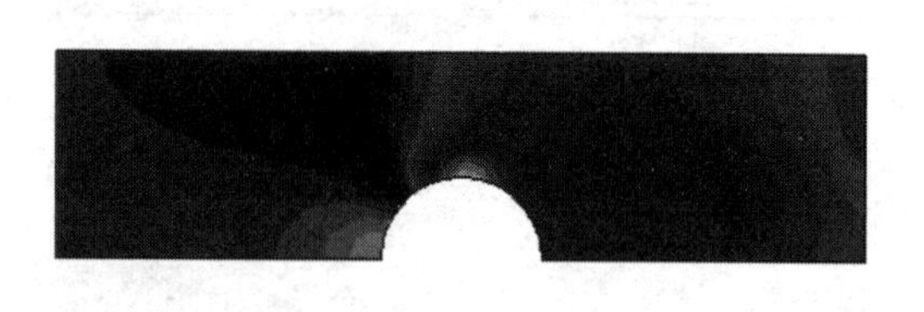

图 7-12　边界层实例的压力等高线图

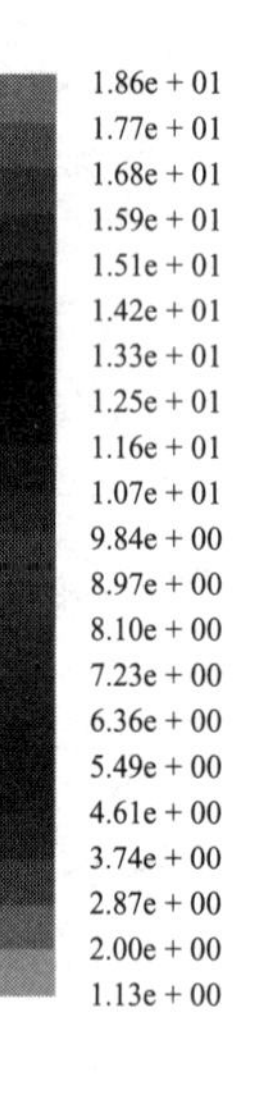

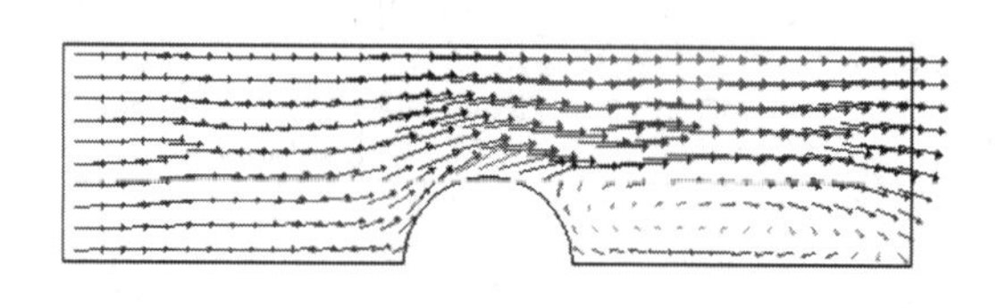

图 7-13　边界层实例的速度矢量图

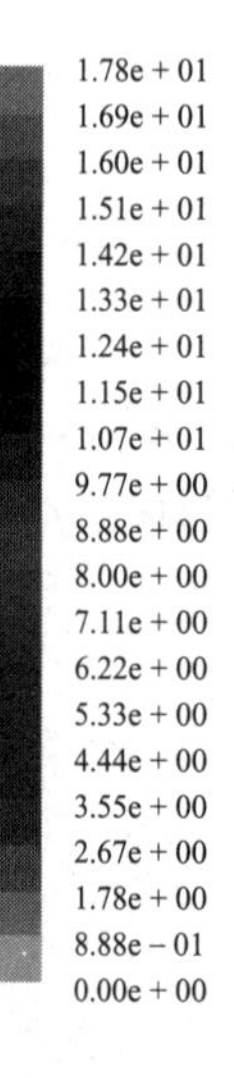

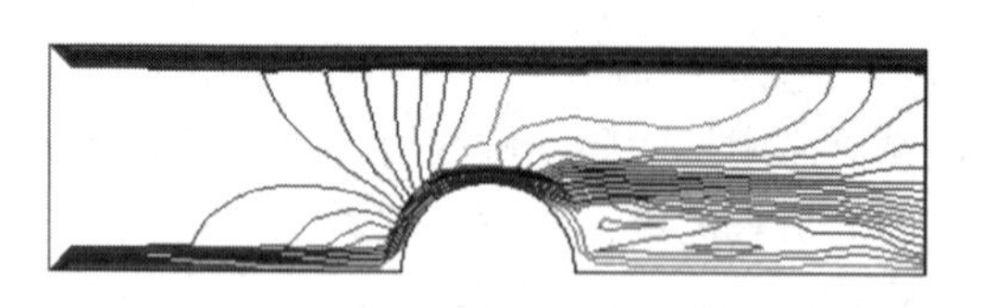

图 7-14　边界层实例的速度等高线图

二、单管程列管式换热器的模拟

换热器是化学工业及其他过程工业的通用设备，其设备投资在整个设备总投资中占30%～40%。换热器类型多种多样，但以列管式换热器应用最广。此类换热器通过管壁进行传热，结构简单，换热负荷大。其壳程空间较大，设置有折流板，所以其中的流体流动情况较为复杂，并直接影响传热效果。下面以图7-15所示的简单列管换热器为例，说明利用Fluent软件模拟换热器壳程换热的步骤。该换热器单管程，5根列管，2个折流板，图7-15中给出了设备内的具体尺寸。该换热器壳程中的流体为空气，入口气速为20m/s，温度为300K，列管壁温为400K。

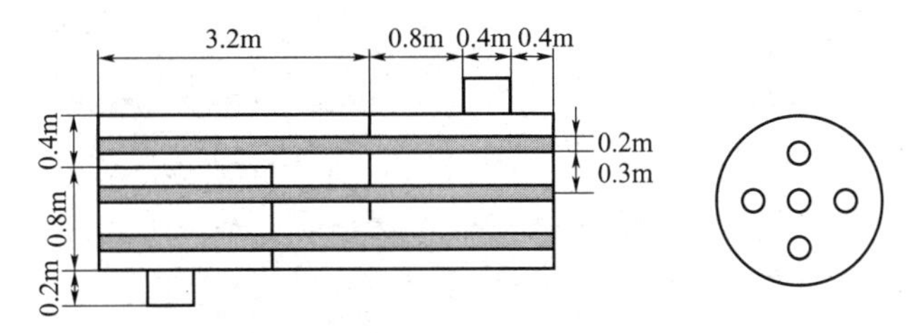

图7-15 列管式换热器示例图

1. 启动GAMBIT，绘制图7-15

与图7-2不同，图7-15为三维图，用GAMBIT绘制时需要使用体结构（Volume）。

① 绘制半径为0.6m、高度为4.0m的壳程圆柱体。

点击界面右侧第2排第4个按钮，在其下面出现的按钮中，用右键单击创建体按钮（Create Volume），选择圆柱体（Cylinder）。在弹出的Create Real Cylinder对话框中，输入高度（Height）为4、半径（Radius 1）为0.6，点击Apply按钮，则出现如图7-16所示的圆柱体。

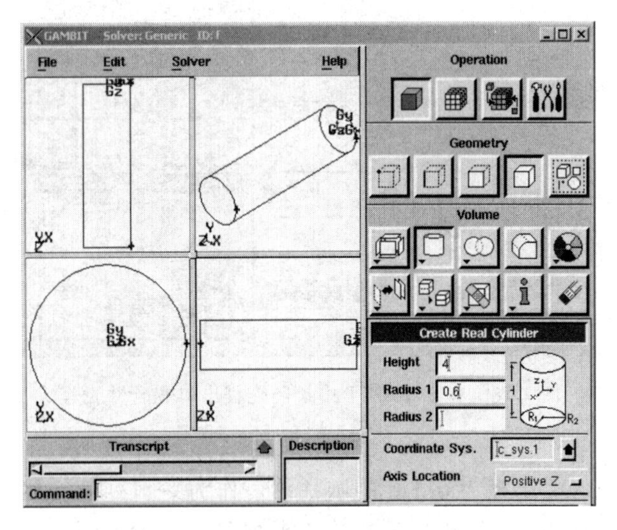

图7-16 在GAMBIT中绘制壳程

② 绘制壳程流体的入口和出口管路。

用同样方法绘制高为0.3m、半径为0.2m的圆柱体，作为壳程入口管路。然后点击体调整按钮（Move/Copy/Align Columes），将该圆柱体沿y轴旋转（Rotate）90°，并沿x轴移动（Translate）0.5、沿 z 轴移动 0.6，结果如图 7-17 所示。将上面的入口管路沿 x 轴复制（Copy）、翻转（Reflect），并沿 z 轴移动 2.8，得到出口管路。点击体操作按钮(Boolean Operations)，将壳程与入口和出口管路合并（Unit），最终得到作为一个整体的壳程，如图 7-18 所示。

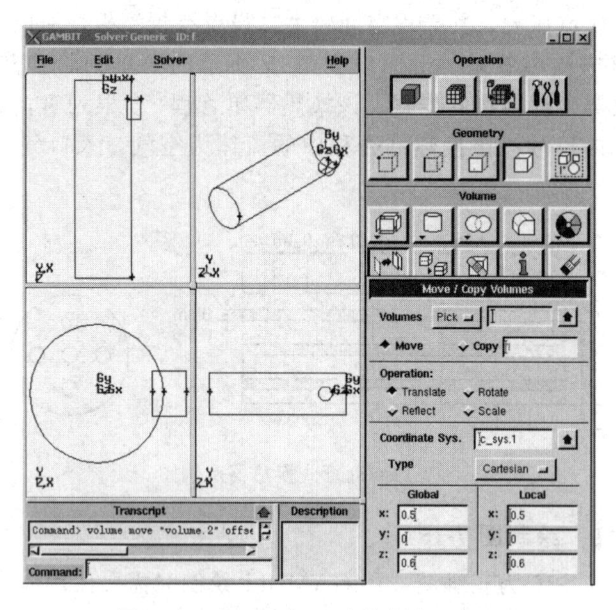

图 7-17　在 GAMBIT 中绘制壳程入口

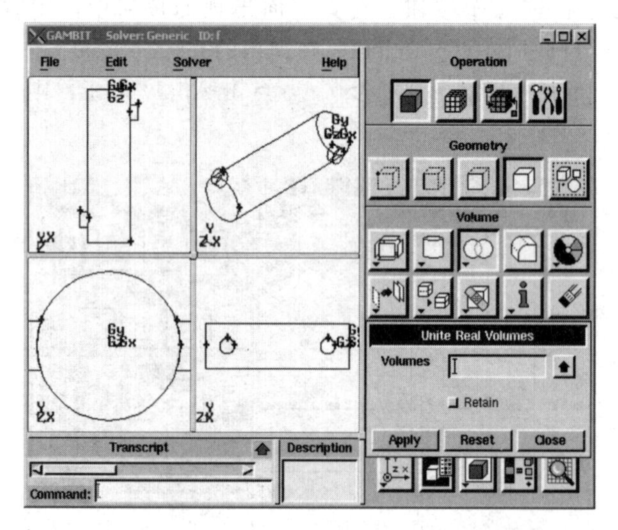

图 7-18　在 GAMBIT 中绘制壳程出口和合并壳程

③ 绘制管程。

首先绘制高为 4.0m、半径为 0.1m 的圆柱体，作为一根列管。然后将该圆柱体分别沿 x 轴和 y 轴移动 0.4 和 −0.4，则得到其他的 4 根列管。由于列管不属于壳程，还需要通过体调整按钮中的减操作（Subtract）将它们从壳程中去除。结果如图 7-19 所示。

④ 绘制折流板。

首先利用创建体命令，绘制一个宽度（Width）为 1.2、深度（Depth）为 1.2、高度(Height）为 0.05 的平板体（Brick）。然后将该平板体以复制（Copy）的形式沿 z 轴移动

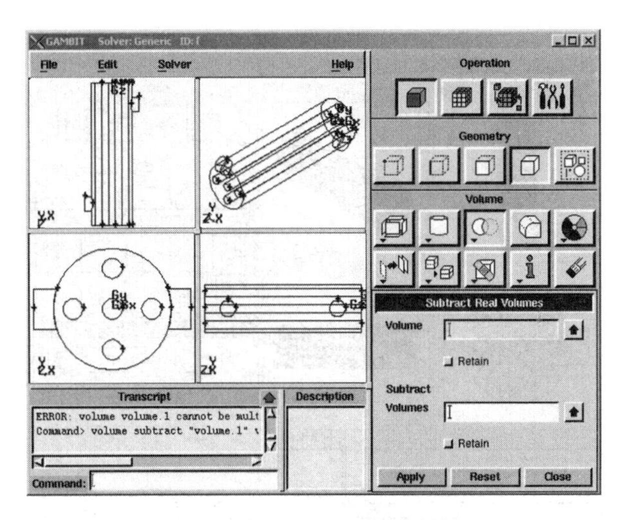

图 7-19　在 GAMBIT 中绘制管程

1.6、沿 x 轴移动 0.4，得到第 1 块折流板。其后再将原平板体以移动（Move）的形式沿 z 轴移动 2.4、沿 x 轴移动 −0.4，则得到第 2 块折流板。最后，从壳程中去除（Subtract）这两块折流板，则得到带有折流板的壳程，如图 7-20 所示。

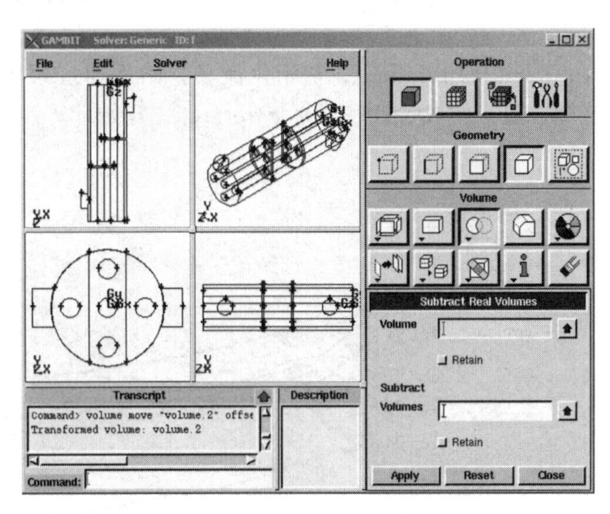

图 7-20　在 GAMBIT 中绘制折流板

⑤ 绘制网格。

点击体网格创建按钮（Mesh Volumes），选择网格元素（Elements）为 Tet/Hybrid、网格间距（Spacing）为 0.2，点击 Apply 按钮，则系统自动生成立体网格，如图 7-21 所示。

⑥ 指定边界和输出网格文件。

分别指定壳程入口截面类型为 VELOCITY _ INLET、出口截面类型为 OUTFLOW，所有列管壁面指定为 WALL 类型的边界。最后输出网格文件。

2. 启动 Fluent 进行模拟

Fluent 启动时指定版本（Version）为三维单精度（3d）。

① 读入网格文件，并定义相关参数。

本例需要定义的参数有：在 Define→Models→Energy... 菜单中，选中 Energy Equation 选

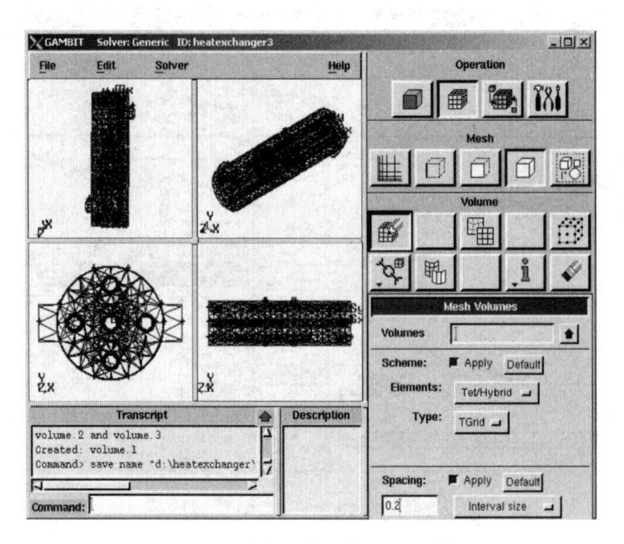

图 7-21　在 GAMBIT 中绘制立体网格

项；在 Define→Models→Viscous... 菜单中，选择 k-epsilon（2eqn）模型；在 Define→Boundary Conditions... 菜单中，设置入口气速为 20m/s、温度为 300K，设置列管壁温为 400K。

② 开始计算。

通过菜单 Solve→Initialize→Initialize... 初始化流场，然后通过菜单 Solve→Monitors→Residual... 显示收敛情况，最后点击菜单 Solve→Iterate... 开始计算。结算中的残差变化过程如图 7-22 所示。

扫码观看
彩色图 7-22～图 7-24

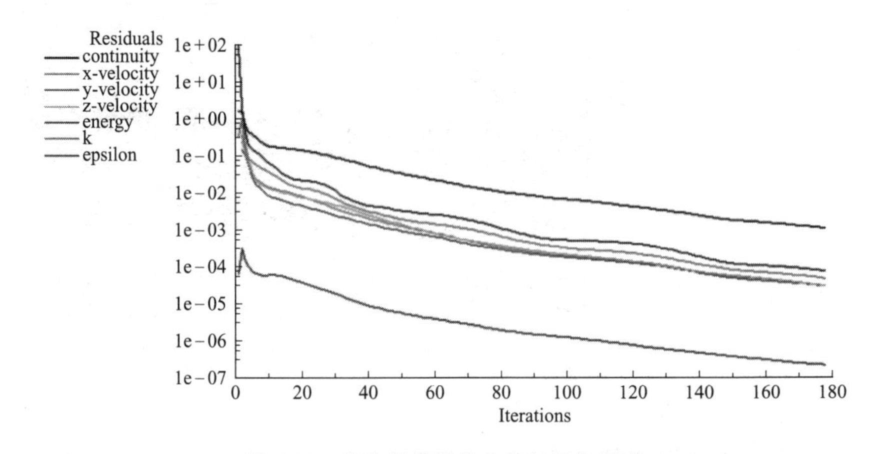

图 7-22　换热器模拟的收敛过程指示图

③ 显示结果。

通过菜单 Display→Contours... 显示换热器中的温度分布情况，如图 7-23 所示。通过菜单 Display→Vectors... 显示其中的速度分布情况，如图 7-24 所示。由图 7-23 可以看出在两个折流板的后面均出现了高温区，这是由于这两个区域出现了涡流，导致对流传热系数增加所致。由图 7-24 可以清楚地看到折流板后的涡流区出现了流体倒流现象。所以，在换热器壳程中增设折流板是提高流体湍动程度进而强化传热的有效手段。此外，由图 7-23 还应注意到在壳程的入口管路对面区域出现了低温区，这是由于此处流体流速较高（从图 7-24 中可以观察到），换热量太小所致。

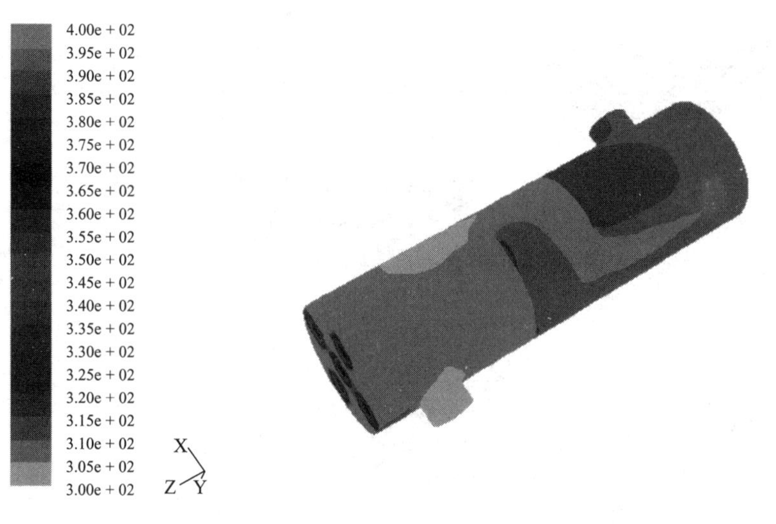

图 7-23　换热器中的温度分布图

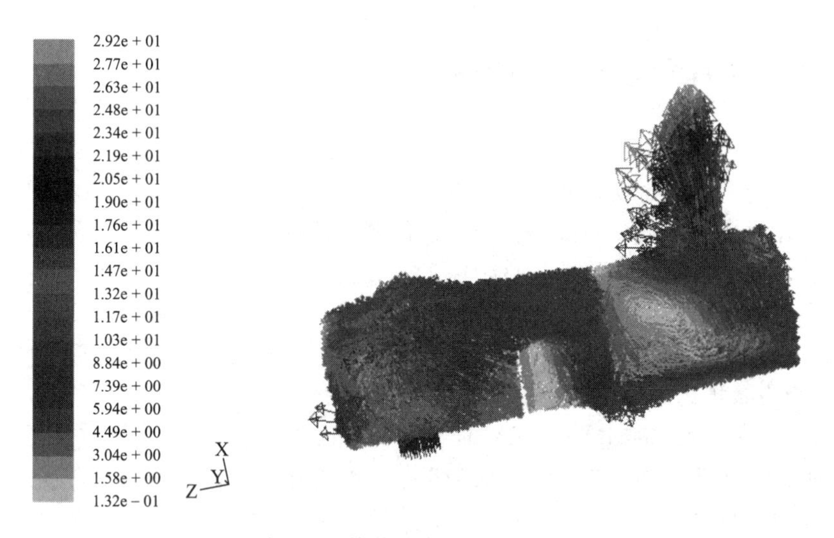

图 7-24　换热器中的速度分布图

本章小结

☆ 计算流体力学（CFD）软件都配有网格生成（前处理）与流动显示（后处理）模块，可以实现计算结果的可视化。

☆ 计算流体力学的计算也是一个优化过程，计算误差随着计算进程不断下降，需要根据设定的允许误差决定何时达到满意的计算结果。

☆ 计算流体力学可以模拟稳态和动态的流场分布，从温度、压力、速度等多个方面反映设备内部的流体流动过程，对设备强化具有重要的指导意义。

第八章

Aspen Plus 软件介绍

★ **学习目的**

掌握稳态流程模拟的基本步骤。

★ **重点掌握内容**

Aspen Plus 软件的使用基本步骤，以及设计问题与操作问题的区别。

第一节 Aspen Plus 软件概况

化工流程模拟分为稳态模拟和动态模拟，后者应用较多且技术较为成熟。稳态模拟针对某一化工流程建立适当的数学模型，在约束条件下用计算机进行求解，去预测一个过程。对于大系统而言，稳态模拟可用物料衡算确定工艺流程中各流股的物料流量、温度、压力和组成。在生产中，稳态模拟主要有 3 方面的作用：为改进装置操作条件、降低操作费用、提高产品质量和实现优化运行提供依据；指导装置开工，节省开工费用，缩短开工时间；分析装置“瓶颈”，为设备检修与设备更换提供依据。

Aspen Plus 是 AspenTech 公司开发的稳态模拟软件。早在 20 世纪 80 年代初就已开始商品化，经过几十年不断增补完善，已成为世界性标准模拟软件，也是目前国际上功能最强的商品化流程模拟软件。我国目前的用户有几十个，多以大型化工单位以及国家级科研单位为主，如大庆集团公司、燕化公司、国家电力公司西安热工研究院等。在模拟大型化工系统和电站系统中，该软件系统流程设计的优势得到了充分的验证。相信不久的将来，Aspen Plus 将被越来越多的国内用户接受，在流程模拟领域发挥它更大的作用。

Aspen Plus 的主要功能和特点是：

① 数据输入方便、直观，所需数据均以填表方式输入，内装在线专家系统自动引导，帮助用户逐步完成数据的输入工作；

② 配有最新且完备的物性模型，具有物性数据回归、自选物性及数据库管理等功能；

③ 备有全面、广泛的化工单元操作模型，能方便地构成各种化工生产流程；

④ 应用范围广泛，可模拟分析各类过程工业，如化工、石油化工、生物化工、合成材料、冶金等行业；

⑤ 提供了一些重要的模拟分析工具，如流程优化、灵敏度分析、设计规定及工况研究等；

⑥ 具有技术经济估算系统，可进行设备投资费用、操作费用及工程利润估算；

⑦ 具有与 Excel、VB 及其他 Aspen 软件的通信接口。

第二节　Aspen Plus 基本操作

图 8-1 为 Aspen Plus 的主界面，使用该工作页面可建立、显示模拟流程图及 PFD-STYLE 绘图。从主窗口可打开其他窗口，如绘图窗口（Plot）、数据浏览窗口（Data Browser）等。

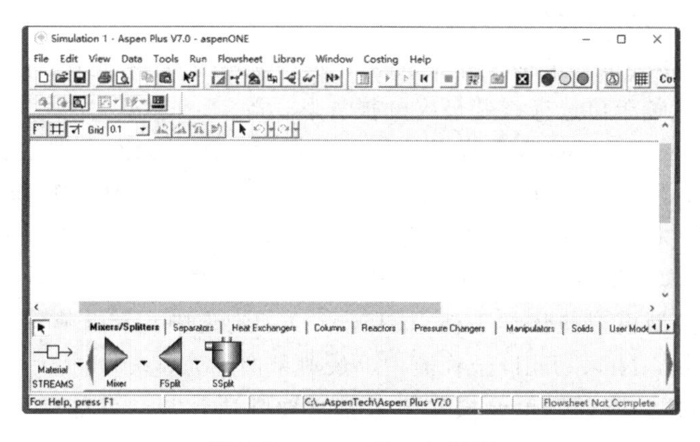

图 8-1　Aspen Plus 主界面

Data Browser（数据浏览器）是 Aspen Plus 主运行环境中最重要的页面。它具有已经定义的可用模拟输入、结果和对象的树状层次图（图 8-2）。用 Data Browser 按钮打开此页面，可以在运行类型的下拉条中看到 6 个不同的选项。Aspen Plus 几大主要的功能基本上可以通过直接选择不同的运行类型实现，也可以在 Data Browser 页面中的其他选项设定中完成。下面着重介绍该流程模拟软件的 6 个主要功能：建立基本流程模拟模型、灵敏度分析、设计规定、物性分析、物性估计以及物性数据回归。

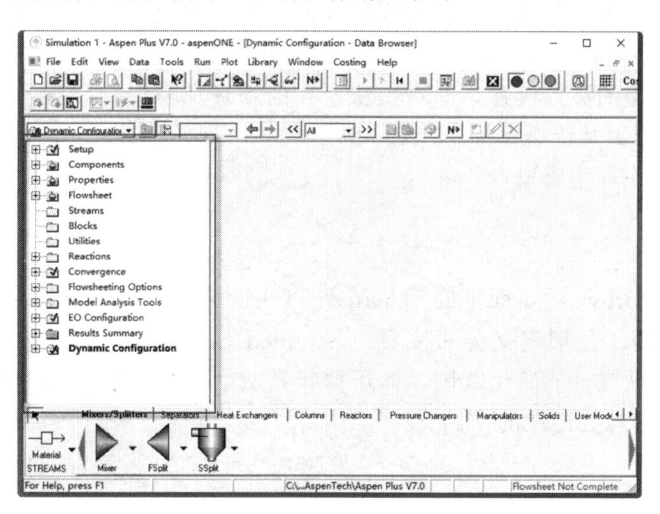

图 8-2　Aspen Plus 输入界面

一、基本流程模拟

Flowsheet 是 Aspen Plus 最常用的运行类型，可以使用基本的工程关系式如质量和能量平衡、相态和化学平衡以及反应动力学预测一个工艺过程。在 Aspen Plus 的运行环境中，只要给出合理的热力学数据、实际的操作条件和严格的平衡模型，就能够模拟实际装置的现象，帮助设计更好方案和优化现有的装置和流程，提高工程利润。

① 定义流程。Aspen Plus 中用单元操作模块表示实际装置的各个设备，主要包括混合器/分流器、分离器、换热器、蒸馏塔、反应器、压力变送器、手动操作器、固体处理装置、用户模型。选择相应合理的模型对于整个模拟流程是至关重要的，应按照所模拟反应器的特点加以选择。定义的步骤是：选择单元操作模块，将其放置到流程窗口中；用物流、热流和功流连接模块；最后检查流程的完整性。

② 规定全局计算信息。包括模拟的说明、运行类别、平衡要求、全局温度压力限制、物流类及子物流、度量单位选择以及最终的报告形式等。

③ 规定组分。Aspen Plus 拥有强大的物性数据库，除了标准内置的数据库外，还可以使用自定义数据库。所谓组分规定，就是定义模拟流程所涉及的所有物质。这些物质共分 3 种：常规组分（指气体和液体组分或溶液中的固体电解质盐，MIXED 子物流中）、常规惰性固体（CI 固体，这类组分有分子量，对相平衡和盐的析出/溶解不起反应，可以参与由 GRIBBS 单元操作模型模拟的化学平衡，CISOLID 子物流中）和非常规固体（组分是不均匀物质且没有分子量，NC SOLID 子物流中，最典型例子为煤炭）。

④ 选择物性方法。所有的单元操作模型都需要性质计算。可能需要计算热力学性质，或者传递性质，又或者是非常规组分的焓。选择正确的物性方法，不仅可以达到模拟目的，而且可以提高模拟结果的精确度。可在全局中使用的物性方法称为全局物性方法，可在不同的流程段中使用的不同物性方法称为局部物性方法。物性方法由计算路径（即路线 Route）和物性方程（即模型 Model）定义，它决定如何计算物性。在大多数情况下，内置的物性方法足以满足绝大多数应用，也就是说不必对这些具体的物性做任何修改就能适用于具体的模拟。但如果需要对物性方法做高级修改，则必须搞清楚物性方法、模型和路线这几个重要的概念。

⑤ 规定物流。该步是对已知状态的模块间的物流设定温度、压力和流量等参数。如果已知物流粒子尺寸分布及流程中存在非常规组分，也需要在这里进行额外设置。

⑥ 单元操作模型的参数设置。即对模块所在的物理环境进行设置，具体包括连接物流相态、自身温度、压力及传热量等。

⑦ 运行模拟程序，生成报告。

二、灵敏度分析

此功能在 Data Browser 页面下的 Sensitivity Form 表单中设定，其目的是测定某个变量对目标值的影响程度。分别定义分析变量（Sampled variables）和操纵变量（Manipulated variables），设定操纵变量的变化范围，即可执行灵敏度分析。这一功能可以直观地发现哪一个变量对目标值起着关键性的作用。

三、设计规定

在灵敏度分析的基础上，当确定了一个关键因素，并且希望它对系统的影响达到所希望的精确值时，就可通过设计规定实现。因而除了要设置分析变量和操纵变量外，还要设定一个明确的希望值。Aspen Plus 让以前繁琐的实验求证过程变得简单。设定设计规定后，必须迭代求解回路，此外带有再循环回路的模块本身也需要循环求解。

对于带有设计规定的流程，需按以下 3 个步骤模拟：

① 选择撕裂流股。一股撕裂流股就是由循环确定的组分流、总摩尔流、压力和焓的循环流股，它可以是一个回路中的任意一股流股。

② 定义收敛模块，使撕裂流股、设计规定收敛。由收敛模块决定如何对撕裂流股或设计规定控制的变量在循环过程中进行更新。

③ 确定一个包括所有单元操作和收敛模块在内的计算次序。

当然，如果既没有规定撕裂流股也没有规定收敛模块和顺序，Aspen Plus 会自动确定它们。

四、物性分析

在运行流程前确定各组分的相态及物性是否同所选择的物性方法相适应是很重要的。物性分析功能就可以帮助解决这样的问题。如果对某种物质的物理属性不是很清楚，想借助 Aspen Plus 强大的物性数据库获得这些信息也是可以的。

可通过 3 种方式使用物性分析：单独运行，即将运行类型设置为 Property Analysis；在流程图中运行；在数据回归中运行。可使用 Tools 菜单下的 Analysis 命令交互进行物性分析，也可在 Data Browser 的 Analysis 文件夹中使用窗口手动生成。进行物性分析的内容包括纯组分物性、二元系统物性、三元共沸曲线图以及流程模型中的物流物性等。

五、物性估计

Aspen Plus 在数据库中为大量组分存储了物性参数。如果所需的物性参数不在数据库中，可以直接输入，用物性估计进行估算，或用数据回归从实验数据中获取。与物性分析一样，物性估计也有 3 种运行方式，其中单独使用时只需将运行类型设置为 Property Estimation 即可。估计物性所必需的参数有标准沸点温度（TB）、分子量（MW）和分子结构。另外，由于估计选项设定的不同，还可能要对纯组分的常量参数、受温度影响的参数以及二元参数、UNIFAC 参数进行规定。总之，为了获得最佳的参数估计，应尽可能地输入所有可提供的实验数据。

六、物性数据回归

通过这一功能，可以用实验数据确定 Aspen Plus 模拟计算所需的物性模拟参数。Aspen Plus 数据回归系统将物性模型参数与纯组分或多组分系统测量数据相匹配，进而进行拟合。可输入的实验物性数据有汽液平衡数据、液液平衡数据、密度值、热容值、活度系数值等。

数据回归系统会基于所选择的物性或数据类型指定一个合理的标准偏差缺省值。如果不满意该标准偏差，最好自行设定，以提高准确度。回归的结果保存在 Data Browser 页的 Regression 文件夹的 Results 中。如果回归参数的标准偏差是零或是均方根残差很大，说明回归的结果不好。这时，需要将数据绘制成曲线，查看每个数据点是如何拟合的。

在合理回归数据后，在流程中使用它们时，先将模拟的运行类别设为 Flowsheet，然后打开 Tools 菜单的 Option 选项，在 Component Data 表页中选择将回归结果和估算结果复制到物性表的复选框即可。

七、关于 Fortran 模块

除了上述强大的功能外，为了准确地模拟，还可以编写外部用户 Fortran 子程序，这使得 Aspen Plus 的使用更加友好、灵活。在编译这些子程序后，模拟运行时会动态地链接它们。建立一个 Fortran 块，首先应定义流程变量，然后输入 Fortran 语句，最后指定执行的时间，可以是在某个模块前或后，也可以在整个流程的开始处和末尾，这由用户自行定义。

第三节　Aspen Plus 应用实例

一、二元连续精馏的计算

二元精馏是最简单的精馏操作，其设计和操作计算是多元精馏计算的基础。二元精馏的设计可采用简捷法和逐板计算法。Aspen Plus 采用 Winn-Underwood-Gilliland 简捷法进行设计，对应“Colums”中“DSTWU”模块，如图 8-3 所示。由于简捷法的计算误差较大，需要用严格精馏模型对设计结果进行验证，采用“Colums”中的“RadFrac”模块，如图 8-4所示。

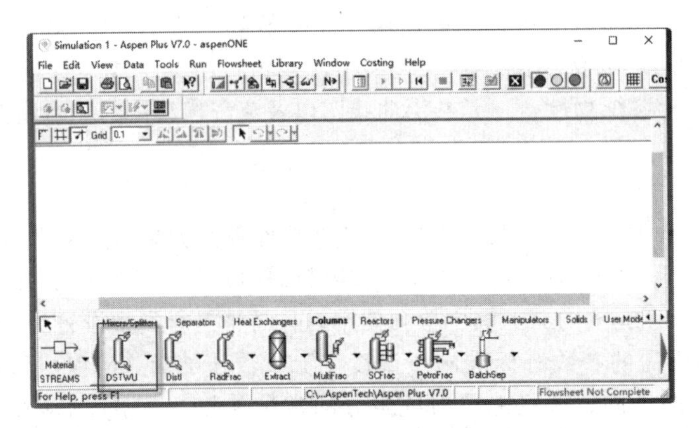

图 8-3　简捷法设计精馏塔模块示意图

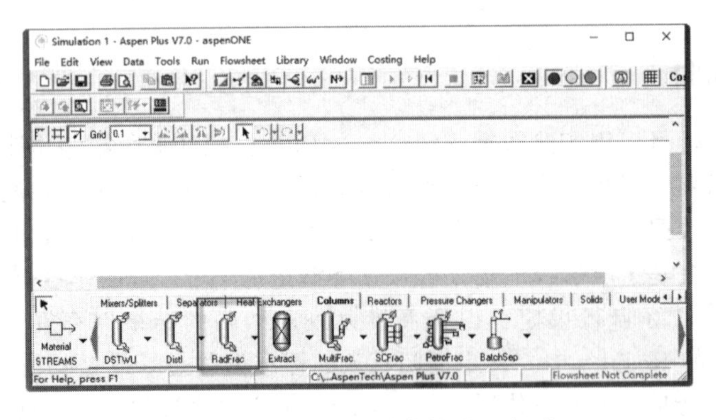

图 8-4　严格精馏塔计算模块示意图

【例 8-1】 用一常压操作的连续精馏塔分离含苯为 0.44（摩尔分数，下同）的苯-甲苯混合液，要求塔顶产品中含苯不低于 0.975、塔底产品中含苯不高于 0.0235。操作回流比为 3.5。试用 Aspen Plus 计算原料液为 20℃的冷液体时的理论板数和加料板位置。

解：（1）绘制流程图

选择单元模块区中“Columns”下的“DSTWU”模块，该模块采用Winn-Underwood-Gilliland简捷法计算给定分离任务所需的理论板数。之后将鼠标移到流程区单击，在流程图区域内出现一个塔。然后再将鼠标移到物流、能流区并单击，这时在塔图形上出现需要连接的物流（用红色表示）。将鼠标移到红色标记前后，通过拖动连接进、出该精馏塔的物流。

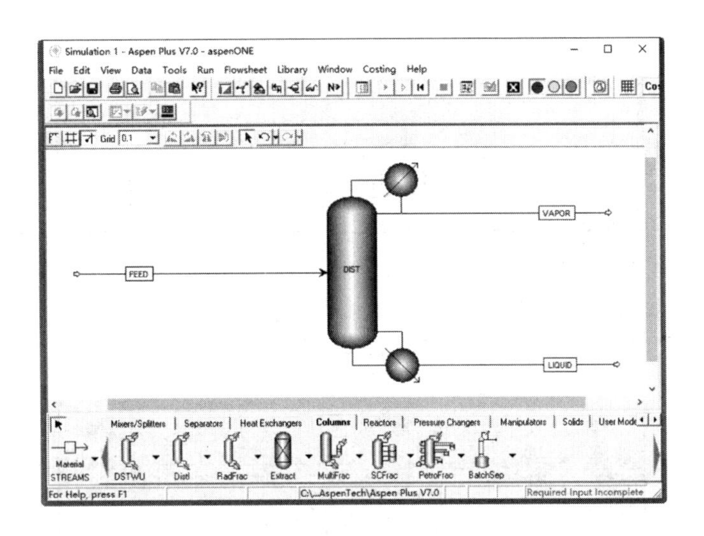

（2）为项目命名

单击“N→”，系统弹出项目建立对话框。在“Title”中输入模拟流程名称“Distillation design with cold feed”；在“Units of measurement”中选择输入输出数据的单位制，一般选择米制。

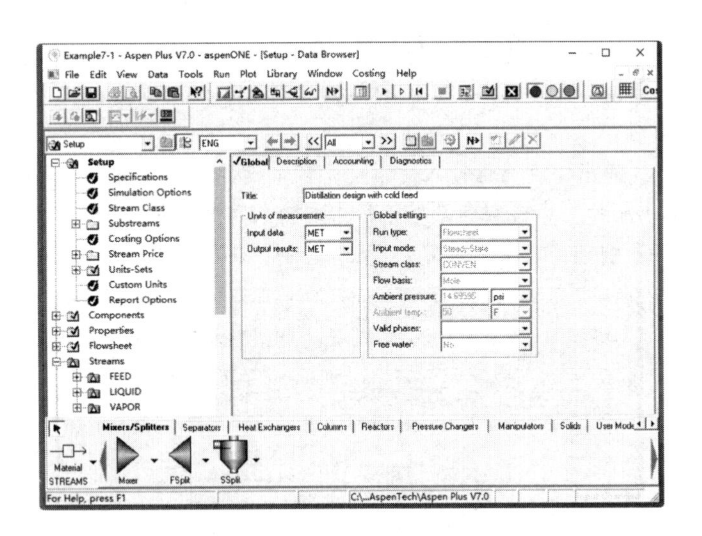

（3）输入组分

单击“N→”，系统弹出模拟流程组分对话框。点击“Find”按钮，分别输入苯和甲苯的英文名称“BENZENE”和“TOLUENE”，在系统数据库中搜索这两种物质，查找到后点击“add”按钮将它们添加到系统模拟组分列表中。

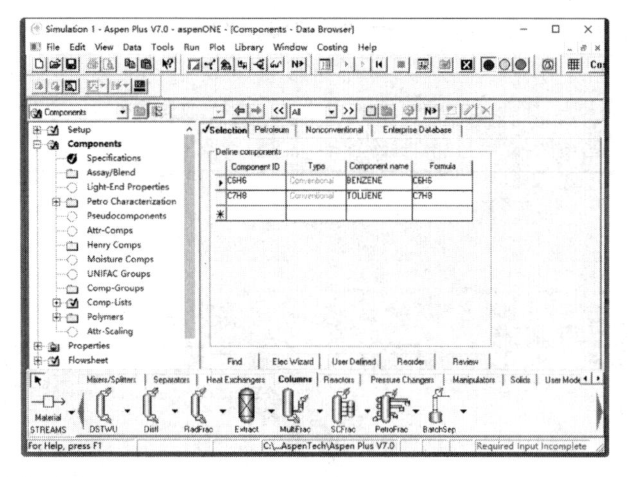

(4) 制定物性计算方法

单击"N→"，系统弹出物性计算方法对话框。由于苯和甲苯性质较为接近，可以认为是理想体系，因此在对话框中选择"IDEAL"方法。

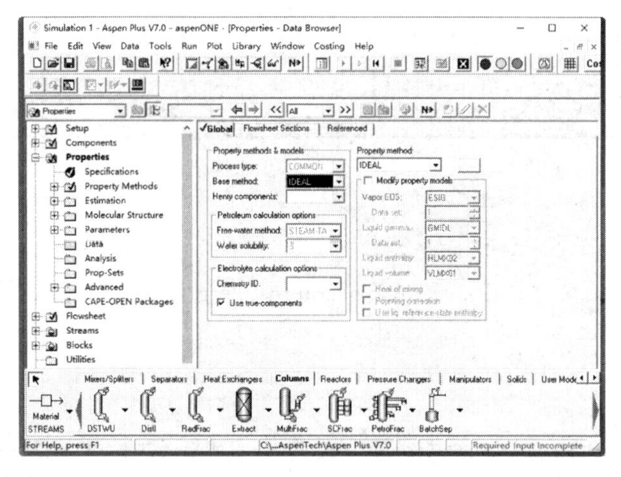

(5) 输入物流属性

单击"N→"，系统弹出物流属性输入对话框。在本设计中，只需要指定进料状况，出料状况是根据分离要求计算出来的。在进料参数对话框中，输入温度20℃、压力1atm、流量100kmol/h（该值可任意给定，不影响理论板数的计算）、摩尔组成（苯0.44，甲苯0.56）。

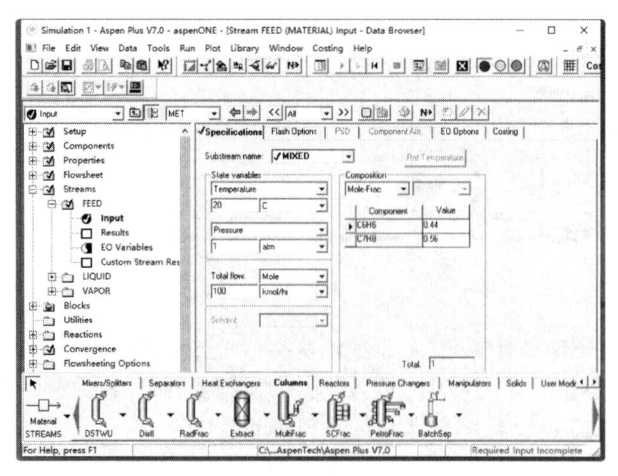

(6) 输入塔参数

单击“N→”，系统弹出塔设备属性输入对话框。输入回流比 3.5，指定塔顶冷凝器和塔釜再沸器的操作压力 1atm。根据产品组成要求，利用下列公式计算各组分在塔顶的回收率：

$$\begin{cases}1=\dfrac{D}{F}+\dfrac{W}{F}\\ x_{\mathrm{F}}=\dfrac{D}{F}x_{\mathrm{D}}+\dfrac{W}{F}x_{\mathrm{W}}\end{cases}\Rightarrow\begin{cases}R_{\mathrm{L}}=\dfrac{Dx_{\mathrm{D}}}{Fx_{\mathrm{F}}}\\ R_{\mathrm{H}}=\dfrac{D(1-x_{\mathrm{D}})}{F(1-x_{\mathrm{F}})}\end{cases}$$

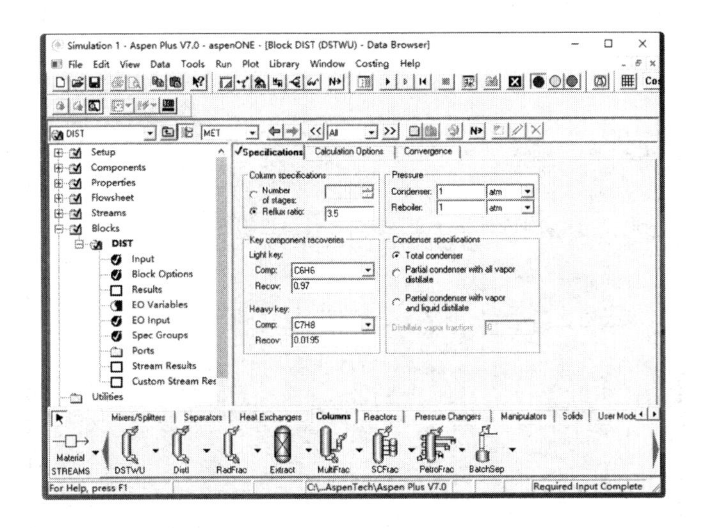

(7) 计算

至此，已填写完毕所有需要输入的信息，输入区的红色标记消失。然后点击“N→”，系统开始计算。计算完成后，可以点击“Results Summary”查看计算结果。

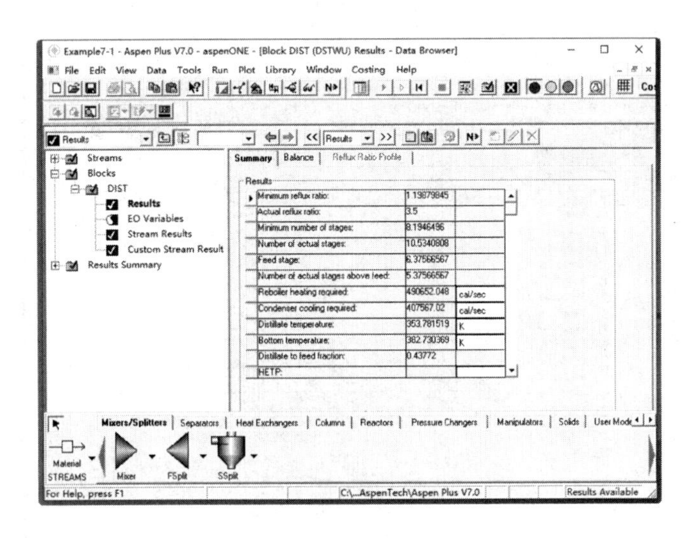

可以看出，该分离要求下的最小回流比为 1.20，最小理论板数为 8.19，实际所需理论板数为 10.53，加料板位置为 6.38。

【例 8-2】 根据例 8-1 所得计算结果，利用严格精馏塔模型重新计算产品状态。

解： 例 8-1 反映的是设计型问题，即已知输入和输出求设备参数。而本例反映的是操作型问题，即已知输入和设备参数求输出。一般来说，由于设计型问题属于试差过程，计算量较大，往往采用简捷法压缩计算量，这样势必导致计算结果具有一定的误差。而操作性问题为正常的方程组求解问题，往往建立较为复杂的精确模型，计算结果较为可靠。因此，为保证结果的准确性，设计结果通常还需要采用操作计算进行核算，本例实际上就是对例 8-1 的核算过程。

这一计算过程同例 8-1 的重要区别是设备计算模块不同，这里采用单元模块区中“Columns”下的“RadFrac”模块，该模块采用严格的两相和三相精馏塔模型。这里需要指定理论板数、塔顶冷凝器和塔釜再沸器类型，并指定塔顶产品采出量和回流比。

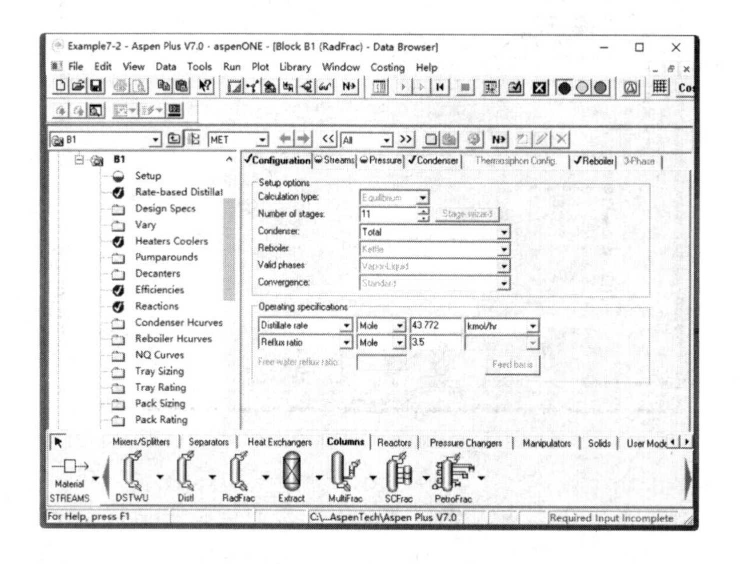

之后，还需要指定进料板位置和产品采出位置。

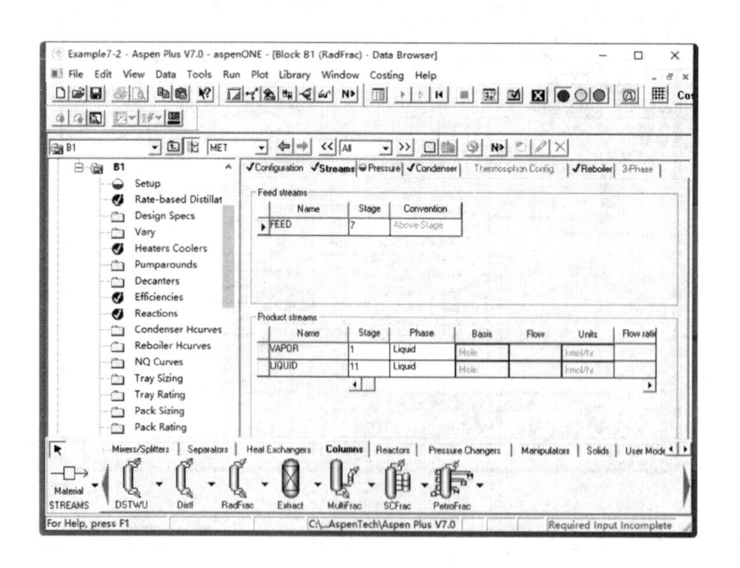

最后，再给定塔内压力分布。

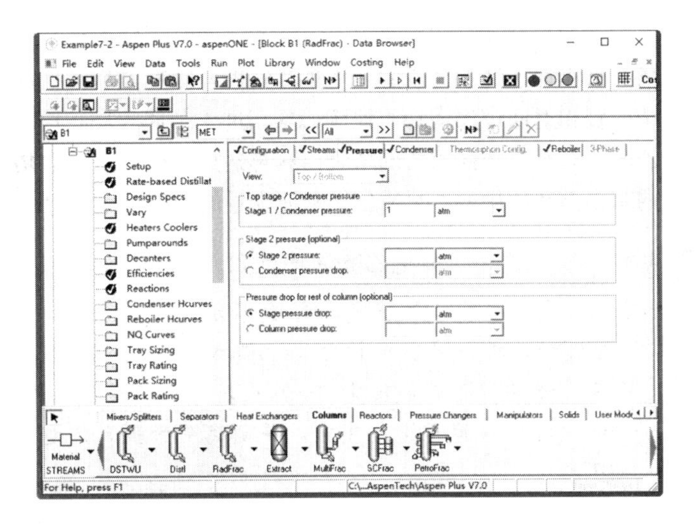

经过系统计算以后，得到的物流摩尔组成如下：

项目	进料	塔顶采出	塔釜采出
苯	0.44	0.96	0.04
甲苯	0.56	0.04	0.96

与例 8-1 中的分离要求相比，计算结果还是具有一定的差异，这正说明了设计过程和模拟过程的差异。正因为如此，对设计方案的核算就必不可少，对设计方案进行小幅度调整也是必然和必需的。

二、乙醇-水-苯恒沸精馏计算

精馏操作是依据液体混合物中各组分的挥发度不同进行分离的，如果待分离液体形成恒沸物，导致两组分间的相对挥发度近似等于 1，则不能用普通的精馏方法实现分离。这时，可在原混合物中加入第 3 种组分（称为夹带剂或恒沸剂），使该组分与原有的一个或两个组分形成新的恒沸物，从而促使原液体用普通精馏的方法分离，称为恒沸精馏。乙醇-水混合物的分离是最为常见的恒沸精馏流程之一，如图 8-5 所示。

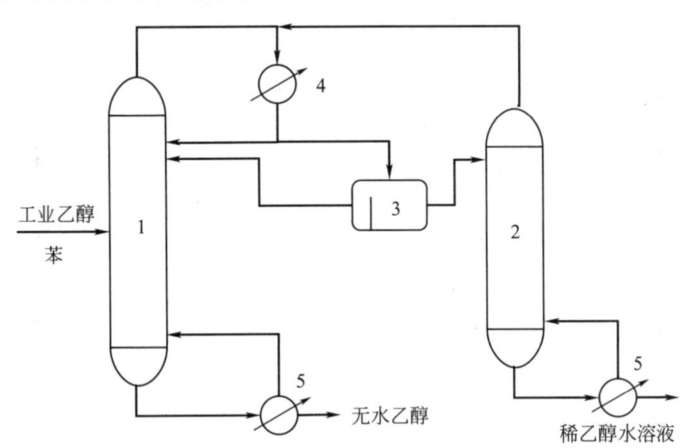

图 8-5　无水乙醇恒沸精馏流程示意图

1—恒沸精馏塔；2—回收塔；3—分层器；4—冷凝器；5—再沸器

工业乙醇与苯进入恒沸精馏塔中，形成的乙醇-水-苯三元恒沸物由塔顶蒸出。由于该恒沸物中含有较多的水分，塔釜采出近于纯态的乙醇。塔顶蒸气进入冷凝器后，一部分回流，另一部分进入分层器。分层器中的轻相返回恒沸塔补充回流，重相进入苯回收塔。回收塔顶部蒸气进入冷凝器，塔釜产品为稀乙醇。有时也将回收塔的塔釜出料再送入一个乙醇回收塔，塔釜最终引出的几乎为纯水。流程中的苯是循环使用的，只需定期补充少量的苯即可维持恒沸塔的操作。

【例 8-3】 现有乙醇-水原料，其中乙醇流量为 21.043kmol/h，水流量为 3.426kmol/h。利用图 8-5 所示工艺获取无水乙醇，要求产品中乙醇摩尔分数不低于 0.99。已知恒沸塔理论板数为 20，在第 6 块板处进料，塔顶采出流量为 28.60kmol/h，回流量为 82.51kmol/h；回收塔理论板数为 15，从塔顶进料，塔釜热负荷为 80kW，要求塔釜出料中的苯摩尔分数小于 0.01。试利用 Aspen Plus 软件对该流程进行模拟，并确定夹带剂苯的适宜用量。

解：（1）绘制流程图

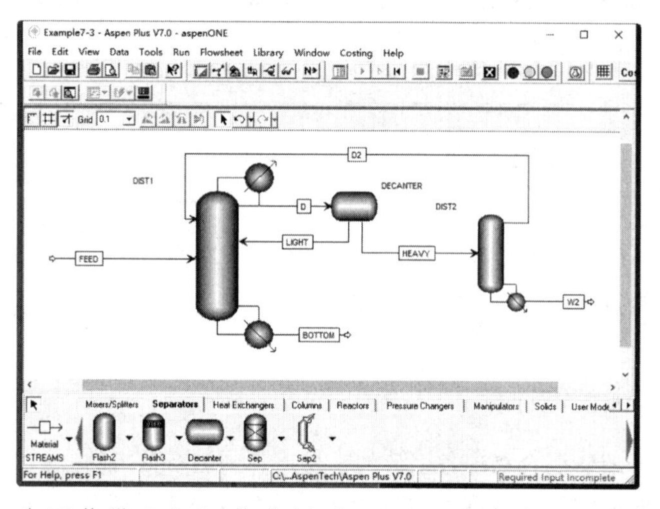

恒沸塔 DIST1 和回收塔 DIST2 均使用"Columns"中的"RadFrac"模块，分层器 DECANTER使用"Separators"中的"Decanter"模块。

（2）指定组分

在"Components"项目的"Specifications"中，按英文名称或分子式查找乙醇、水和苯 3 种组分，并添加到组分列表中。

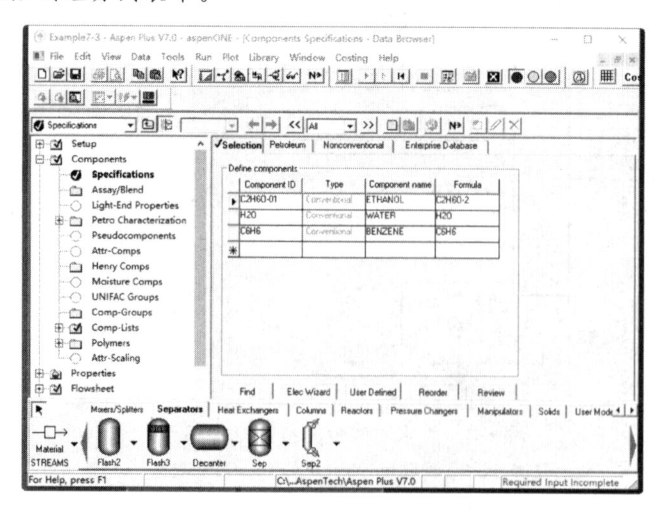

（3）指定热力学计算方法

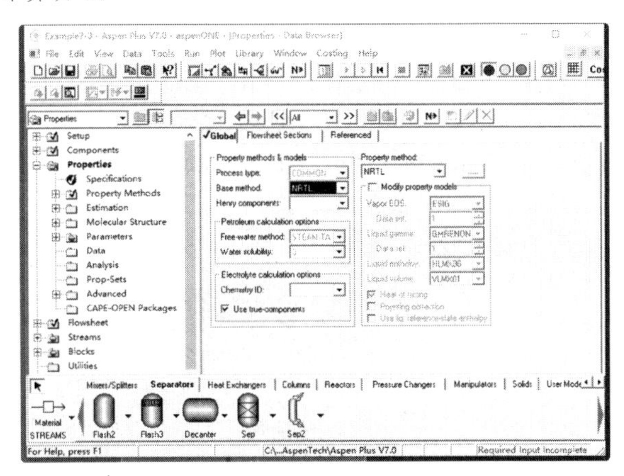

该步骤主要用于指定物系的汽液平衡计算方法。由于该物系为非理想体系且存在部分互溶问题，热力学方法采用 NRTL。该方法在 Properties→Global→Base method 中指定。

（4）输入物流信息

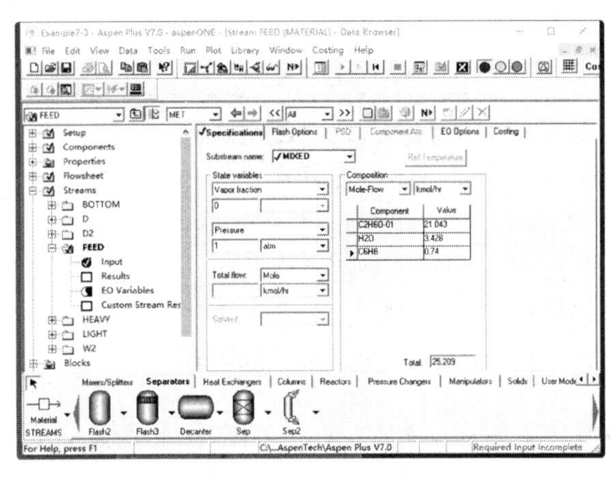

上图说明了恒沸塔进料 FEED 的输入信息，包括压力、汽化率（或温度）、组分流量（或流量和组成）。夹带剂苯的用量关系到无水乙醇的浓度，可以先给定一个初始流量（如图中显示的 0.74kmol/h），再逐步降低该值，直到乙醇产品达到浓度要求。

（5）输入设备信息

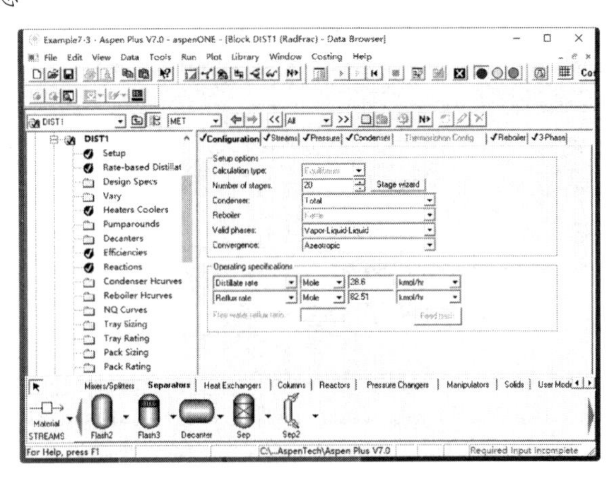

上图为恒沸塔的输入信息。在 Blocks→DIST1 中首先输入恒沸塔设备参数，设置塔板

数（Number of stages）为 20、冷凝器（Condenser）为全凝器（Total）、有效相为汽液液（Vapor-Liquid-Liquid）。考虑到该塔中存在恒沸物，所以收敛算法（Convergence）采用恒沸算法（Azeotropic）。在操作参数（Operating specifications）中输入馏出液流量（Distillate rate）为 28.6kmol/h、回流液流量（Reflux rate）为 82.51kmol/h。该模块还需要输入操作压力（1atm）、三相范围（1～20），由于比较简单，在此不再单独说明。

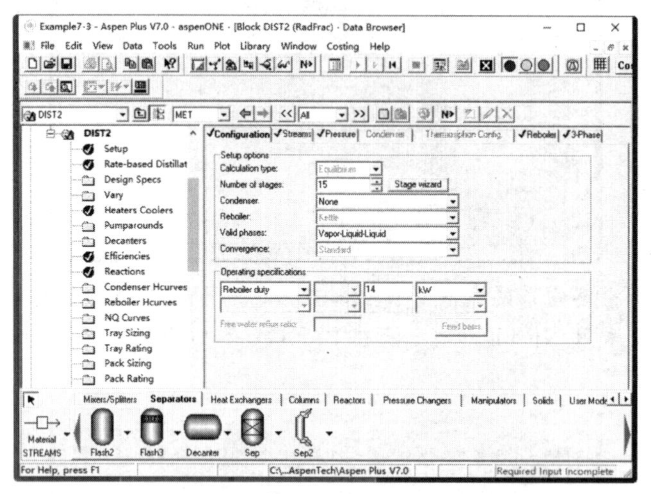

苯回收塔的设备信息见上图。理论板数（Number of stages）为 15；由于该塔与恒沸塔共用一冷凝器，此处冷凝器（Condenser）选择无（None）；有效相态（Valid phases）选择汽液三相（Vapor-Liquid-Liquid）；由于该塔中乙醇浓度较低，不出现恒沸物，收敛算法（Convergence）选用标准算法（Standard）。操作参数（Operating specifications）中仅需指定再沸器热负荷（Reboiler duty）为 14kW。该塔的其他信息指定方式与恒沸塔相似，不再赘述。

（6）开始模拟

经过以上步骤，所有的信息输入项均显示蓝色的“√”标志，表示所需信息已经全部输入。点击工具栏中的“N→”按钮，或菜单 Run→Run，开始模拟计算。计算成功，则 Aspen Plus 主窗口右下角显示蓝色的“Results Available”提示信息；否则需要检查输入信息是否有问题，或重新指定初值，再次进行模拟计算。最后，点击 Results Summary→Streams，查看计算结果，如下图所示。

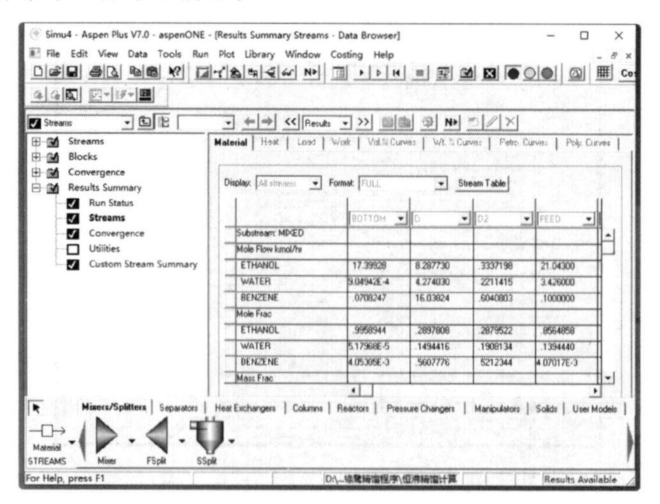

	BOTTOM	D	D2	FEED
Substream: MIXED				
Mole Flow kmol/hr				
ETHANOL	17.39928	8.287730	.3337198	21.04300
WATER	9.04942E-4	4.274030	.2211415	3.426000
BENZENE	.0708247	16.03824	.6040803	.1000000
Mole Frac				
ETHANOL	.9958944	.2897808	.2879522	.8564858
WATER	5.17968E-5	.1494416	.1908134	.1394440
BENZENE	4.05305E-3	.5607776	.5212344	4.07017E-3
Mass Frac				

物流输出信息包括组成、流量、温度、压力、密度等信息，可根据需要拷贝，组成新的输出表格，如下所示：

物流		BOTTOM	D	D2	FEED	HEAVY	LIGHT	W2
摩尔组成	乙醇	0.995894	0.289781	0.287952	0.856486	0.481706	0.211881	0.513342
	水	5.18E-05	0.149442	0.190813	0.139444	0.441602	0.030858	0.48255
	苯	4.05E-03	0.560778	0.521234	4.07E-03	0.076692	0.75726	4.11E-03
流量/(kmol/h)		17.47101	28.6	1.158942	24.569	8.256935	20.34306	7.097994
温度/K		351.1679	337.3667	337.3673	350.8915	337.3596	337.3596	351.1955
汽化分率		0	0	1	0	0	0	0

可见，恒沸塔釜出料 BOTTOM 中乙醇含量已超过 0.99，可以得到纯度较高的乙醇。其塔顶物流 D 组成虽然与三元恒沸物不同，但比较接近，说明恒沸精馏的原理是成立的。回收塔顶产品 D2 也具有类似的恒沸组成，但苯含量偏低，这是由于大部分苯通过分层器回流至恒沸塔内。回收塔釜 W2 中苯的含量仅为 4.11×10^{-3}，说明苯几乎全部被回收，这样一方面可以减少苯的加入量，另一方面可以减少苯的污染。

本章小结

☆ Aspen Plus 是一款化工过程稳态模拟软件，具有方便灵活的用户操作环境，可进行流程分析与优化（如流程优化、灵敏度分析、设计规定及工况研究等）。

☆ Aspen Plus 具有全面的化工单元操作模型，能构成各种化工生产流程。

☆ Aspen Plus 模拟计算以交互式分析计算结果，按模拟要求修改数据，调整流程。

第九章

Aspen Plus 软件功能

★ **学习目的**

掌握物性数据分析、工况分析、收敛策略、结果绘制的过程。

★ **重点掌握内容**

使用 Aspen Plus 软件，进行从基础物性分析到流程模拟算法选择的具体步骤，以及在解决化工设计问题时如何选择具体参数。

第一节　物性分析估计与数据回归

对于流体的物理性质，Aspen Plus 提供的物性分析与物性估计功能非常有用，在数据浏览器的 Setup|Specifications|Global|Global settings|Run type 中的下拉菜单中可以进行设置，如图 9-1 所示。

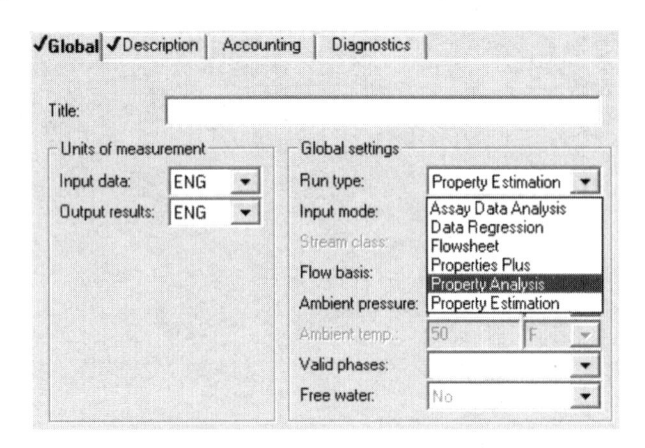

图 9-1　规定运行类型为物性分析

性质分析功能显示诸如临界压缩系数、比热、密度、黏度、热导率的纯组分数值以及取自各种资料库的混合物特性。对于用户定义的组分，物性估计功能能为用户提供相对可靠的估计数据。

一、纯组分的物性分析

Aspen 物性系统（physical property system）主要数据库是 Pure22，其中包括物质的各种性质：①普适常数，比如临界温度与临界压力；②温度与过渡性质，比如沸点与三联点；

③参考态性质，比如焓与吉布斯自由能；④热力学性质，比如液体-蒸气压；⑤传输性质，比如液体黏度；⑥安全性质，比如闪点与燃烧极限；⑦Unifac 模型的官能团信息；⑧Soave-Redlich-Kwong 与 Peng-Robinson 状态方程的参数；⑨石油相关的性质，比如 API 比重、辛醇数、芳烃含量、氢含量与硫含量；⑩具体到模型的参数，比如 Rackett 与 Uniquac 参数。

打开之前所做的模拟，利用数据浏览器的 Setup|Specifications|Global|Global settings|Run type 中的下拉菜单将运行类型设置为性质分析，如图 9-1 所示。选择 Tools|Retrieve Parameter Results，弹出如图 9-2 所示的对话框。

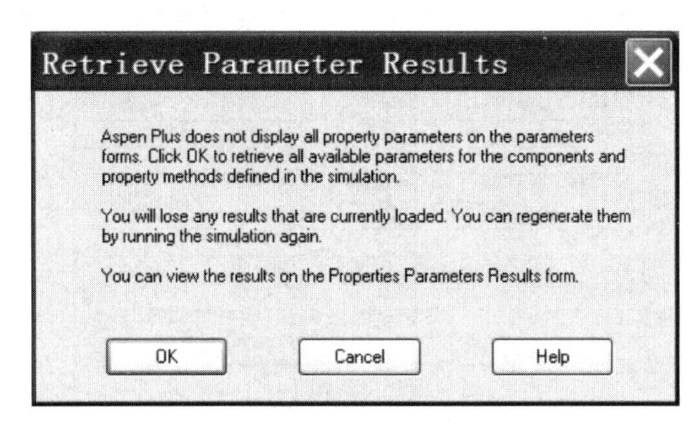

图 9-2　提取参数结果对话框

单击 OK，弹出的对话框提示可以查看参数结果，如图 9-3 所示。

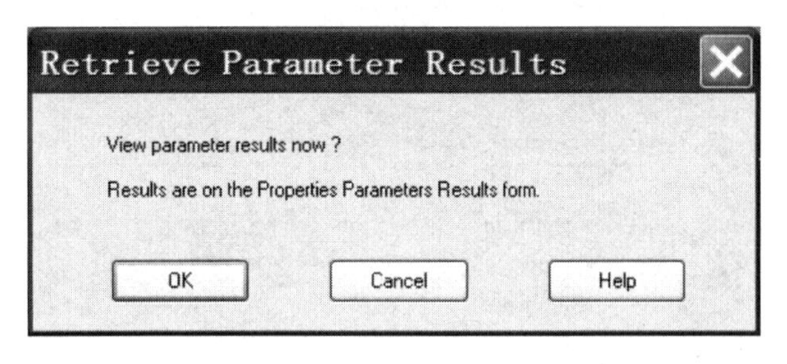

图 9-3　查看参数结果对话框

单击 OK，然后单击数据浏览器中的 Properties|Parameters|Results|Pure component，可以查看相关的性质数据，如图 9-4 所示。

纯组分与温度有关的性质可以通过单击 Scalar 标签右侧的 T-Dependent 标签得到，在 Parameter 的下拉菜单下选择参数 PLXANT-1，则调出 3 种物质的扩展安托因方程系数，如图 9-5 所示。

此外，Aspen Plus 提供了丰富的图形化表达方式。对于上面的例子，可以利用作图功能绘制出不同温度下 3 种物质的饱和蒸气压，则会使得物性数据更加清晰明了。单击 Tools|Analysis|Property|Pure，如图 9-6 所示。

出现如图 9-7 所示的窗口。

在图 9-7 中，单击 Property|Property 的下拉菜单，选择 PL，即饱和蒸气压；单击 Property|Units 的下拉菜单，选择 kPa；单击 Components 下两个方框中间的第 2 个按钮，将 3 个物质都选中；单击 Temperature|Units 的下拉菜单，选择 C，即摄氏度；将 Upper 右侧的数值设定为 120。如图 9-8 所示。

单击下部中间的 Go 按钮，则绘制出不同温度下 3 种物质的饱和蒸气压，如图 9-9 所示。

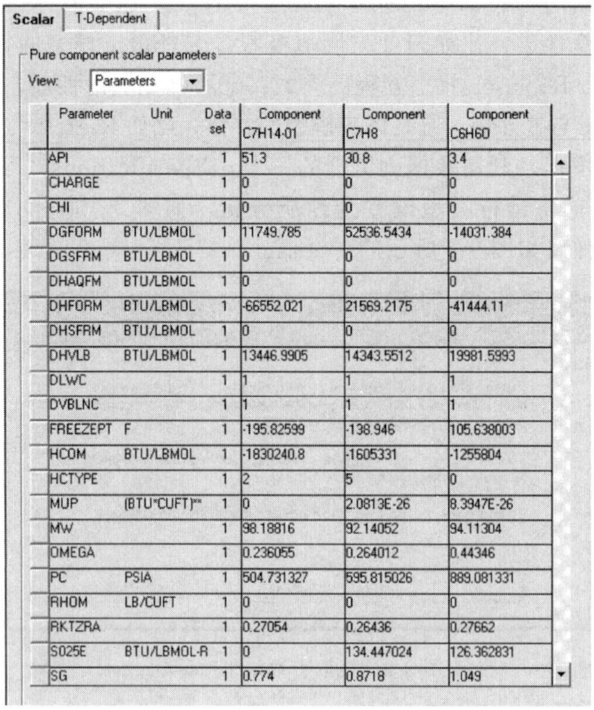

Scalar | T-Dependent

Pure component scalar parameters

View: Parameters

Parameter	Unit	Data set	Component C7H14-01	Component C7H8	Component C6H6O
API		1	51.3	30.8	3.4
CHARGE		1	0	0	0
CHI		1	0	0	0
DGFORM	BTU/LBMOL	1	11749.785	52536.5434	-14031.384
DGSFRM	BTU/LBMOL	1	0	0	0
DHAQFM	BTU/LBMOL	1	0	0	0
DHFORM	BTU/LBMOL	1	-66552.021	21569.2175	-41444.11
DHSFRM	BTU/LBMOL	1	0	0	0
DHVLB	BTU/LBMOL	1	13446.9905	14343.5512	19981.5993
DLWC		1	1	1	1
DVBLNC		1	1	1	1
FREEZEPT	F	1	-195.82599	-138.946	105.638003
HCOM	BTU/LBMOL	1	-1830240.8	-1605331	-1255804
HCTYPE		1	2	5	0
MUP	(BTU*CUFT)**	1	0	2.0813E-26	8.3947E-26
MW		1	98.18816	92.14052	94.11304
OMEGA		1	0.236055	0.264012	0.44346
PC	PSIA	1	504.731327	595.815026	889.081331
RHOM	LB/CUFT	1	0	0	0
RKTZRA		1	0.27054	0.26436	0.27662
S025E	BTU/LBMOL-R	1	0	134.447024	126.362831
SG		1	0.774	0.8718	1.049

图 9-4 查看与温度无关的性质数据

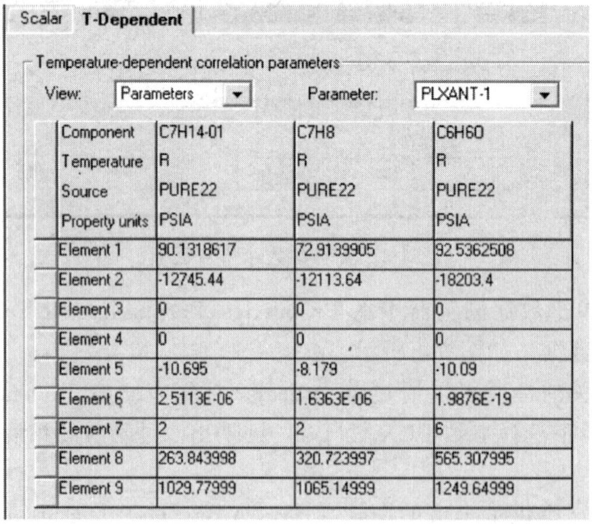

Scalar | T-Dependent

Temperature-dependent correlation parameters

View: Parameters　Parameter: PLXANT-1

Component	C7H14-01	C7H8	C6H6O
Temperature	R	R	R
Source	PURE22	PURE22	PURE22
Property units	PSIA	PSIA	PSIA
Element 1	90.1318617	72.9139905	92.5362508
Element 2	-12745.44	-12113.64	-18203.4
Element 3	0	0	0
Element 4	0	0	0
Element 5	-10.695	-8.179	-10.09
Element 6	2.5113E-06	1.6363E-06	1.9876E-19
Element 7	2	2	6
Element 8	263.843998	320.723997	565.307995
Element 9	1029.77999	1065.14999	1249.64999

图 9-5 查看与温度有关的性质数据

类似地，可以做出图形化表达的其他物性。

二、混合物相图的绘制

对于混合物来说，性质分析可以在用户选择的温度范围内以图形化的方式显示两相与三相的相平衡数据。打开之前所做的模拟，在 Aspen Plus 主菜单下选择 Tools|Analysis|Property|Binary，如图 9-10 所示。

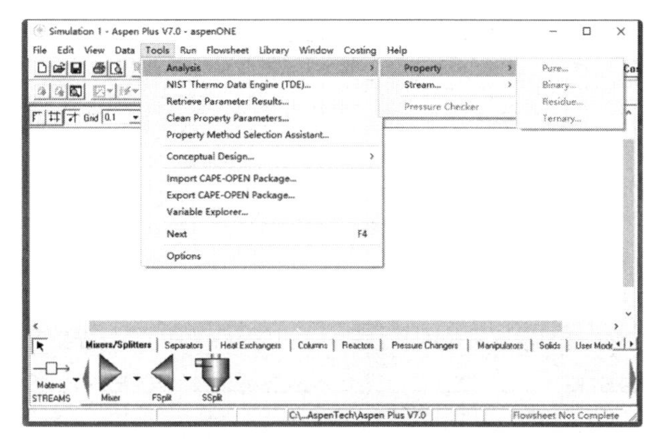

图 9-6　选择纯组分性质分析

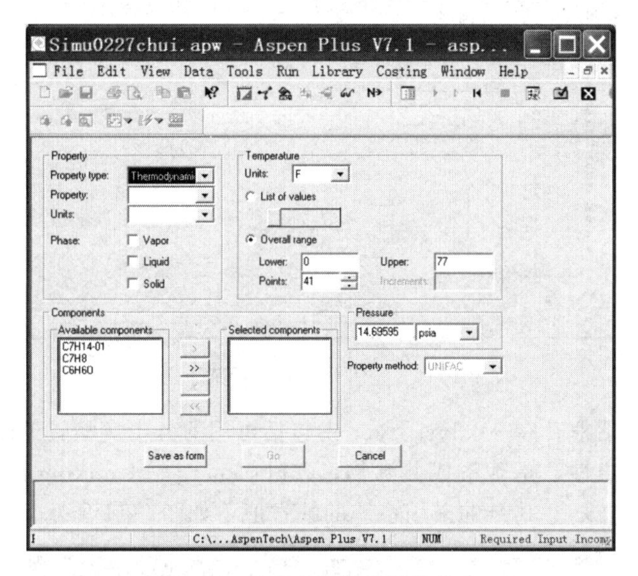

图 9-7　纯组分性质分析的规定

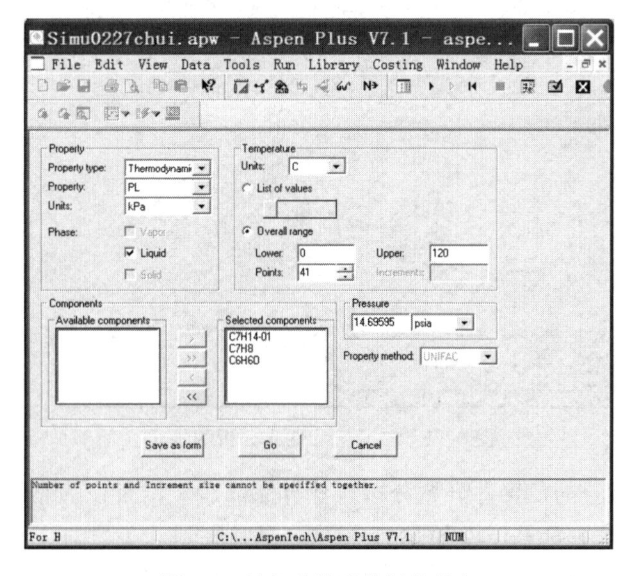

图 9-8　纯组分性质分析的规定

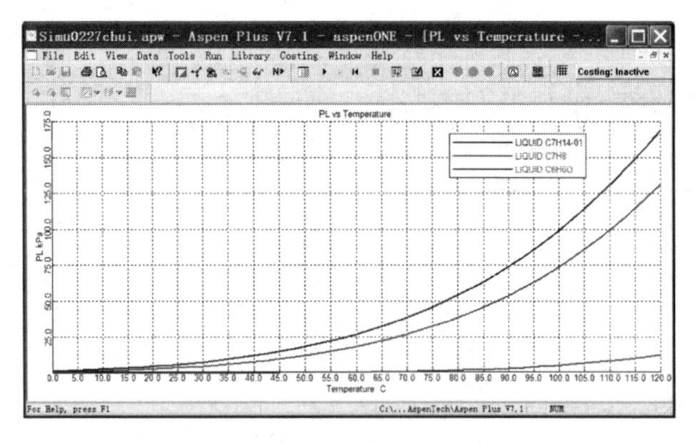

图 9-9　不同温度下 3 种物质的饱和蒸气压

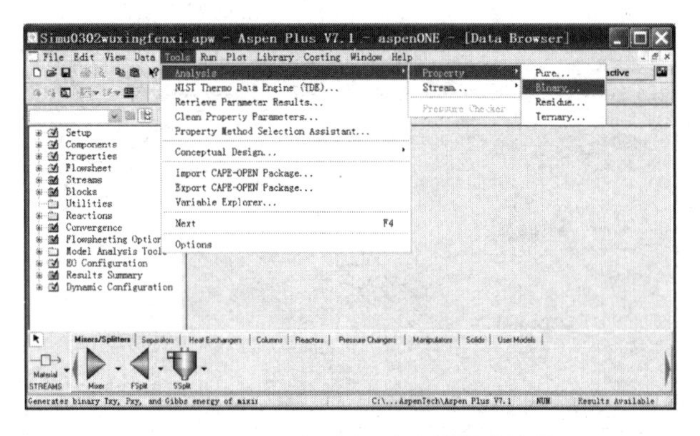

图 9-10　二元组分性质分析菜单选择

出现二元分析对话框。在 Analysis type 中包括可用的分析类型：Txy and Pxy 分析用于研究汽液体系的非理想性，是否形成共沸物；Gibbs energy of mixing 用于观察体系是否会形成两个液相。选择 Txy，其余的采用系统的缺省值，如图 9-11 所示。

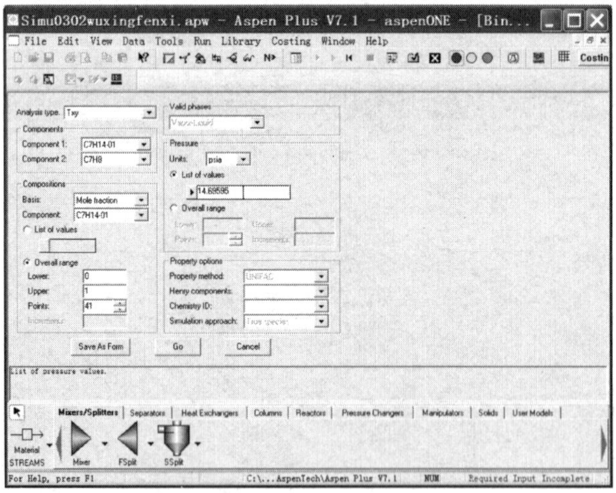

图 9-11　二元组分性质分析的规定

单击 Go，应用缺省的设置并开始分析。计算完成后，结果以表格的形式出现，同时自动显示一个 T-xy 相图，如图 9-12 所示。

在图的内部单击鼠标可以显示相应的坐标。从图中可以看出体系含有一个共沸物。单击

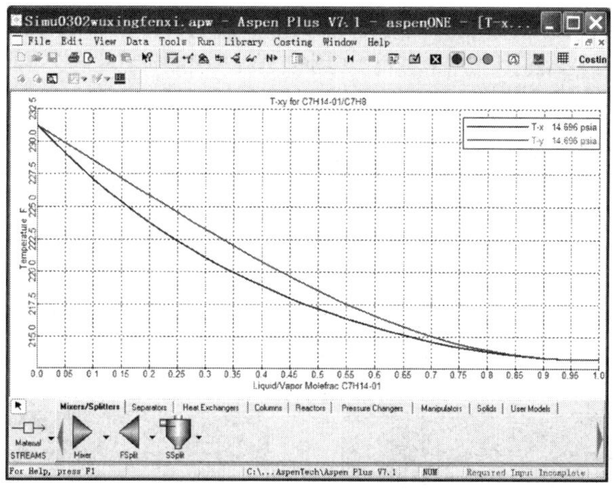

图 9-12　T-xy 相图

图形右上角的关闭按钮关闭图形，则显示以表格形式显示的计算结果，如图 9-13 所示。

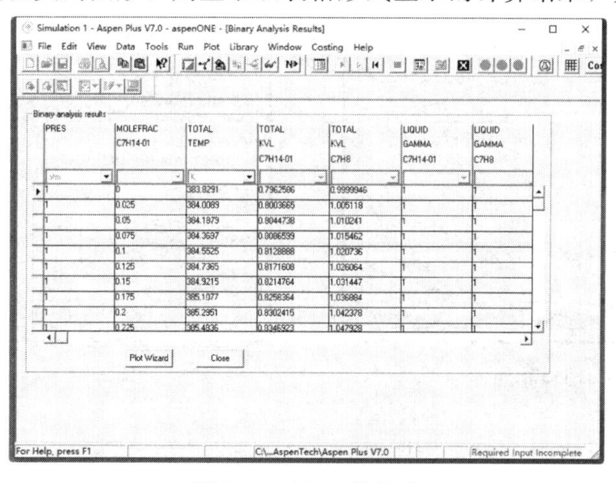

图 9-13　T-xy 数据表

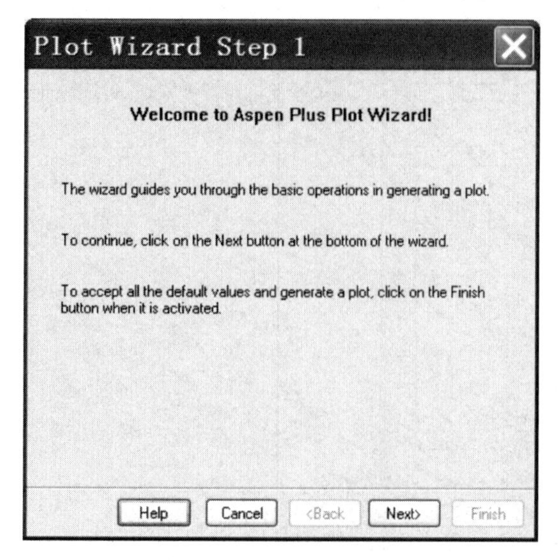

图 9-14　绘图向导步骤 1

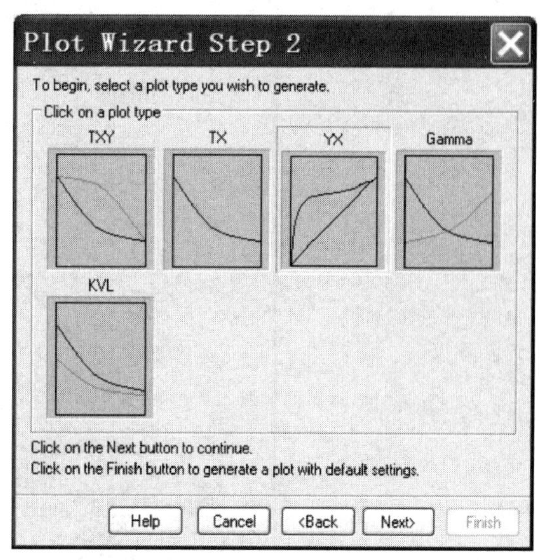

图 9-15　绘图向导步骤 2

可以观察所计算的活度系数、K 值、温度与组成，可以拖动滚动条观察所有的数据。表格的下边有一个 Plot Wizard 按钮，可以用来绘制相关的图形。单击 Plot Wizard，出现 Plot Wizard Step 1 对话框，如图 9-14 所示。

单击 Next，出现 Plot Wizard Step 2 对话框。选择所要绘制图形的类型，选择 YX 图标，如图 9-15 所示。

单击 Next，出现 Plot Wizard Step 3 对话框，如图 9-16 所示。绘图变量的单位采取缺省设置。

单击 Next，出现 Plot Wizard Step 4 对话框，如图 9-17 所示。对于图中显示的信息采取缺省设置。

图 9-16　绘图向导步骤 3

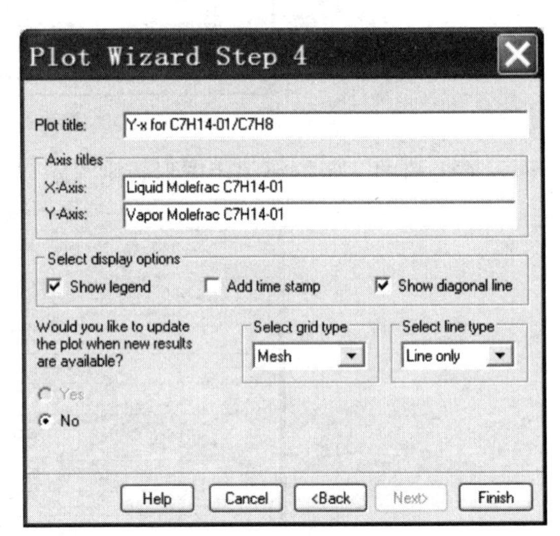

图 9-17　绘图向导步骤 4

单击 Finish，生成绘图，如图 9-18 所示。

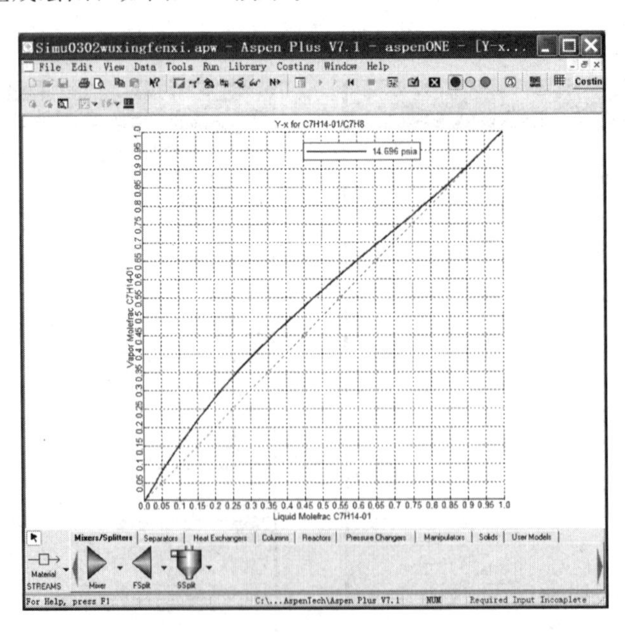

图 9-18　绘制 x-y 图

采用同样的方法可以绘制活度系数的图形，如图 9-19 所示。

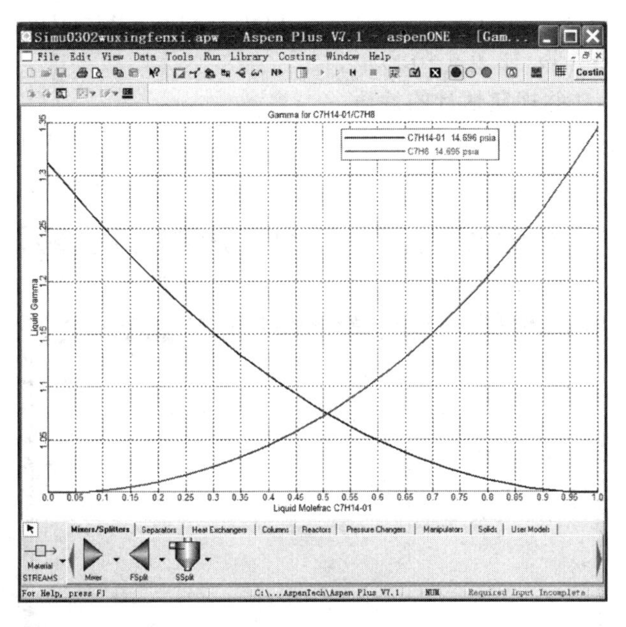

图 9-19　绘制无限稀释活度系数图

从图上可以观察无限稀释的活度系数。

三、估计非数据库组分的物性

在化工过程设计与模拟过程中，有时某些物质并没有包含在 Aspen Plus 的数据库中，可以使用 Aspen Plus 软件中的物性常数估计系统（PCES），估计诸如临界压力的纯组分物性。状态方程是估计某些物性的一种重要方法，由于状态方程的参数主要由临界性质确定，提供所要估计组分的沸点与蒸气压等实验数据对于估计很有帮助。

比如丁烯酮（MVK），在 Aspen Plus 的数据库中并没有这个物质，因此需要运行 Aspen Plus 软件中的物性估计来估计丁烯酮的未知性质参数。可以查到丁烯酮的如下信息：CAS 号 78-94-4，分子结构为 $CH_3COCH=CH_2$，摩尔质量 70.09g/mol，沸点 81.4℃，密度 0.8407g/cm^3。

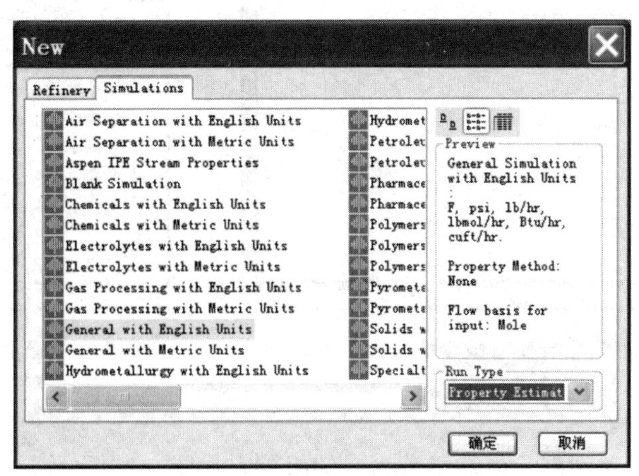

图 9-20　规定运行类型为性质估计

(1) 启动 Aspen Plus 并创建模拟

单击 Aspen Plus User Interface，选择 Template，单击 OK，在运行类型中选择性质估计（Property Estimation），如图 9-20 所示。

(2) 输入组分的 ID 并规定估计的性质

单击 Components|Specifications|Selection 表格，输入组分的 ID，本例中输入 MVK。由于该组分是未知组分，不必输入组分名称与分子式。如图 9-21 所示。

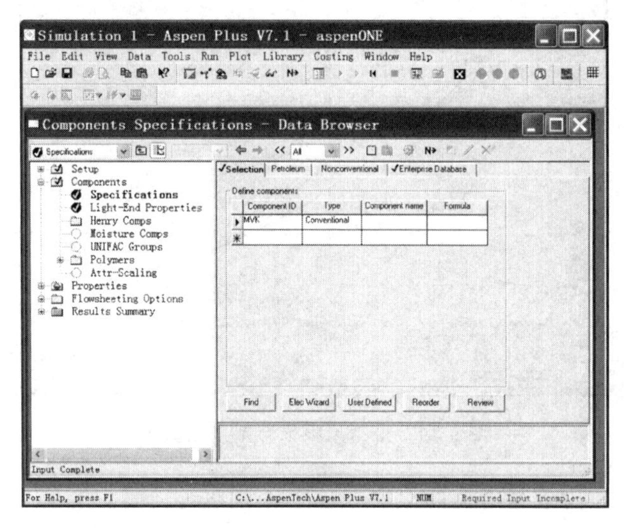

图 9-21　输入组分的 ID

单击 Next，进行全局参数的设置。再次单击 Next，出现 Properties|Estimation|Input|Setup 表格，规定要估计的性质，本例中采用缺省的估计选项，即估计所有缺少的参数，如图 9-22 所示。

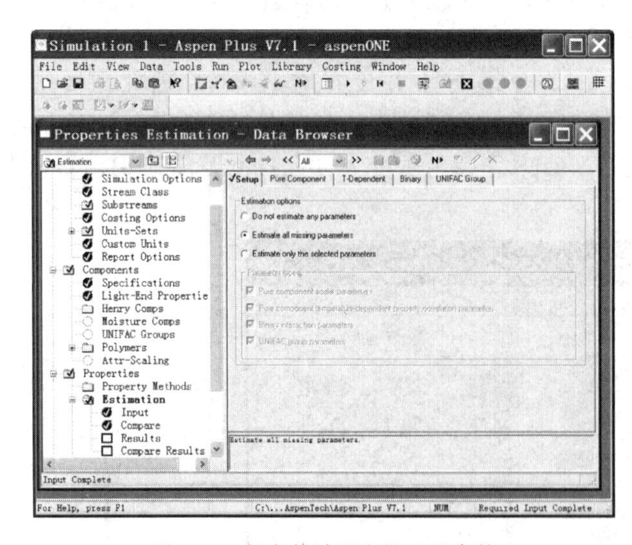

图 9-22　规定估计所有缺少的参数

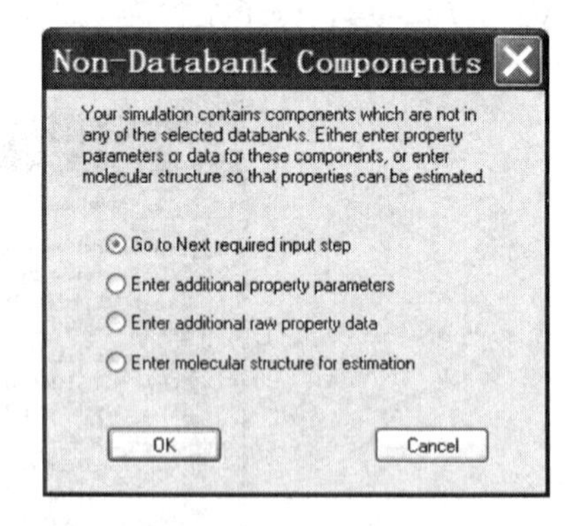

图 9-23　提示未知组分的对话框

(3) 输入分子结构

单击 Next，弹出对话框，提示组分为未知组分，如图 9-23 所示。

选择最下面的选项，即输入分子结构，然后单击 OK，进入组分输入向导，如图 9-24

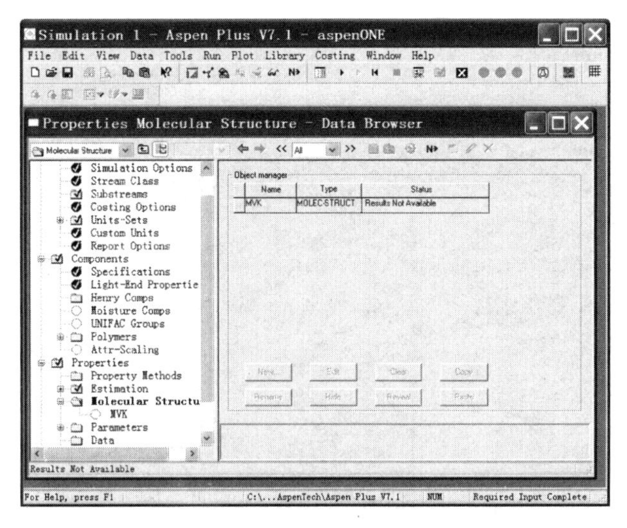

图 9-24　组分输入对象管理器

所示。

单击数据浏览器中的 Properties|Molecular Structure，单击 MVK 前面的圆圈选择该物质，出现 Properties|Molecular Structure|MVK|General 表格，如图 9-25 所示。

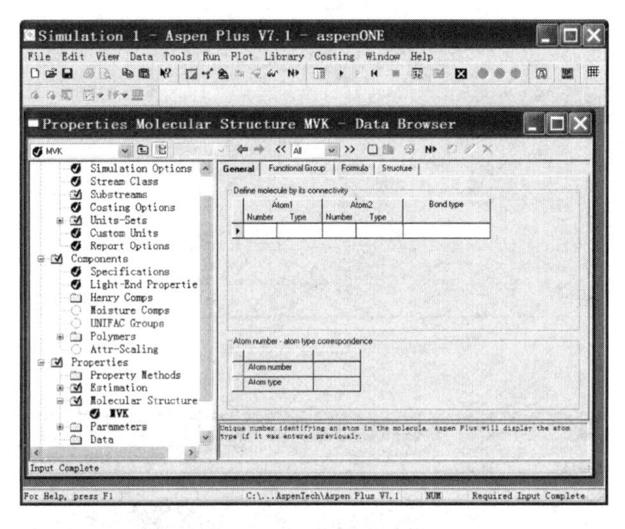

图 9-25　一般信息表格

可以使用普通方法或官能团方法定义分子结构，不过都较为繁琐。一种简单的方法是通过 mol 文件导入分子结果信息。在网站上查到该分子的 mol 文件并保存在电脑上。单击右上角的 Structure 标签，然后单击 Import Structure，定位到 mol 文件的存储位置，单击 Open，导入分子结构，如图 9-26 所示。

单击 Calculate Bonds，弹出对话框，如图 9-27 所示。

单击 OK，完成计算。然后单击 General 标签，观察相应的各个原子之间的连接与成键信息，如图 9-28 所示。

（4）输入已有物性的实验数据

分子结构信息足以让 Aspen Plus 进行物性估计。输入已有的数据能够提高 Aspen Plus

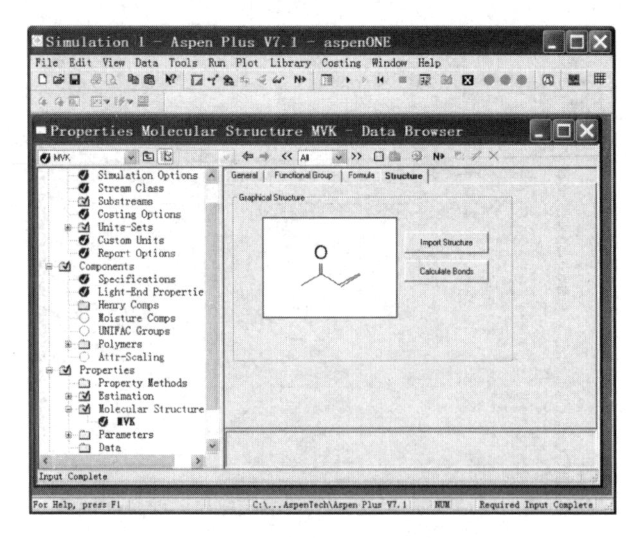

图 9-26　导入分子结构

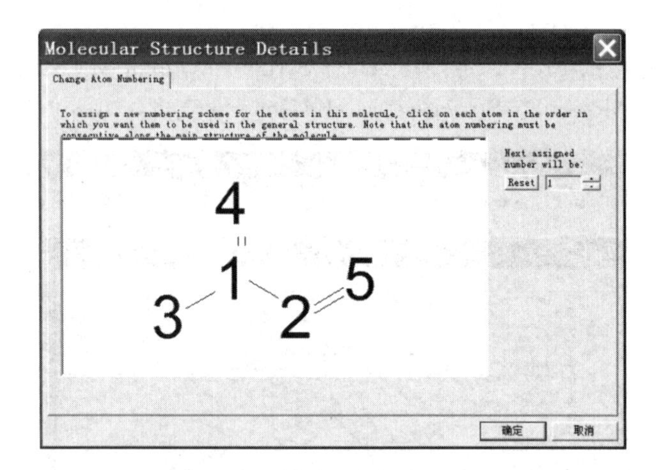

图 9-27　分子结构信息

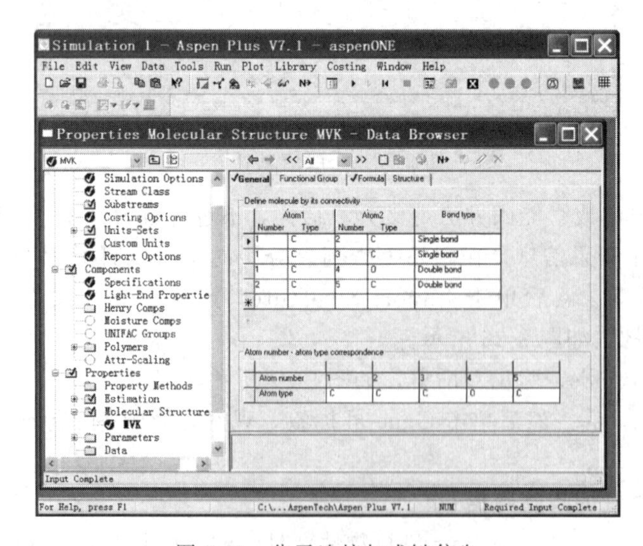

图 9-28　分子连接与成键信息

估计的准确性，因此在进行物性估计时应当输入尽可能多的已知数据。在数据浏览器中单击 Properties|Parameters|Pure Component，出现对象管理器。单击 New，在 New Pure Component Parameters 对话框中选择 Scalar，如图 9-29 所示。

输入新的名称 TBMW（用以表示沸点和分子量）。单击 OK，出现 Properties|Parameters|Pure Component|TBMW|Input 表格。单击表格中 Component 的下拉菜单，选中 MVK，如图 9-30 所示。

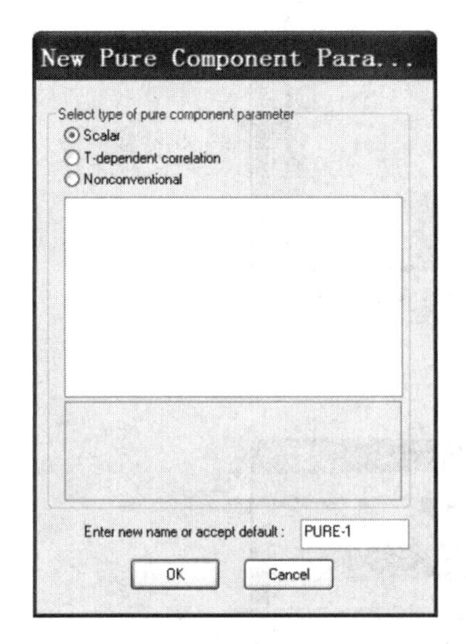

图 9-29　建立一个新的纯组分标量参数

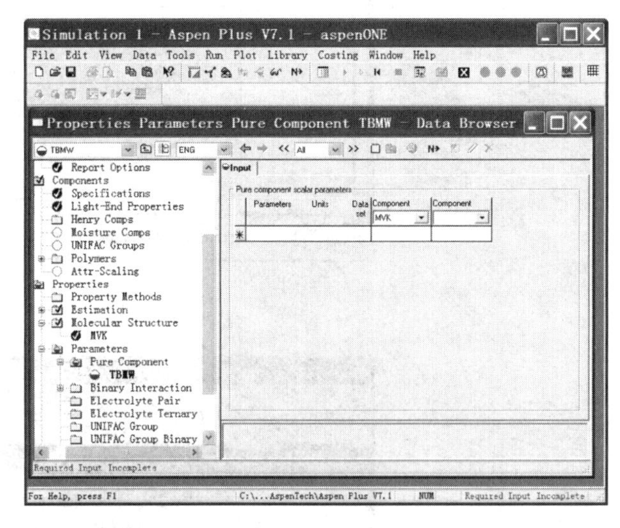

图 9-30　选定物质

单击表格中 Parameters 的下拉菜单，选中 TB，即沸点。单击表格中 Units 的下拉菜单，选中 C 表示沸点是以摄氏度表示的，在第 4 列（在 Component 的地方）中输入 81.4。单击 Parameters 的地方的第 2 行，单击下拉菜单，选择 MW，即分子量，在第 4 列（在 Component 的地方）中输入 70.09。完成后如图 9-31 所示。

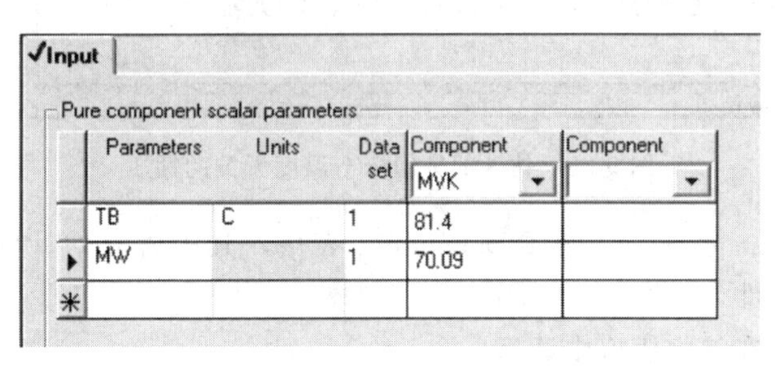

图 9-31　输入沸点与摩尔质量数据

至此完成纯组分性质数据的输入，可以运行 PCES 了。当然，如果用户手头还有其他与温度有关的实验数据，也可以输入。

(5) 运行物性常数估计并查看结果

单击 Next，开始物性常数估计，结果如图 9-32 所示。

因为没有使用官能团，所以忽略警告信息，关闭控制面板。单击数据浏览器中的 Results Summary|Run Status，显示的信息为计算完成，但是有警告。单击数据浏览器中的 Properties|Estimation|Results，出现 Pure Components 表格，其中有估计的纯组分性质，如图 9-33 所示。

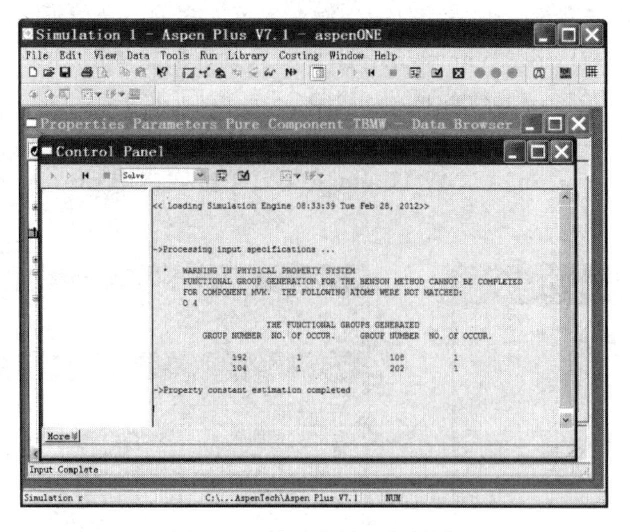

图 9-32 性质估计运行结果

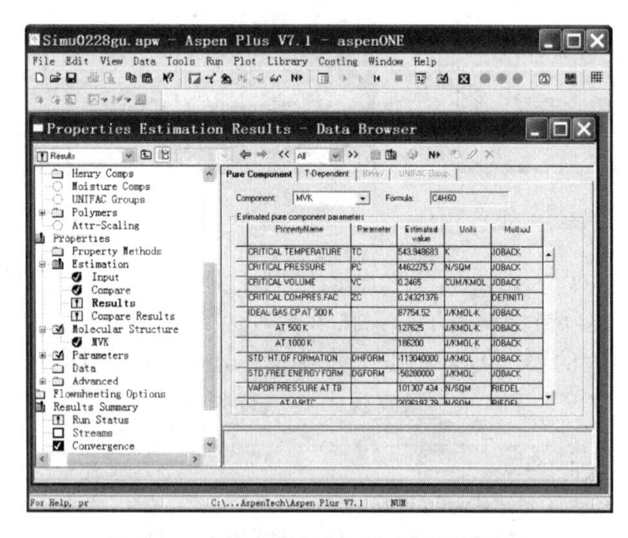

图 9-33 估计的纯组分与温度无关的性质

单击 T-Dependent 标签，出现 T-Dependent 表格，其中含有估计的多项式参数，用以模拟与温度有关的物性，如图 9-34 所示。

(6) 保存文件并在其他模拟中调用

将该文件保存为备份文件 bkp 文件，可以将其应用到含有该物质的流程模拟中。保存文件的方法前文已经讲述。下面讲述如何在流程中导入备份文件。

打开一个流程模拟程序。单击 File|Import，选择刚才保存的备份文件，单击 Open，出现 Resolve ID Conflicts 对话框，如图 9-35 所示。

单击 OK。按 F8，打开数据浏览器。单击 Setup|Specifications|Global，将运行类型改为 Flowsheet，然后就可以进行模拟。

在数据浏览器中，单击 Properties|Estimation|Input，因为已估计了所需要的参数，所以选择 Do not estimate any parameters，如图 9-36 所示。

经过以上步骤，在新的流程模拟中就包括了前面估计的物性。

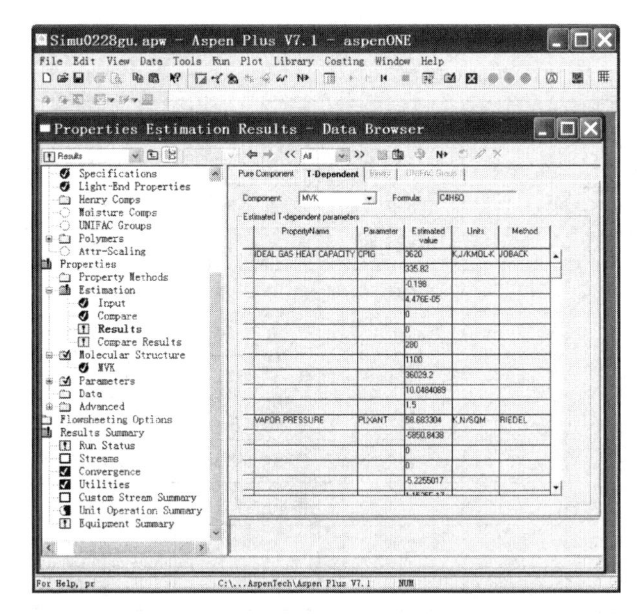

图 9-34　估计的纯组分与温度有关的性质

图 9-35　载入文件对话框

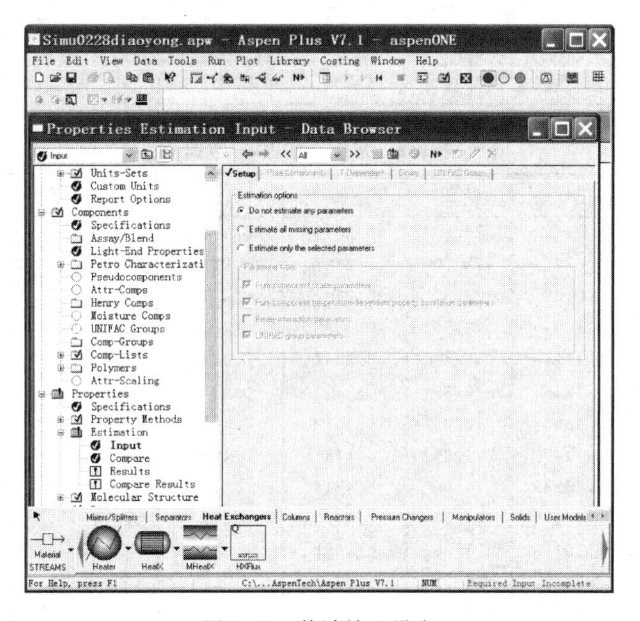

图 9-36　估计输入设定

四、相平衡实验数据的回归

Aspen Plus 的数据回归系统（data regression system）可以用于拟合诸如蒸气压的纯组分物性数据，但是其主要用途是进行多组分汽液平衡（VLE）与液液平衡（LLE）实验数据的热力学模型相关参数的回归。

作为实例，研究乙醇与乙酸乙酯的汽液平衡数据的热力学模型参数的回归。查相关文献，可以得到 40℃ 与 70℃ 的 pxy 数据（Martl. Collect Czech Chem Commun，1972，37：266）与常压下的 Txy 数据（Ortega J，Pena J A. J Chem Eng Data，1986，31：339），列

于表 9-1 和表 9-2 中。

表 9-1　40℃与 70℃的 *pxy* 数据

T/℃	p/mmHg	x	y	T/℃	p/mmHg	x	y
40	136.6	0.0060	0.0220	70	548.6	0.0065	0.0175
40	150.9	0.0440	0.1440	70	559.4	0.0180	0.0460
40	163.1	0.0840	0.2270	70	633.6	0.1310	0.2370
40	183.0	0.1870	0.3700	70	664.6	0.2100	0.3210
40	191.9	0.2420	0.4280	70	680.4	0.2630	0.3670
40	199.7	0.3200	0.4840	70	703.8	0.3870	0.4540
40	208.3	0.4540	0.5600	70	710.0	0.4520	0.4930
40	210.2	0.4950	0.5740	70	712.2	0.4880	0.5170
40	211.8	0.5520	0.6070	70	711.2	0.6250	0.5970
40	213.2	0.6630	0.6640	70	706.4	0.6910	0.6410
40	212.1	0.7490	0.7160	70	697.8	0.7550	0.6810
40	204.6	0.8850	0.8290	70	679.2	0.8220	0.7470
40	200.6	0.9200	0.8710	70	651.6	0.9030	0.8390
40	195.3	0.9600	0.9280	70	635.4	0.9320	0.8880
				70	615.6	0.9750	0.9480

表 9-2　常压下的 *Txy* 数据

T/℃	x	y	T/℃	x	y	T/℃	x	y
78.45	0	0	73.80	0.2098	0.3143	72.50	0.7451	0.6725
77.40	0.0248	0.0577	73.70	0.2188	0.3234	72.80	0.7767	0.7020
77.20	0.0308	0.0706	73.30	0.2497	0.3517	73.00	0.7973	0.7227
76.80	0.0468	0.1007	72.70	0.3086	0.4002	73.20	0.8194	0.7449
76.60	0.0535	0.1114	72.40	0.3377	0.4221	73.50	0.8398	0.7661
76.40	0.0615	0.1245	72.30	0.3554	0.4331	73.70	0.8503	0.7773
76.20	0.0691	0.1391	72.00	0.4019	0.4611	73.90	0.8634	0.7914
76.10	0.0734	0.1447	71.95	0.4184	0.4691	74.10	0.8790	0.8074
75.90	0.0848	0.1633	71.90	0.4244	0.4730	74.30	0.8916	0.8216
75.60	0.1005	0.1868	71.85	0.4470	0.4870	74.70	0.9154	0.8504
75.40	0.1093	0.1971	71.80	0.4651	0.4934	75.10	0.9367	0.8798
75.10	0.1216	0.2138	71.75	0.4755	0.4995	75.30	0.9445	0.8919
75.00	0.1291	0.2234	71.70	0.5100	0.5109	75.50	0.9526	0.9038
74.80	0.1437	0.2402	71.70	0.5669	0.5312	75.70	0.9634	0.9208
74.70	0.1468	0.2447	71.75	0.5965	0.5452	76.00	0.9748	0.9348
74.50	0.1606	0.2620	71.80	0.6211	0.5652	76.20	0.9843	0.9526
74.30	0.1688	0.2712	71.90	0.6425	0.5831	76.40	0.9903	0.9686
74.20	0.1741	0.2780	72.00	0.6695	0.6040	77.15	1	1
74.10	0.1796	0.2836	72.10	0.6854	0.6169			
74.00	0.1992	0.3036	72.30	0.7192	0.6475			

（1）建立一个数据回归

单击 Aspen Plus User Interface，选择 Template。单击 OK，在运行类型中选择数据回归（Data Regression）。单击 OK，在 Components|Specifications|Selection 表中定义组分乙

醇与乙酸乙酯。如图 9-37 所示。

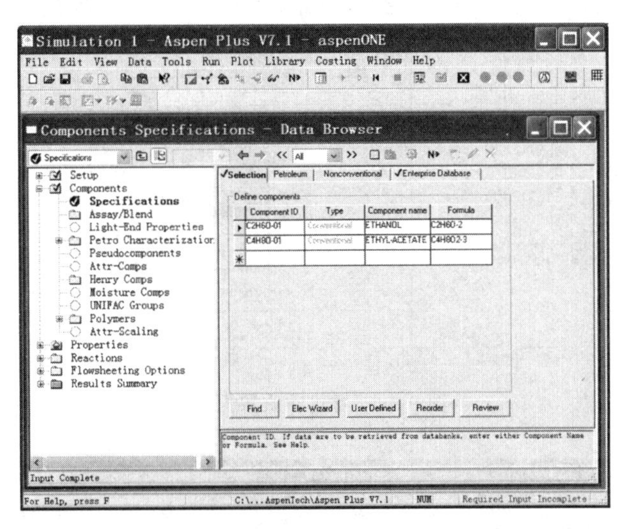

图 9-37　组分输入

在 Properties|Specifications|Global 表中选择物性方法为 NRTL，如图 9-38 所示。

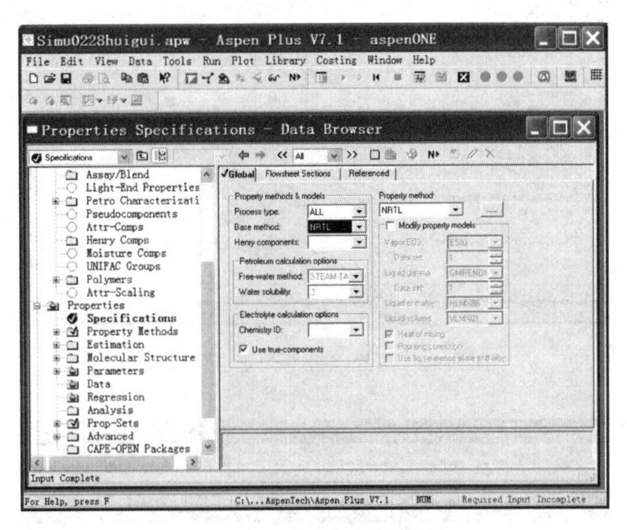

图 9-38　选择热力学模型

（2）输入相平衡实验数据

单击数据浏览器中的 Properties | Data，出现对象管理器。单击 Data 对象管理器上的 New，在弹出的对话框中输入一个 ID，在 Select Type 下拉菜单中选择 MIXTURE。如图 9-39 所示。

单击 OK，进入所建立的数据集表格。在 Setup 表的 Data Type 上选择数据的类型，本例为汽液平衡，实验数据为 pxy，所以选择 PXY 的数据类型。从 Available Components 名单中选择组分，并使用右箭头将它们移动到 Selected Components 名单中。在 Constant temperature or pressure 下规定固定的温度或压力，在 temperature 的右侧输入 40，在下拉菜单中选择 C 即摄氏度。完成以上操作后，如图 9-40 所示。

单击 Data 标签，输入实验数据，性质数据的标准偏差采用系统的缺省值，如图 9-41 所

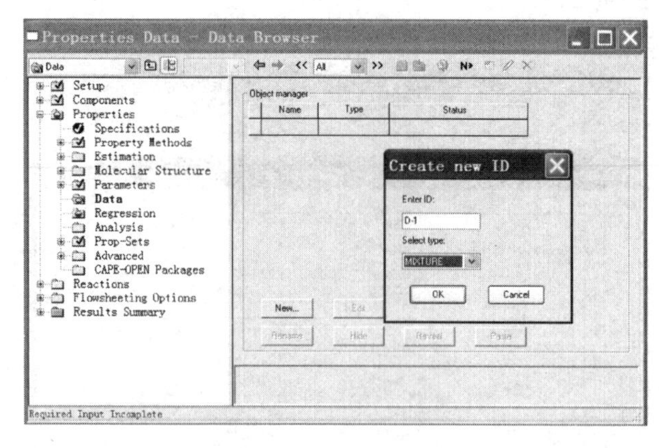

图 9-39　新建性质数据 ID

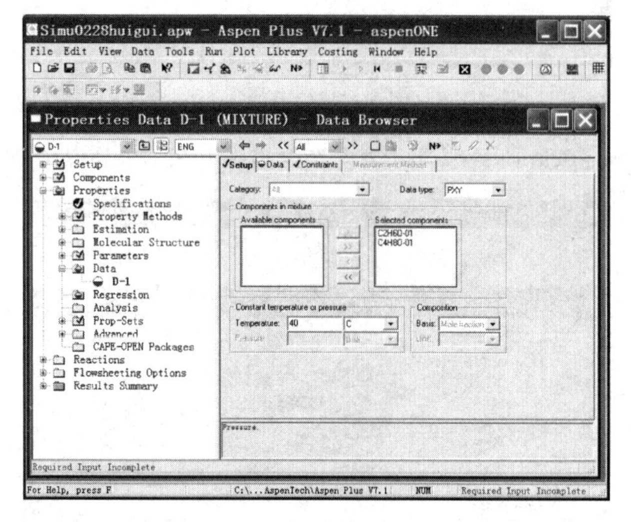

图 9-40　选择组分并规定温度单位

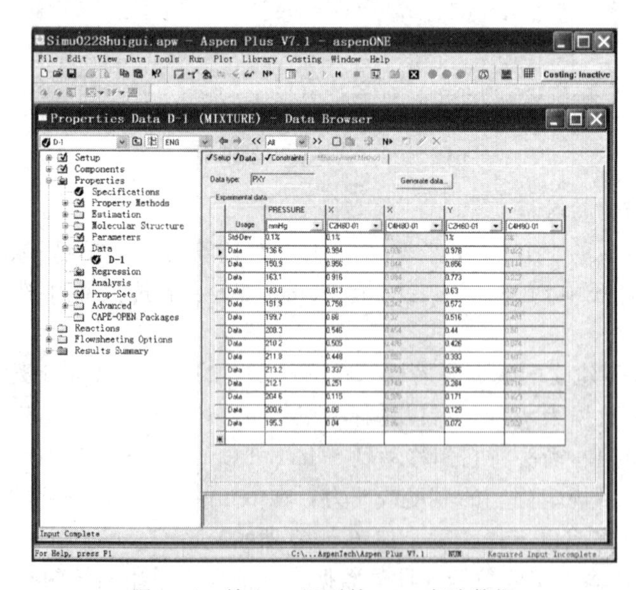

图 9-41　输入 40℃下的 pxy 实验数据

示。注意，数据回归设定如下的缺省标准偏差数据：温度为 0.1℃，压力与液相组成为 0.1%，汽相组成与性质为 1.0%。

在 Properties | Data 的对象管理器上单击 New，建立一个数据集，将 70℃下的 pxy 实验数据输入，如图 9-42 所示。

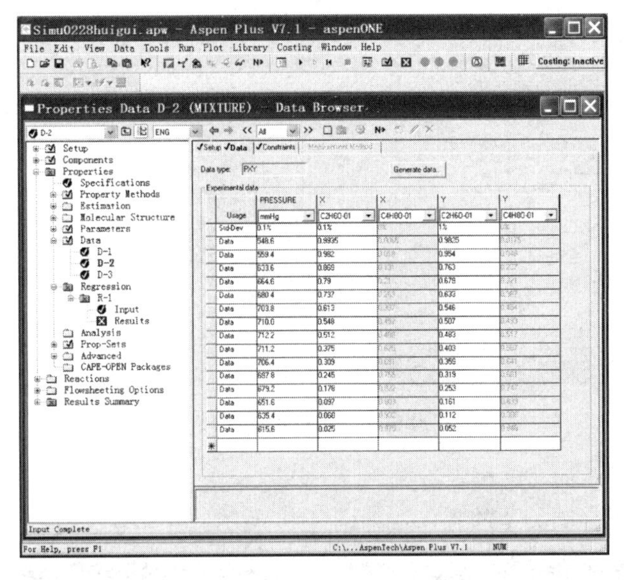

图 9-42　输入 70℃下的 pxy 实验数据

类似地，建立一个数据集，将常压下的 Txy 数据输入，如图 9-43 所示。

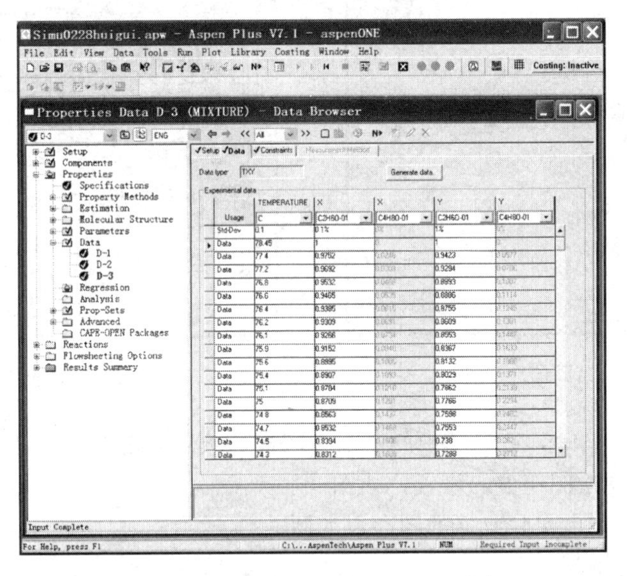

图 9-43　输入常压下的 Txy 实验数据

(3) 实验数据的图形化表达

输入数据后，可以将输入的数据进行绘图，可以形象直观地观察数据是否有录入错误等。

选中一个数据集，本例中选择 D-3，单击菜单栏中的 Plot，在弹出的下拉菜单中选择 Plot Wizard，如图 9-44 所示。

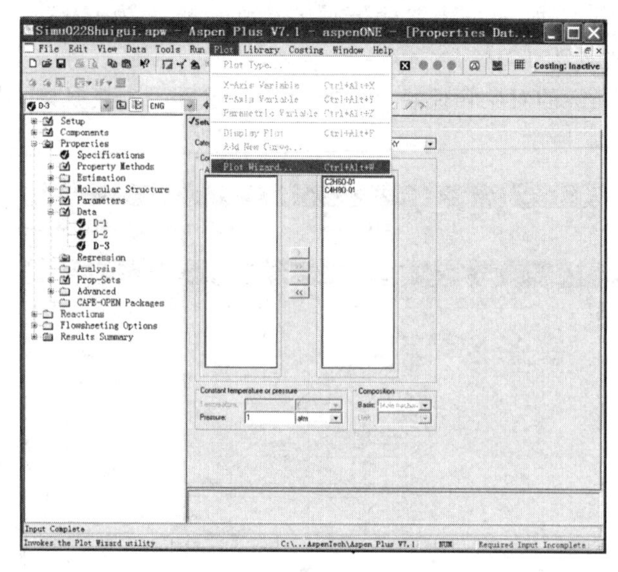

图 9-44　选择绘图向导

弹出如图 9-45 所示的对话框。

单击 Next，出现绘图类型的界面，如图 9-46 所示。

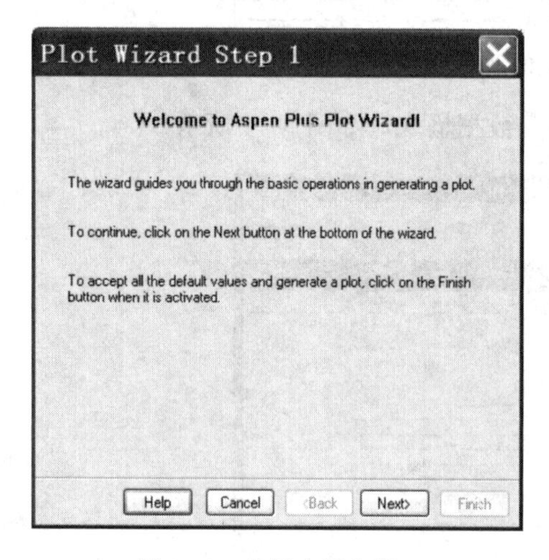

图 9-45　绘图向导步骤 1

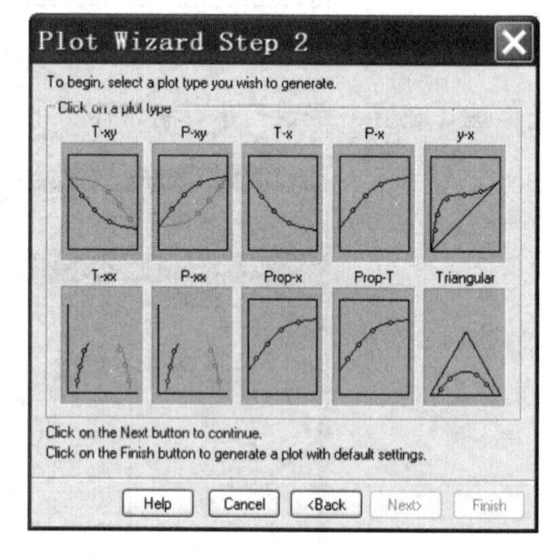

图 9-46　绘图向导步骤 2

由于该数据集是 Txy，选择图中的第一个图形，然后单击 Next，如图 9-47 所示。

单击 Next，出现绘图选项的设置，如图 9-48 所示。

单击 Finish，绘制出实验数据的图形，如图 9-49 所示。

(4) 创建并运行数据回归

在数据浏览器中单击 Properties | Regression，打开其对象管理器，单击其上的 New，在 Create new ID 对话框中输入 ID，如图 9-50 所示。

单击 OK，在 Properties|Regression|R-1|Input Setup 表的 Property Options 表格中规定性质方法为 NRTL。单击 Data Set 的下拉菜单，将前面输入的数据集调出，并采用默认的设置，如图 9-51 所示。需要指出，图中选择 Perform Test 复选框，意味着会进行热力学一致性检验。Test Method 列表框下显示用来进行一致性检验的方法为面积检验法。此外还

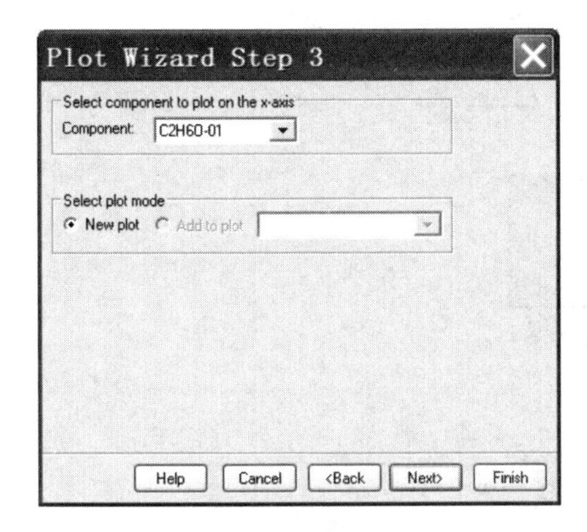

图 9-47　绘图向导步骤 3

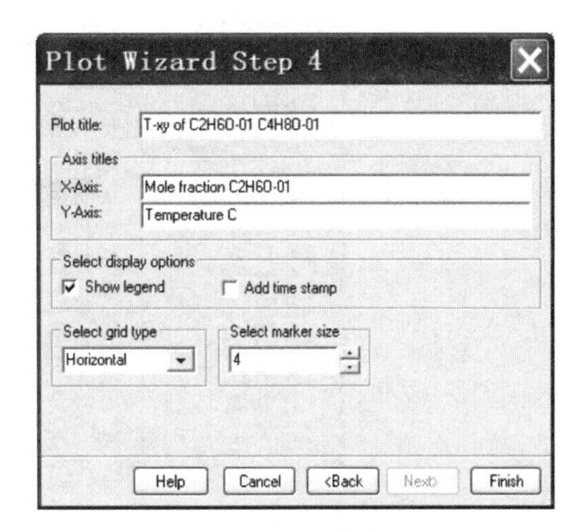

图 9-48　绘图向导步骤 4

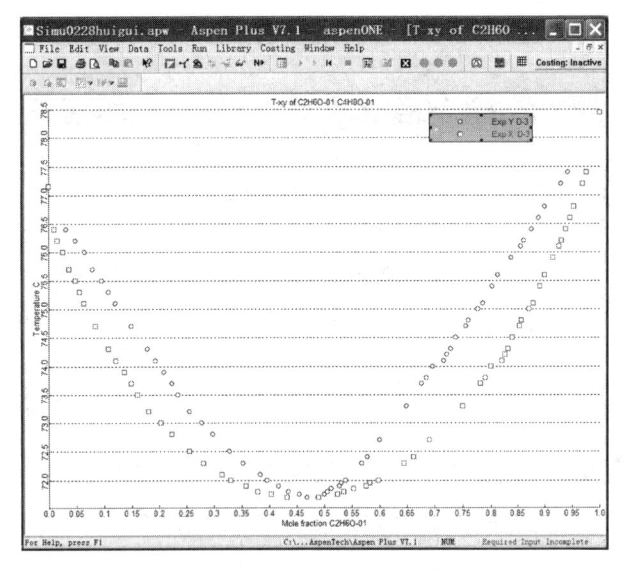

图 9-49　实验数据绘图

可以使用 Reject 复选框，选择是否拒绝没有通过热力学一致性检验的数据集。

注意，热力学一致性检验可能由于以下原因失败：数据含有错误，有可能原始数据错误或数据录入过程出错；汽相状态方程模型不适用于所研究物系汽相的非理想性；数据点不充分或者数据仅涉及很小的浓度范围。要获得有意义的一致性检验结果，输入整个有效组成范围内的数据。如果数据仅涉及一个窄的组成范围，则可以忽略检验结果。

单击 Parameters 表格，输入要回归的参数。由于 VLE 数据覆盖一个宽温度范围，选择二元参数进行回归，进行如图 9-52 所示的设置。

单击 Next，弹出输入对话框。单击 OK，弹出对话框提示可以进行回归。继续单击 OK，如图 9-53 所示，选择所要进行的回归。

如果定义多个回归，可以选择回归的数量与顺序。回归参数值在随后的案例中自动使用，因此回归的运行顺序能够影响回归的结果。本例中仅定义一个回归，所以直接单击 OK 即可。回归运行后，弹出对话框，提示是否覆盖原有的参数，如图 9-54 所示。

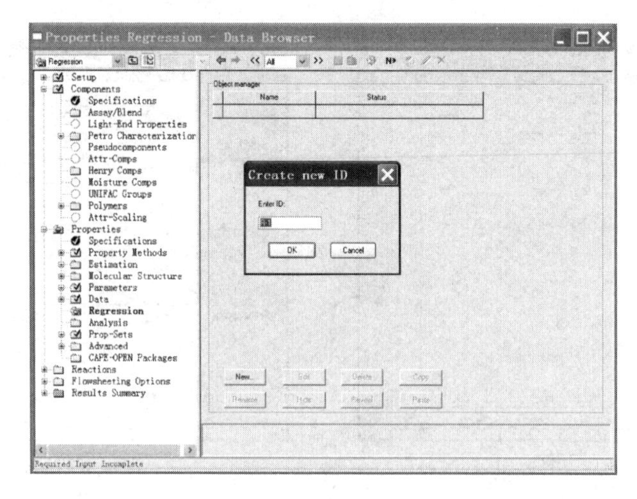

图 9-50 创建回归 ID

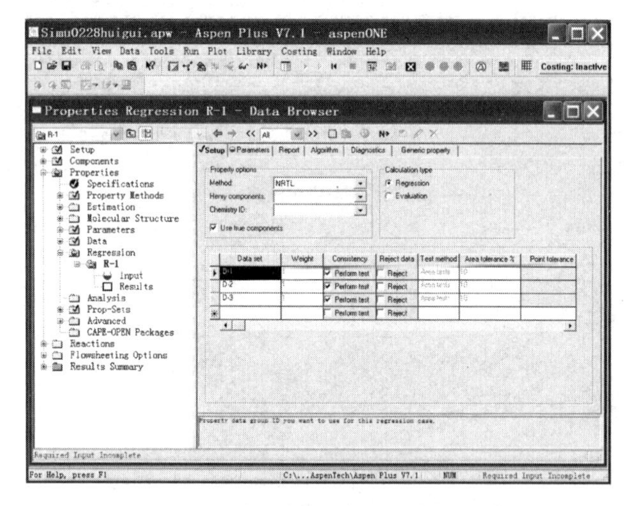

图 9-51 规定性质方法并选择数据集

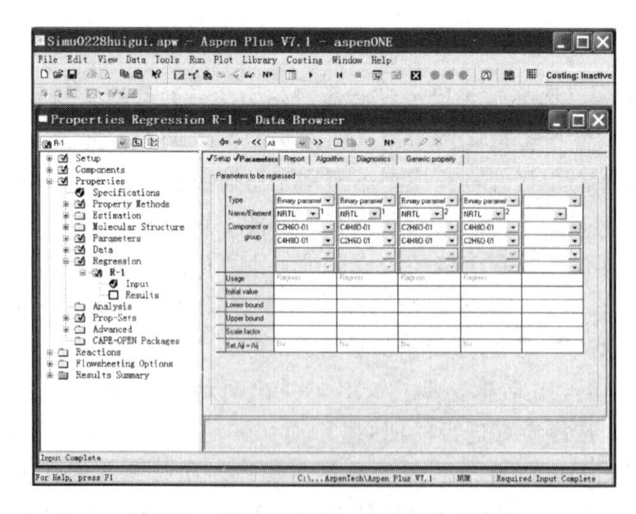

图 9-52 设置回归的二元交互作用参数

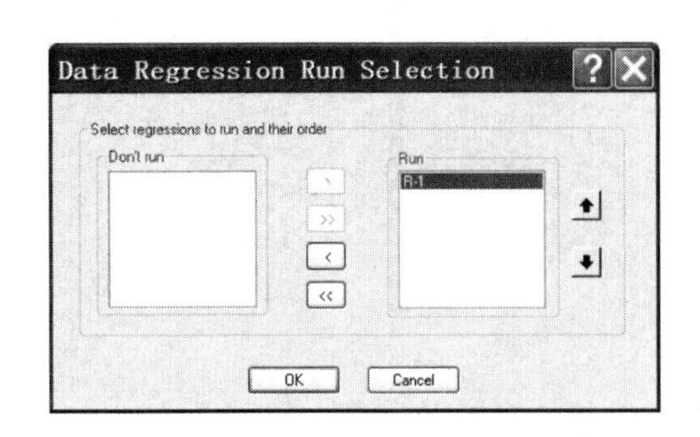

图 9-53　选择所要进行的回归

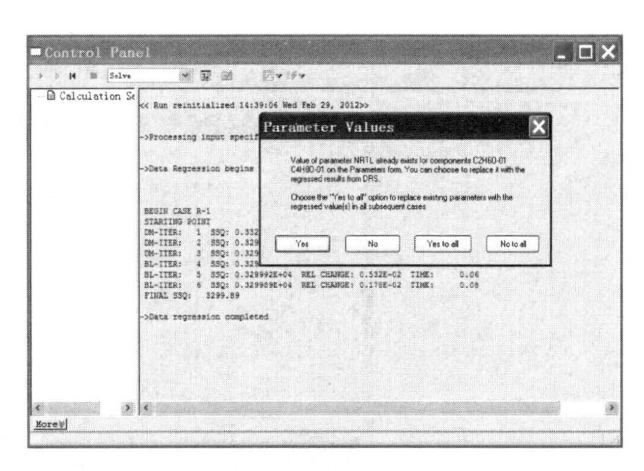

图 9-54　参数选项提示信息

(5) 查看并分析回归结果

单击数据浏览器中的 Properties|Regression|R-1|Results，出现 Regression Results 回归结果表格，如图 9-55 所示，可以查看回归得到的参数值。

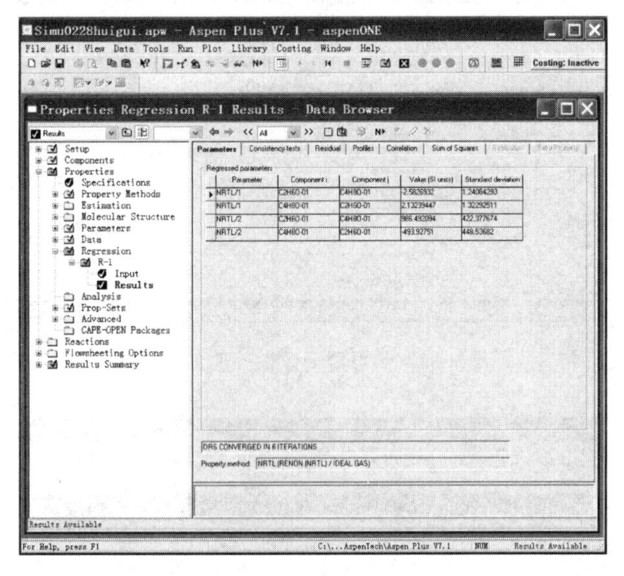

图 9-55　回归得到的参数值

可以通过参数、平方和、一致性检验确定拟合的结果好坏。通常来说，一个回归参数的标准偏差为 0.0 表明参数在其边界上，均方根误差对于 VLE 数据来说小于 10、对 LLE 数据来说小于 100，VLE 数据要通过热力学一致性检验。

单击顶部右侧的 Sum of Squares 标签，可以检查加权平均方差以及均方根误差，如图 9-56 所示。

单击顶部的 Consistency Tests 标签，检查热力学一致性检验的结果，如图 9-57 所示，说明所有的数据集通过了 Redlich Kister 面积检验。

单击顶部的 Residual 标签，检查压力、温度与组成拟合的残差，如图 9-58 所示。

(6) 回归结果的图形化表达

浏览 Regression Results 表格的同时，用户可以使用 Plot Wizard 生成回归结果的绘图，

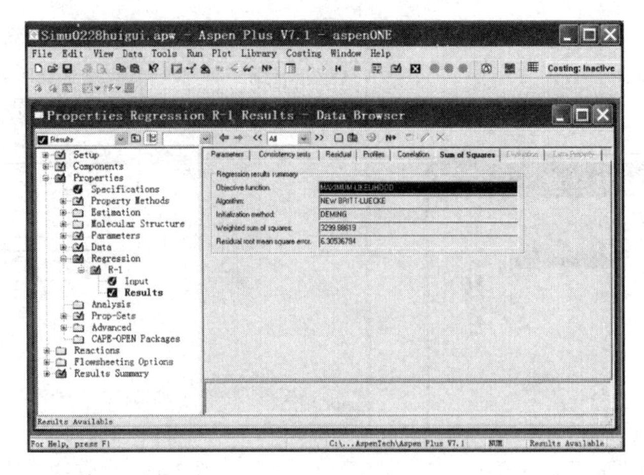

图 9-56　回归结果的均方根误差

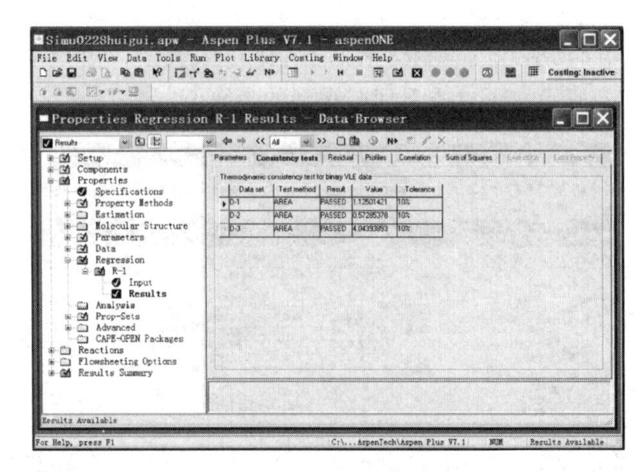

图 9-57　热力学一致性检验的结果

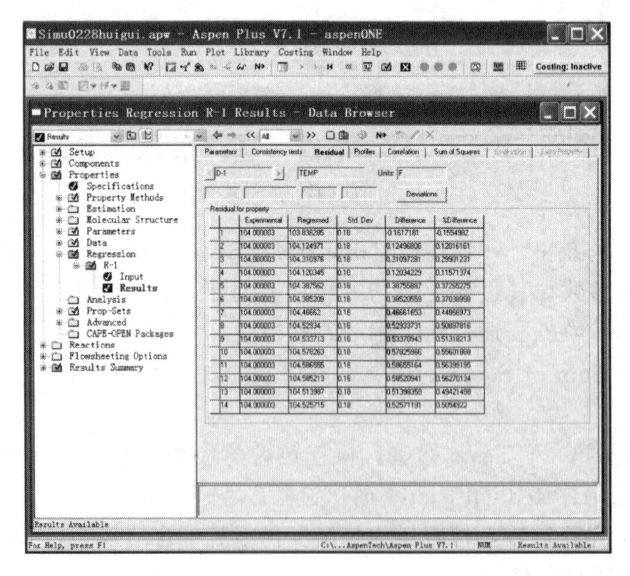

图 9-58　回归的残差

Aspen Plus 提供各种预定义的绘图。在确保打开 Properties | Regression | R-1 | Results | Residual 表格的前提下，单击 Plot Wizard，出现 Plot Wizard Step 1 窗口。单击 Next，出现 Plot Wizard Step 2 窗口，如图 9-59 所示。

选择最下面的 Residual 图形，单击 Next，出现 Plot Wizard Step 3 窗口，如图 9-60 所示，选择其中的 PRESSURE。

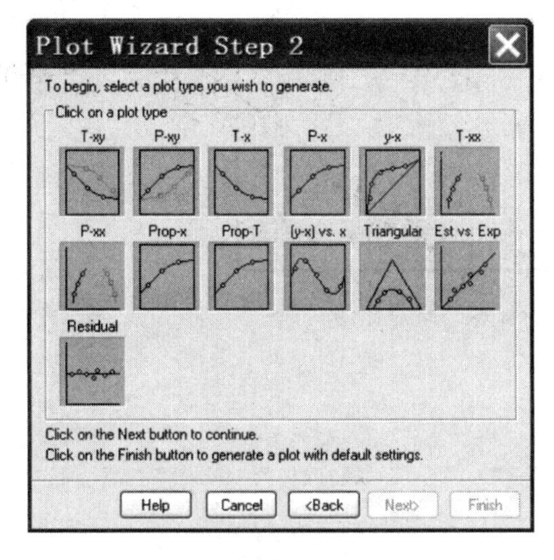

图 9-59 绘图向导步骤 2

图 9-60 绘图向导步骤 3

单击 Next，出现 Plot Wizard Step 4 窗口。单击 Finish，出现残差对性质的图形，如图 9-61 所示，显示误差如何分布。如果测量数据不含有系统误差，偏差应当随机分布在零轴附近。

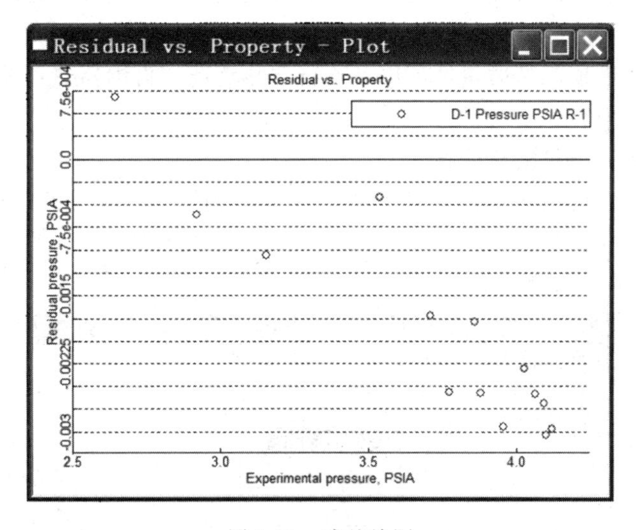

图 9-61 残差绘图

类似地，可以绘制实验数据与计算结果的对比图。图 9-62 对比了数据集 1 的实验数据结果与计算结果。其中，实验数据用符号表示，计算值用线表示。利用这些图形，能够评价拟合的质量，确定坏的数据点。

可以在一个图中绘制几种回归的结果，从而对比相同数据集拟合过程中几种性质模型的优劣，这通过选择 Plot Wizard 上的 Add to Plot 实现。

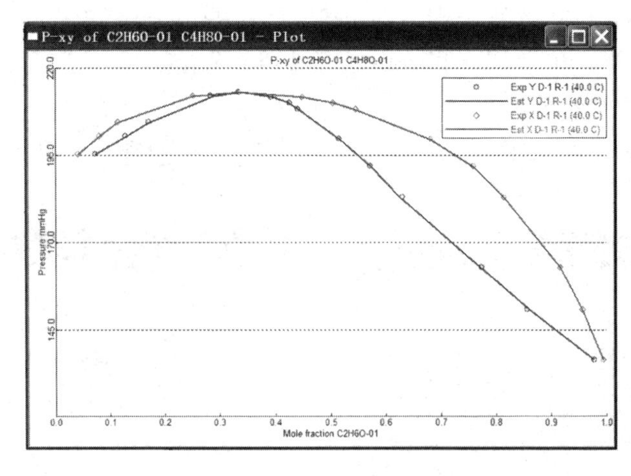

图 9-62 实验数据结果与计算结果对比图

第二节 流程与模型分析工具

Aspen Plus 软件中非常有用的工具是灵敏度分析、设计规定与优化。下面结合实例进行介绍。

一、灵敏度分析

模拟的一个优点是可以研究操作变量变化时过程性能的灵敏性，通过改变输入研究相应变量的变化情况称为灵敏度分析。以甲基环己烷回收塔模拟为例，研究苯酚的不同进料流量下甲基环己烷回收塔塔顶产品质量纯度以及冷凝器热负荷、再沸器热负荷的变化关系，通过灵敏度分析完成上述内容。

(1) 创建并设置一个灵敏度分析

首先打开甲基环己烷回收塔的模拟文件。在数据浏览器中单击 Model Analysis Tools | Sensitivity，出现 Model Analysis Tools | Sensitivity 对象管理器，点击 New，弹出 Create new ID 对话框，如图 9-63 所示。

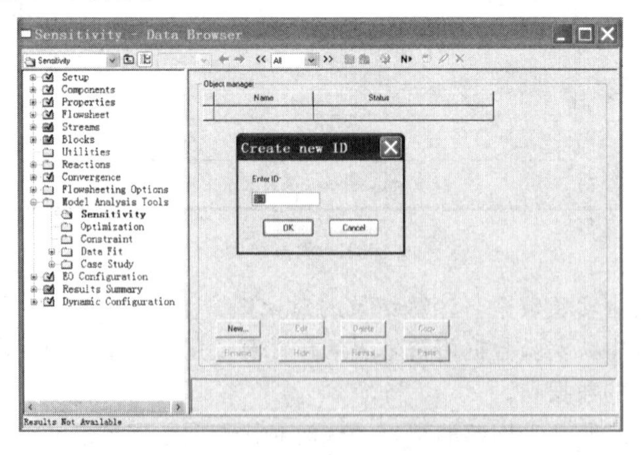

图 9-63 创建一个灵敏度分析

单击 OK，采取系统默认值 S-1，出现 Model Analysis Tools|Sensitivity|S-1|Input|Define 表格，如图 9-64 所示。

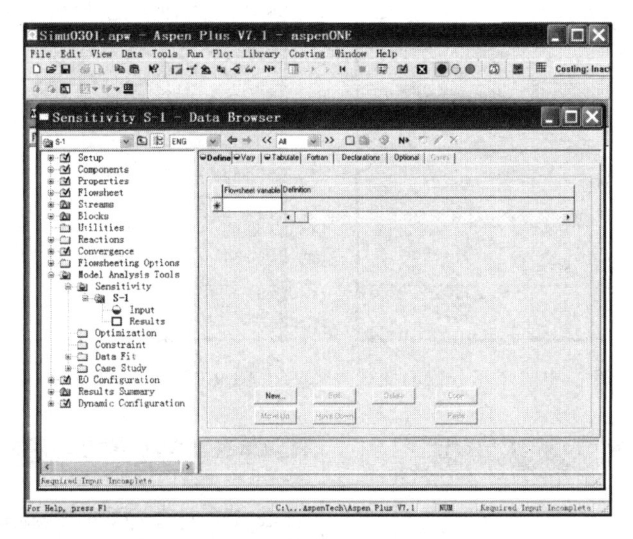

图 9-64 灵敏度分析定义表格

在 Define 表格中定义所要计算变量的名称，即产品纯度、冷凝器热负荷和再沸器热负荷；在 Vary 表格中规定操纵变量即苯酚流量的变化范围和每次计算所增加的大小；在 Tabulate 表格中建立所需要的数据表格式。在 Define 表中单击 New，出现 Create new variable 对话框，输入 XMCH 作为变量的名称，如图 9-65 所示。

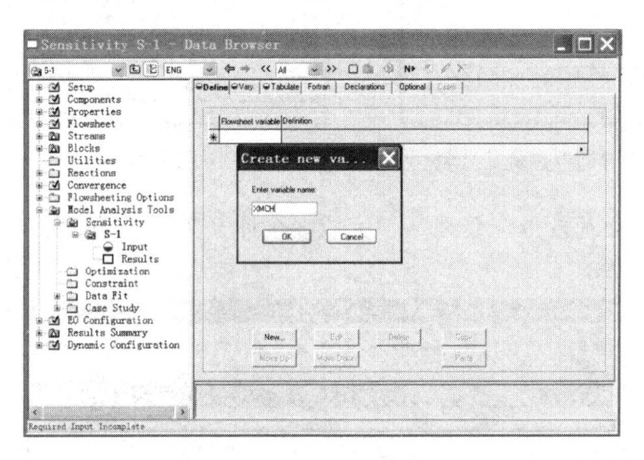

图 9-65 创建一个新的变量

单击 OK，弹出 Variable Definition 对话框。在 Category 区域，选择 Streams。在 Reference 区域，单击 Type 的下拉菜单，选择 Mole-Frac，单击 Stream 的下拉菜单，选择塔顶馏出物即 TOP1，单击 Component 的下拉菜单，选择组分为 C7H14-01，如图 9-66 所示，定义甲基环己烷在塔顶产品中的摩尔分数这个变量为 XMCH。

单击 Close，回到 Model Analysis Tools|Sensitivity|S-1|Input|Define 表，可以看到所定义的变量。采用类似的方法，分别定义 QCOND 和 QREB 作为冷凝器热负荷和再沸器热负荷，如图 9-67 和图 9-68 所示。

注意：Sensitivity 模块使用 ENG 单位，所以热负荷的单位是 Btu/h，如果切换菜单栏

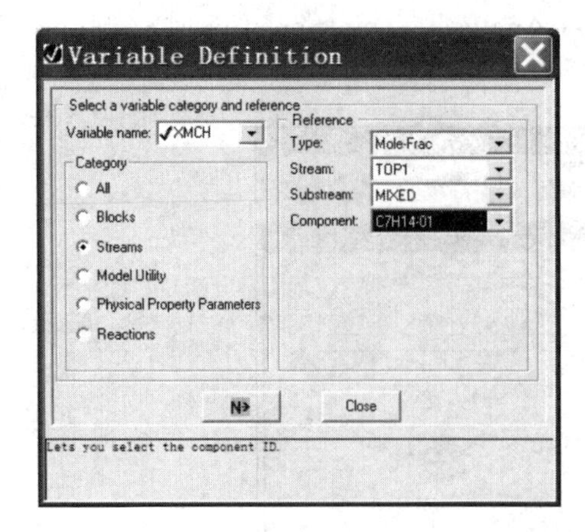

图 9-66　定义塔顶产品中的摩尔分数的变量

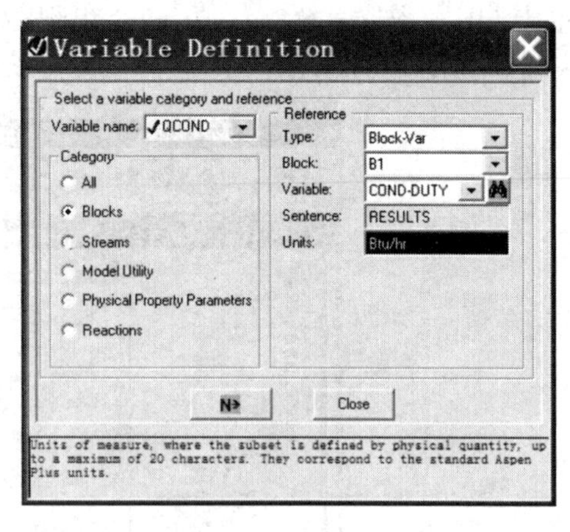

图 9-67　定义塔顶冷凝器热负荷变量

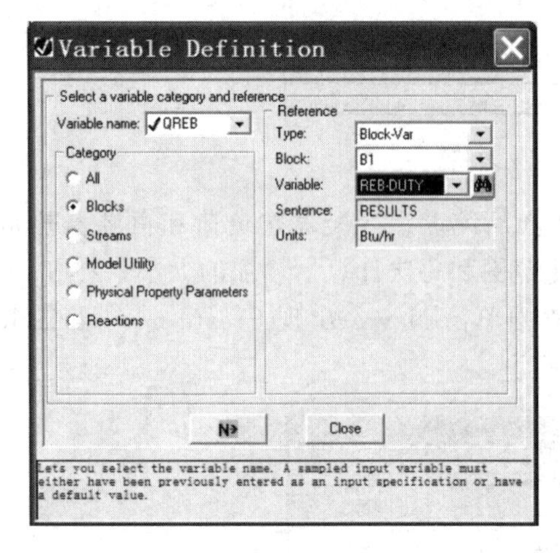

图 9-68　定义塔釜再沸器热负荷变量

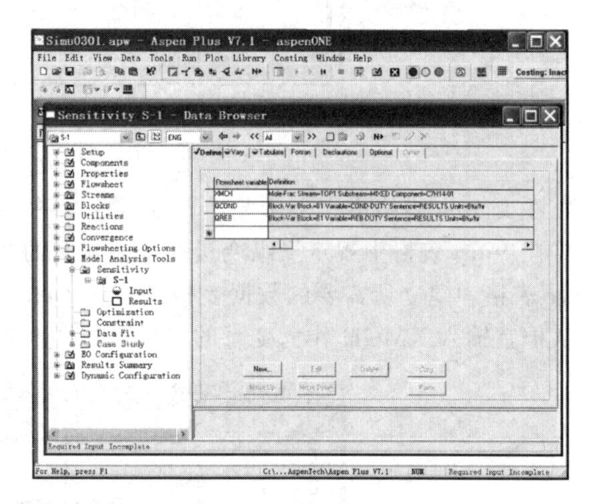

图 9-69　定义的 3 个变量

中的单位制为 SI，热负荷的单位会是 W。完成 3 个计算变量 XMCH、QCOND 和 QREB 的定义后，如图 9-69 所示。

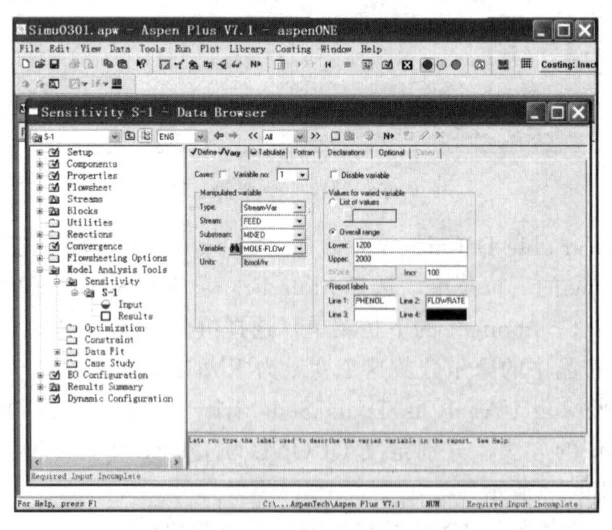

图 9-70　规定变量的相关参数

单击 Next 或单击 Vary 标签，出现 Model Analysis Tools | Sensitivity | S-1 | Input | Vary 表。单击 Manipulated variable | Type 的下拉菜单，选择 Stream-Var。单击 Stream 的下拉菜单，选择 FEED。单击 Variable 的下拉菜单，选择 MOLE-FLOW。在 Values for varied variable 区域，选择 Overall range，输入 Lower1200、Upper2000、Incr100，表示进料苯酚流量变化范围为 1200～2000 lbmol/h，增量为 100 lbmol/h 流量。在 Report labels 区域，输入报告标志 Line1 为 PHENOL、Line2 为 FLOWRATE。以上设定完成后如图 9-70 所示。

单击 Next 或单击 Vary 标签，出现 Model Analysis Tools | Sensitivity | S-1 | Input | Tabulate 表。单击 Fill Variables 按钮，Aspen Plus 自动列出所有的已经定义好的变量，如图 9-71 所示。

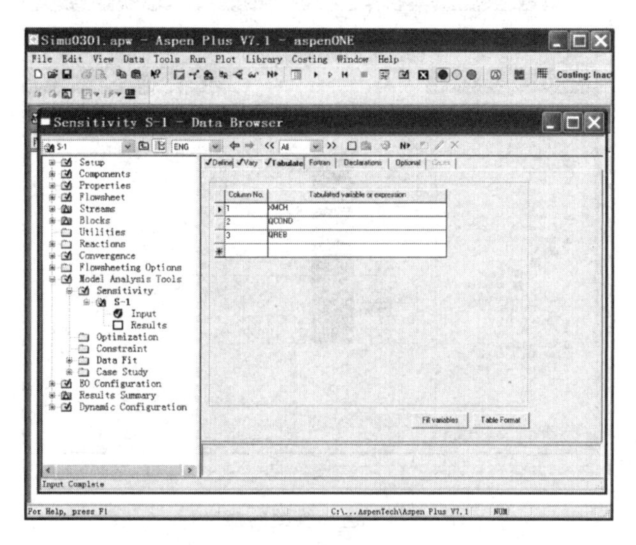

图 9-71　定制所要显示的变量

单击 Table Format，出现 Table Format 对话框，Labels 被分成 4 行，输入后如图 9-72 所示。

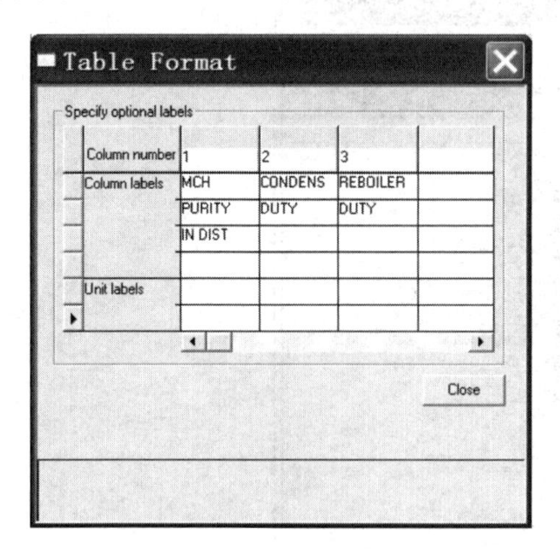

图 9-72　表格形式

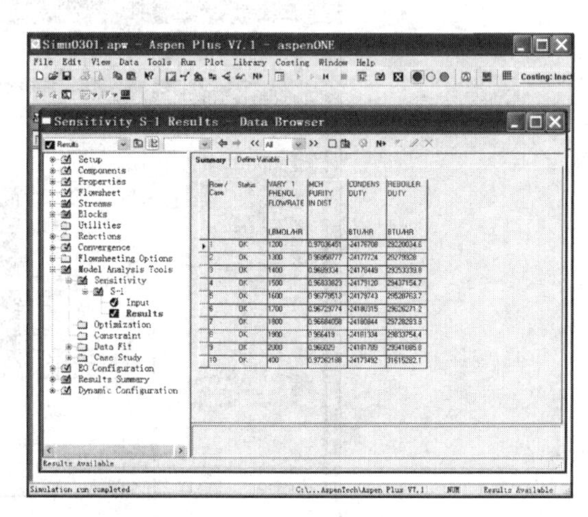

图 9-73　灵敏度分析结果列表

然后点击 Close。至此，创建并设置一个灵敏度完成，可以进行灵敏度分析。

(2) 运行灵敏度分析并查看结果

单击 Next，或者按 F5 或者从 Aspen Plus 菜单栏中选择 Run，然后再次选择 Run，运行灵敏度分析。单击数据浏览器下的 Model Analysis Tools|Sensitivity|S-1|Results，出现 Model Analysis Tools Sensitivity S-1 Results Summary 表格，如图 9-73 所示。

(3) 灵敏度分析结果的图形化表达

采用图形，可以更加形象直观地观察灵敏度分析的结果。单击图 9-73 中第 2 列的顶部，选中 VARY 1 PHENOL FLOWRATE 列，从 Plot 菜单中选择 X-Axis Variable，如图 9-74 所示。

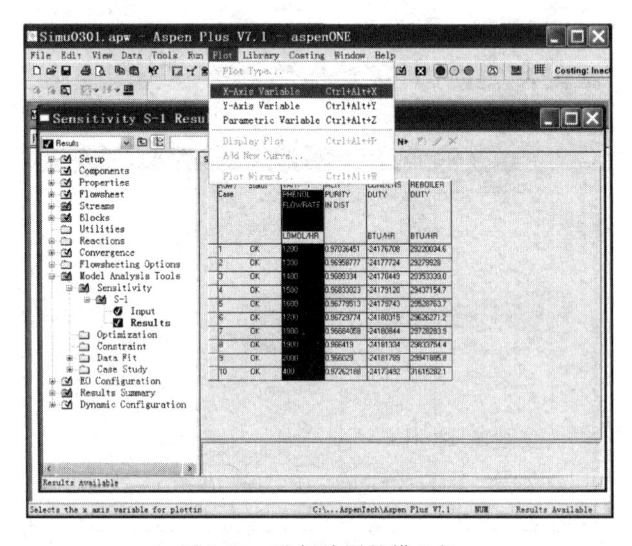

图 9-74 选择绘图的横坐标

单击图 9-74 中第 3 列的顶部，选中 MCH PURITY IN DIST 列，从 Plot 菜单中选择 Y-Axis Variable，如图 9-75 所示。

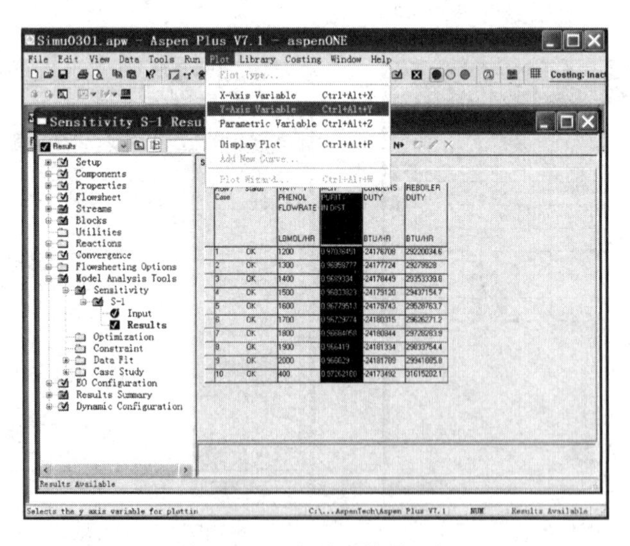

图 9-75 选择绘图的纵坐标

从 Plot 菜单中选择 Display Plot，如图 9-76 所示。

出现包含图形的新窗口，如图 9-77 所示。

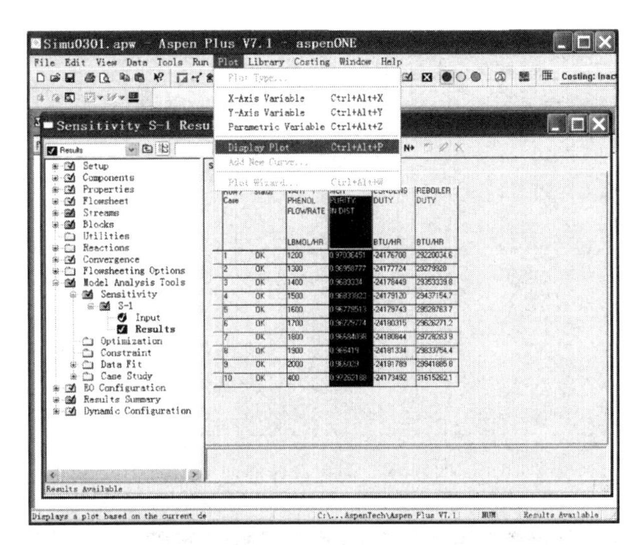

图 9-76　进行绘图的显示

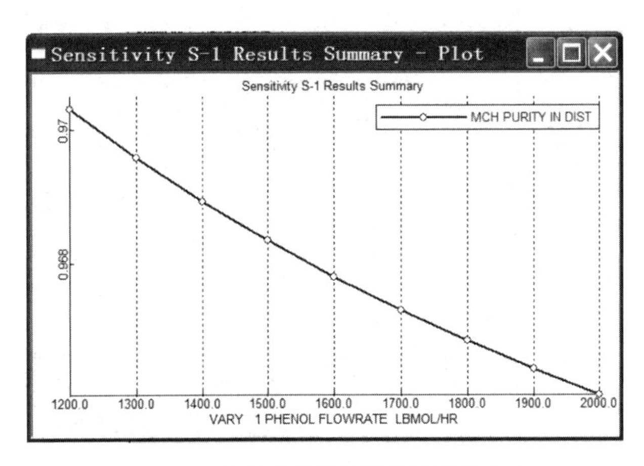

图 9-77　灵敏度分析结果的图形化表达

二、设计规定

有时希望在过程模拟中确定具有特定输出变量的输入变量，Aspen Plus 提供的设计规定可以完成这一任务。仍以甲基环己烷回收塔模拟为例，确定塔顶产品质量纯度为 98.0% 时进料苯酚流量的大小。

(1) 创建一个设计规定

首先打开所做的包含灵敏度分析的甲基环己烷回收塔的模拟文件。从 Aspen Plus 菜单栏中选择 File|Save As，在 Save As 对话框中选择保存的模拟文件的目录。在数据浏览器中单击 Flowsheeting Options|Design Spec，出现 Design Spec 对象管理器，点击 New，出现 Create new ID 对话框，如图 9-78 所示。

点击 OK 接受缺省值 ID (DS-1)，出现 Flowsheeting Options|Design Spec|DS-1|Define 表格，如图 9-79 所示。

在 Define 表中，可以手动定义 XMCH 为 MCH 纯度。由于已在灵敏度 S-1 中定义 XMCH，可以从 Sensitivity 中复制 XMCH，不用在 DS-1 中重新建立 XMCH。单击数据浏

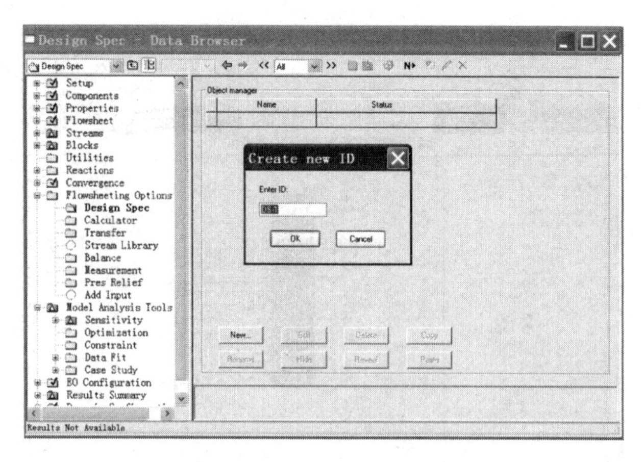

图 9-78　创建设计规定 ID

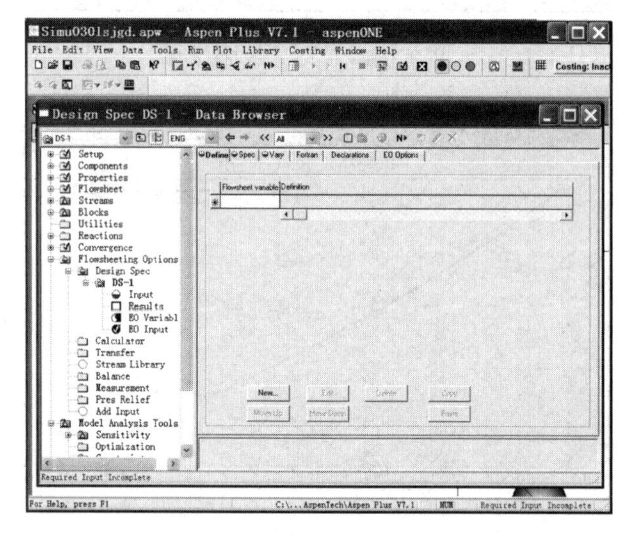

图 9-79　设计规定定义表格

览器中的 Model Analysis Tools | Sensitivity | S-1 | InputInput | Define 表，选择 XMCH，点击 Copy，如图 9-80 所示。

在数据浏览器中单击 Flowsheeting Options | Design Spec | DS-1 | Input | Define 表，选择右下角的 Paste 按钮，将变量 XMCH 复制到 Design-Spec DS-1 中，如图 9-81 所示。

单击 Next 或单击 Spec 标签，出现 Flowsheeting Options | Design Spec | DS-1 | Input | Spec 表。在 Spec 右侧空间输入 XMCH * 100，把样品的摩尔分数转换成百分数。在 Target 右侧空间输入 98.0。在 Tolerance 右侧空间输入 0.01。如图 9-82 所示。

单击 Next 或单击 Vary 标签，出现 Flowsheeting Options | Design Spec | DS-1 | Input | Vary 表。在 Manipulated variable 下的 Type 的下拉菜单中选择 Stream-Var。在 Stream name 的下拉菜单中选择 PHENOL。在 Variable 的下拉菜单中选择 MOLE-FLOW。在 Manipulated variable limits 区域，Lower 右侧方框内输入 1200，Upper 右侧方框内输入 2000。在 Report Labels 区域，Line 1 下方框内输入 PHENOL，Line 2 下方框内输入 FLOW-RATE。完成输入后的页面如图 9-83 所示。

至此，已经创建好一个设计规定 Flowsheeting Options | Design Spec | DS-1。

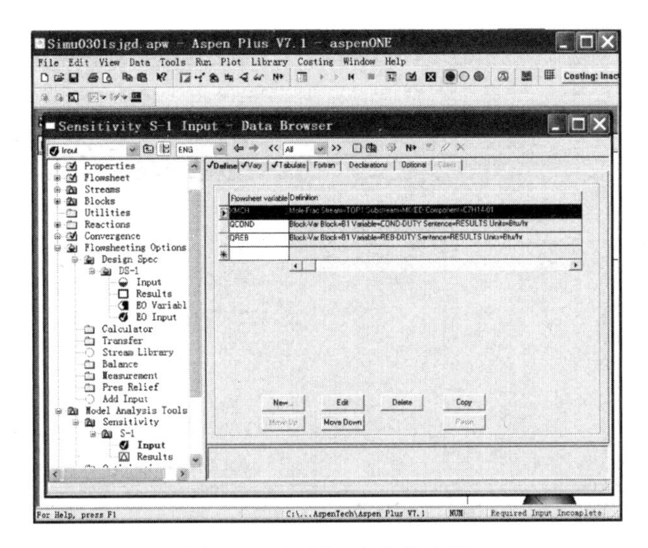

图 9-80　复制已定义的变量

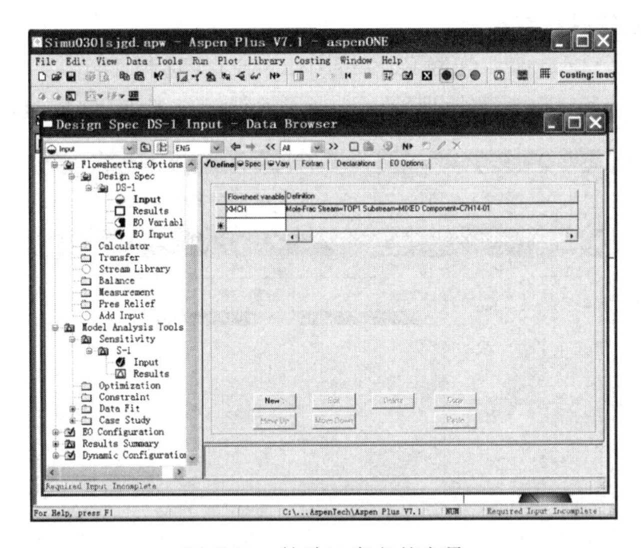

图 9-81　粘贴已定义的变量

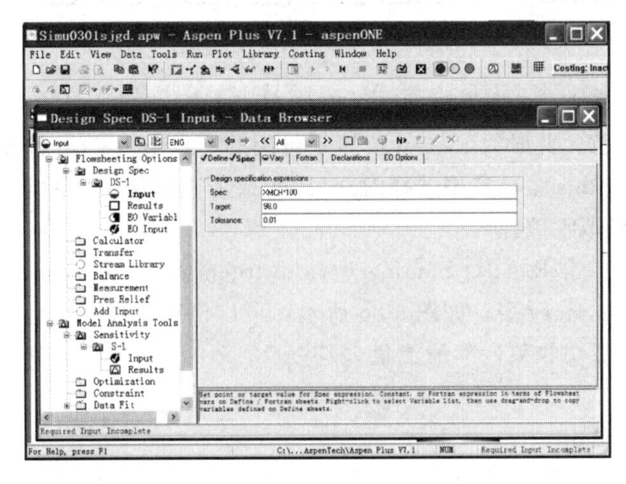

图 9-82　输入规定的相关参数

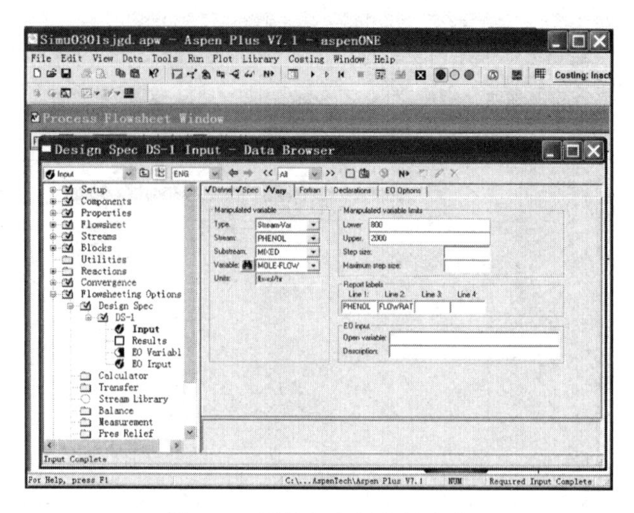

图 9-83 设计规定的变量参数

(2) 运行设计规定并检查结果

在运行设计规定分析之前，先隐藏 Sensitivity S-1。选择 Data|Model Analysis Tools|Sensitivity，出现 Sensitivity 对象管理器，选择 S-1 行，点击 Hide 按钮，如图 9-84 所示。

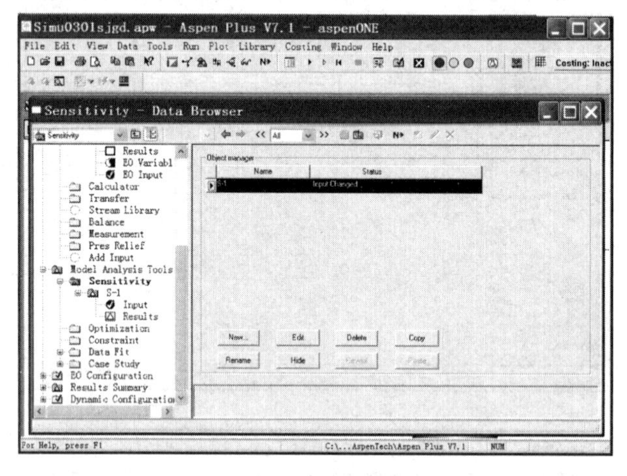

图 9-84 隐藏灵敏度分析

弹出对话框，单击 Yes，在弹出的对话框中单击 OK，S-1 从对象管理器上消失，在模拟中不再起作用。注意：此时的 Reveal 按钮是可用的，点击 Reveal 按钮可以显示并激活隐藏的对象。从 Aspen Plus 菜单栏中选择 Run|Run 或者直接按 F5 键，运行模拟，运行后如图 9-85 所示，表示模拟收敛。

在数据浏览器下点击 Results Summary|Convergence，出现 Results Summary|Convergence|DesignSpec Summary 表，如图 9-86 所示，可以检查设计规定是否已经满足。

可以看出，计算成功收敛，苯酚流量大约是 1515.0，没有显示单位，单位是与全局设置相同的 lbmol/h。

(3) 保存文件并退出

从 Aspen Plus 菜单栏中点击 File|Exit，出现 Aspen Plus 对话框，点击 Yes 保存模拟。

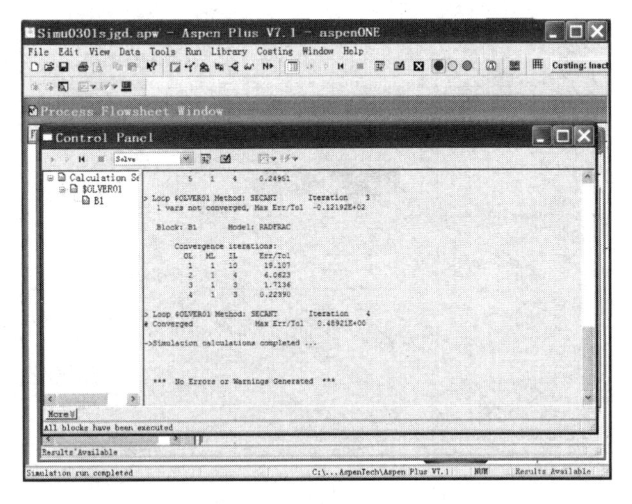

图 9-85　设计规定运行过程

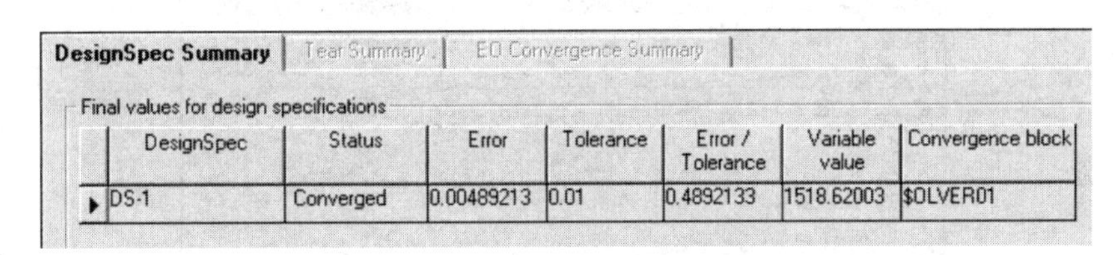

DesignSpec	Status	Error	Tolerance	Error / Tolerance	Variable value	Convergence block
DS-1	Converged	0.00489213	0.01	0.4892133	1518.62003	$OLVER01

图 9-86　设计规定运行结果

三、优化

化工过程设计中通常需要进行过程设备最优操作条件的选择或设备的最优设计，可以通过 Aspen Plus 的优化实现。最优化问题在形式上描述为一个目标函数与独立变量的约束，通过寻找一组满足约束的独立变量达到目标函数的最优值。Aspen Plus 采用迭代的方式求解优化问题，包括 SQP 和 Complex 两种特定方法。仍以前文的甲基环己烷回收塔为例，说明优化的用法。

(1) 创建并设置一个优化

首先打开甲基环己烷回收塔的模拟文件，设置其全局单位为 SI，修改苯酚进料流量为 1600 lbmol/h。在数据浏览器中单击 Model Analysis Tools|Optimization，出现 Model Analysis Tools|Optimization 对象管理器，单击 New，弹出 Create new ID 对话框，如图 9-87 所示。

单击 OK，使用缺省 ID，出现 Model Analysis Tools|Optimization|O-1|Input|Define 表格，如图 9-88 所示。

建立优化问题过程中使用的流程变量并命名。单击 New，在弹出的对话框中输入 FLOWTO，如图 9-89 所示。

单击 OK，弹出 Variable Definition 对话框。在 Category 区域，选择变量的种类为 Streams。在 Reference 区域，点击 Type 的下拉菜单，选择 Mass-Flow，点击 Stream 的下拉菜单，选择塔顶馏出物即 TOP1，点击 Component 的下拉菜单，选择 C7H14-01，如图 9-90所示，定义塔顶馏出物流量为变量 FLOWTO。

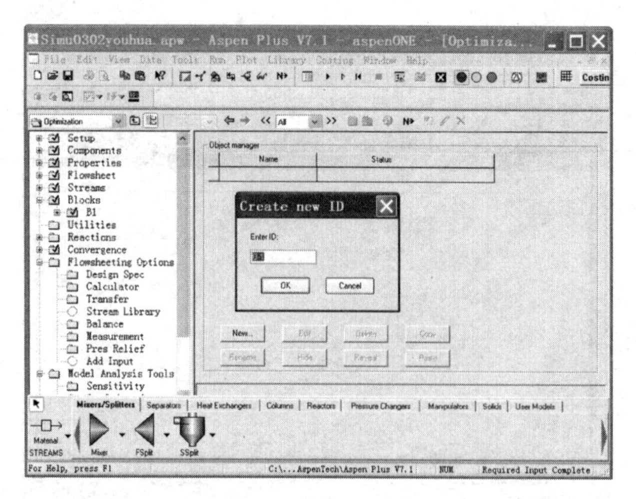

图 9-87　创建一个优化 ID

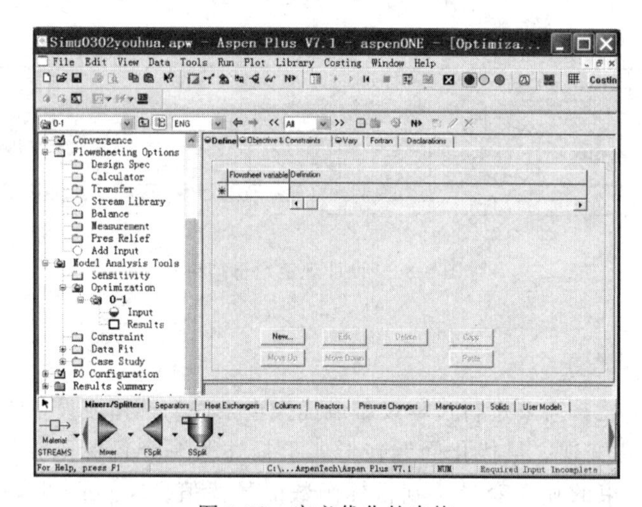

图 9-88　定义优化的表格

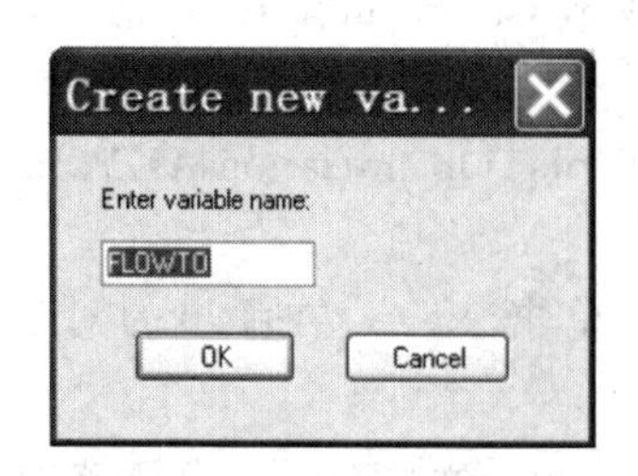

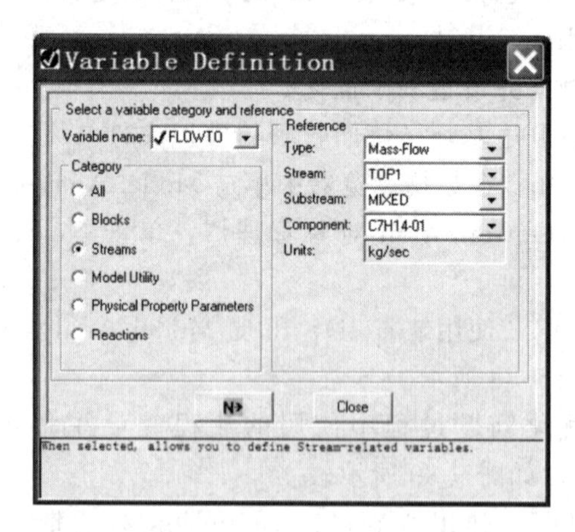

图 9-89　创建变量对话框　　　　图 9-90　变量定义对话框

单击 Close 回到定义表格。采用类似的方法，分别定义变量 QDCOND 和 QDREB 作为精馏塔的冷凝器热负荷和再沸器热负荷，如图 9-91 和图 9-92 所示。

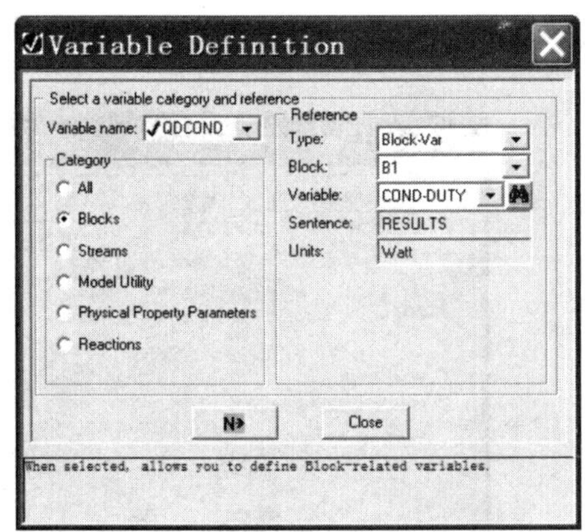

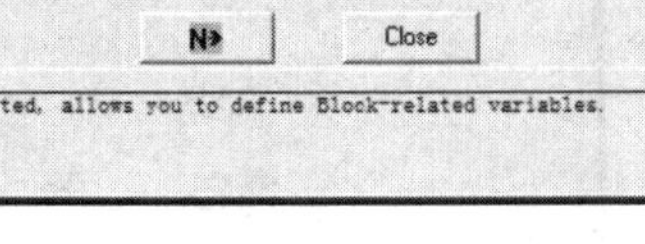

图 9-91　定义变量 QDCOND

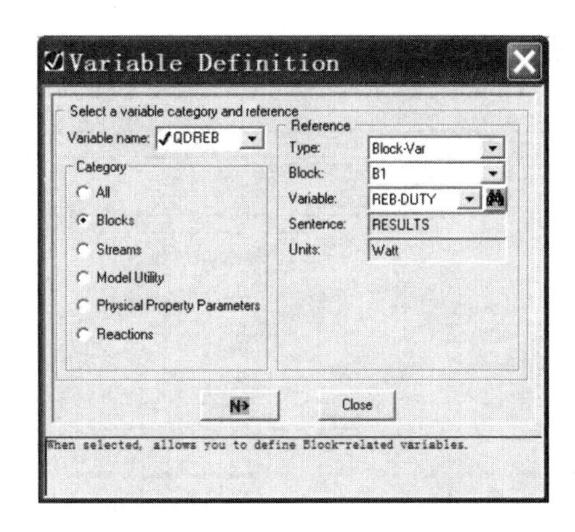

图 9-92　定义变量 QDREB

完成 3 个流程变量定义后，如图 9-93 所示。

当存在与优化相关的约束时，在规定目标函数前应当先定义约束。本例中，约束为塔顶产品的质量纯度大于或等于 95%。在数据浏览器中单击 Model Analysis Tools|Constraint，出现 Model Analysis Tools|Constraint，点击 New，弹出 Create new ID 对话框，如图 9-94 所示。

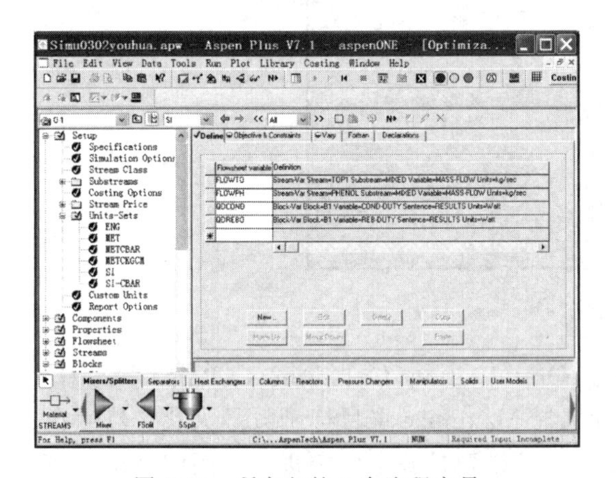

图 9-93　所定义的 3 个流程变量

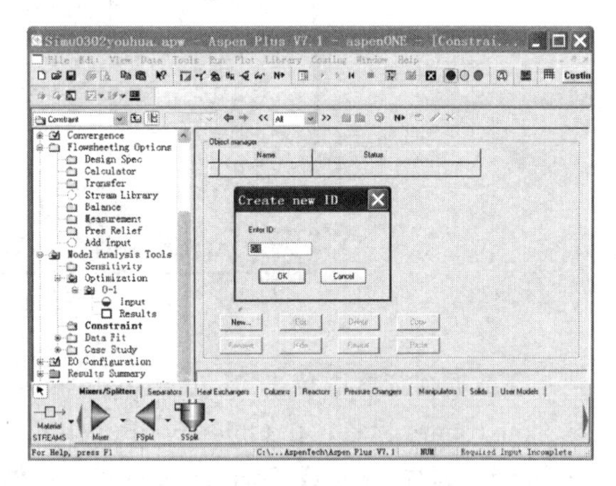

图 9-94　创建约束对话框

单击 OK，采用缺省的 ID，出现 Model Analysis Tools|Constraint|C-1|Input|Define 表格，如图 9-95 所示。

单击 New，在弹出的对话框中输入 MASTOP。点击 OK，弹出 Variable Definition 对话框。在 Category 区域，选择 Streams。在 Reference 区域，点击 Type 的下拉菜单，选择 Mass-Frac，点击 Stream 的下拉菜单，选择塔顶馏出物即 TOP1，点击 Component 的下拉菜单，选择组分为 C7H14-01，如图 9-96 所示，定义甲基环己烷在塔顶产品中的质量分数为变量 MASTOP。

单击 Close 回到定义表格。单击 Model Analysis Tools|Constraint|C-1|Input|Spec 表格，进行约束的规定。在右上侧的方框内输入约束变量的名称 MASTOP，点击 Specification 下面方框内的下拉菜单，选择 Greater than or equal to，在其右侧的方框内输入 0.95，在 Tolerance 右侧的方框内输入 0.001，如图 9-97 所示。

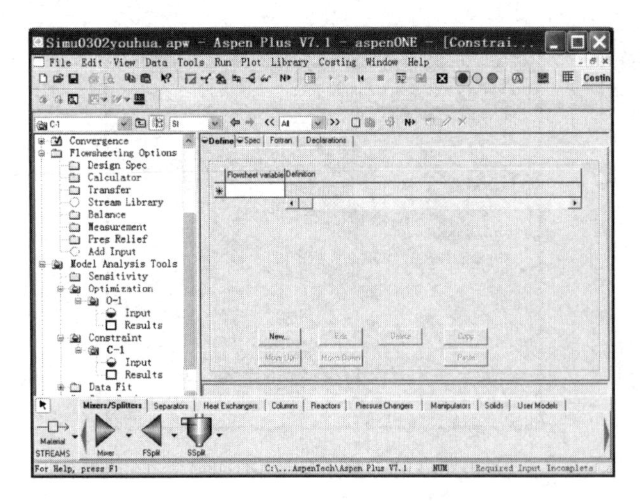

图 9-95 定义约束的表格

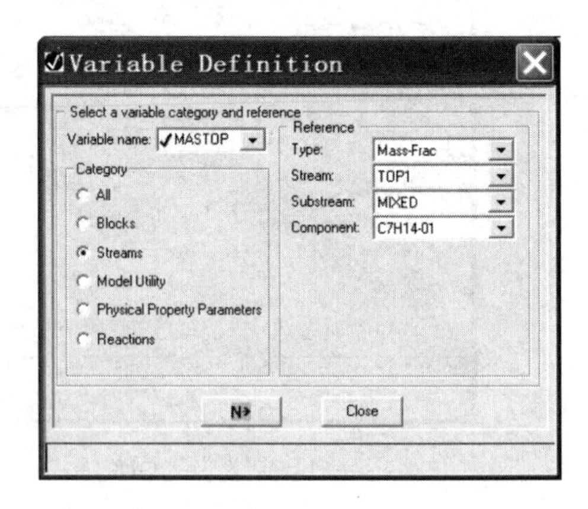

图 9-96 定义变量 MASTOP

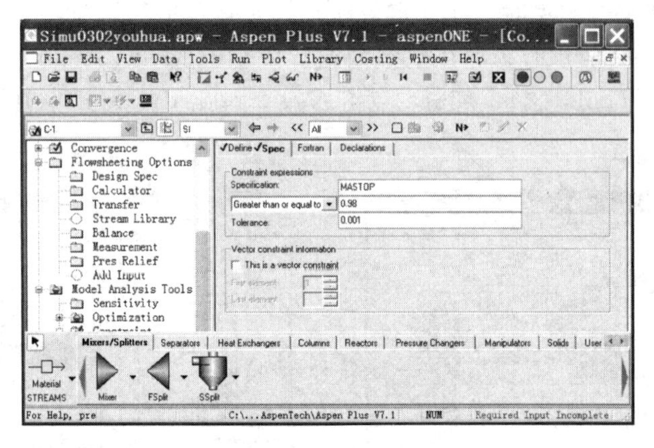

图 9-97 规定约束

在数据浏览器中单击 Model Analysis Tools|Optimization|O-1|Input，单击 Objective & Constraints 标签，在 Objective Function 下面选择 Maximize 将目标函数最大化，然后在其右侧输入目标变量或 Fortran 表达式。本例所研究的模型是确定固定进料、固定理论板数等条件下找出收益最大的回流比，采用简化的模型：塔顶产品价格为 8 元/千克，冷凝器的费用折算为 $3e^{-8}$元/焦耳，再沸器的费用折算为 $3e^{-7}$元/焦耳。目标函数为：FLOWTO * 8 +QDCOND * 3e-8-QDREB * 3e-7。注意，冷凝器的传热量在 Aspen 中是用负数表示，因此在计算费用时应当乘以－1。与优化有关的约束 C-1，使用箭头按钮将其从 Available Constraints 列表中移动到 Selected Constraints 列表中。如图 9-98 所示。

在数据浏览器中单击 Model Analysis Tools|Optimization|O-1|Input，单击 Vary 标签，在 Variable Number 右侧的下拉菜单中选择〈new〉。在 Type 右侧的下拉菜单中选择变量类型为 Block-Var，在 Block 右侧的下拉菜单中选择 B1，在 Variable 右侧的下拉菜单中选择 MOLE-RR。在 Manipulated variable limits 方框内的 Lower 栏输入常数 1 作为回流比的下限，在 Upper 栏输入常数 15 作为回流比的上限。

(2) 运行优化并查看结果

单击 Next 或者按 F5 运行优化。单击数据浏览器下的 Convergence|Convergence|

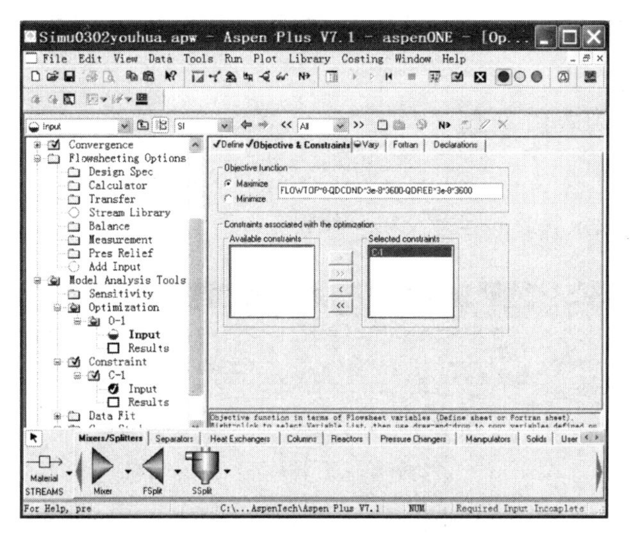

图 9-98　选择已定义的约束

$OLVER02|Results|Summary，出现如图 9-99 所示的结果。

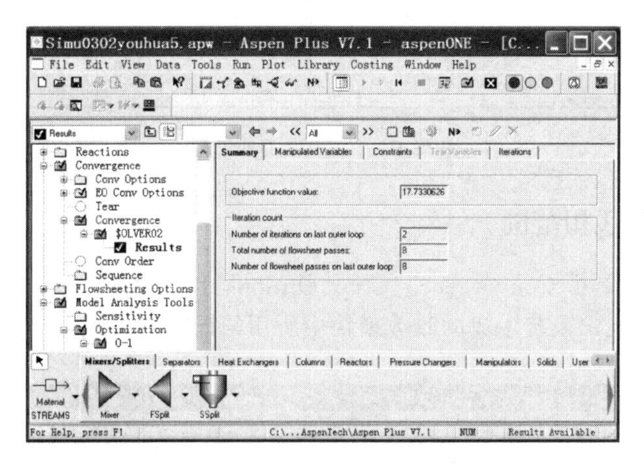

图 9-99　优化运行结果

上面显示迭代的信息与目标函数值。单击 Manipulated Variables 标签，可以看到目标函数最优时的回流比为 1.48。

第三节　计算序列与收敛策略

传统流程模拟的求解大多采用序贯模块法，Aspen Plus 默认也是采用这种方法。利用 Aspen Plus 进行化工过程模拟时遇到的最大问题是模拟不收敛，因此了解序贯模块法求解模拟问题的过程是很有必要的。

对具有循环回路、设计规定或优化问题的流程，必须通过迭代的方法进行求解。Aspen Plus 能够自动选择撕裂流股、定义一个收敛模块、确定相应的计算序列，然后进行求解。撕裂流股是从循环回路选定的一股物流，通过给其赋予初始估值而使得流程可以按序贯模块的方式进行求解，该估值在求解迭代过程中不断更新，直到两次相邻估计值的误差满足要求时为止。收敛模块确定撕裂流股或设计规定及优化的操纵变量的初始估计值如何在迭代过程中进行更新。

一、收敛模块的撕裂收敛参数

在数据浏览器中单击 Convergence|Conv Options|Defaults|Tear Convergence 表格，如图 9-100 所示，可以规定收敛的容差及相关参数。

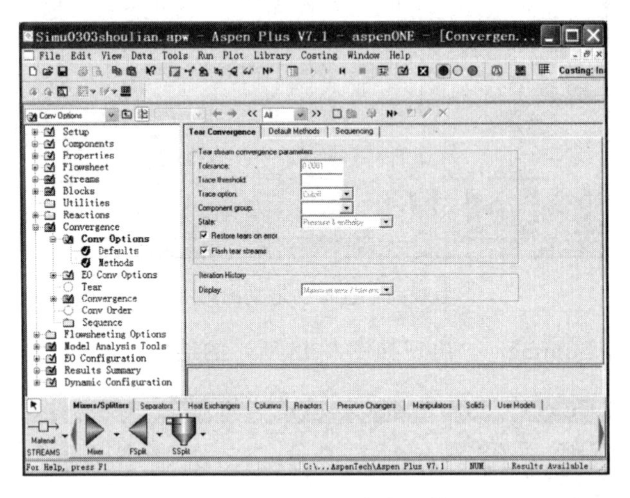

图 9-100 收敛选定缺省值

二、收敛方法及其适用范围

在数据浏览器中单击 Convergence|Conv Options|Defaults|Default Methods 标签，如图 9-101 所示，可以规定系统生成的收敛模块中所用的计算方法。

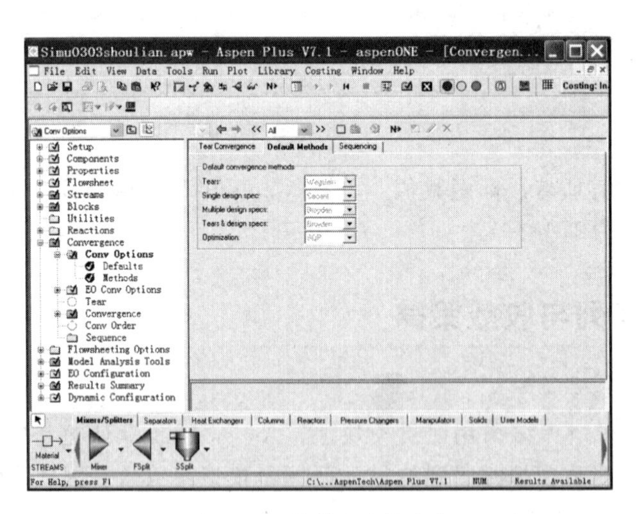

图 9-101 收敛方法缺省值

图 9-102 显示不同应用时采取的缺省方法。Aspen Plus 提供了 Wegstein、Direct、Secant、Broyden、Newton、SQP 六种收敛方法。在数据浏览器中单击 Convergence|Conv Options|Methods，如图 9-102 所示，可以规定每种计算方法的相关参数。

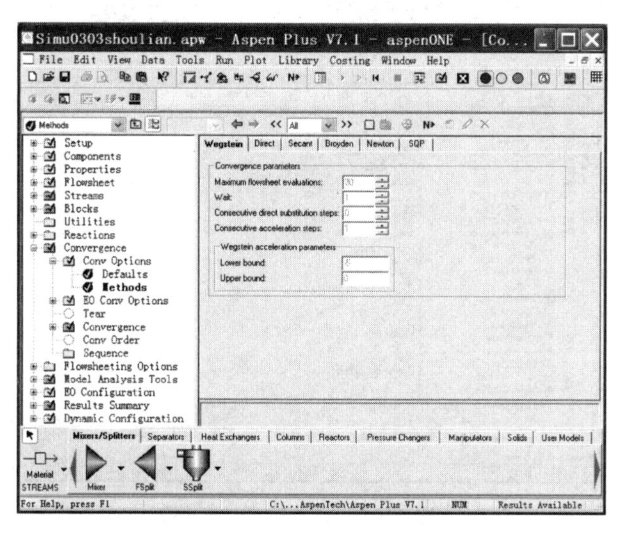

图 9-102　收敛方法的相关参数

Wegstein 法只用于撕裂流股，是 Aspen Plus 中撕裂流股收敛的缺省方法，也是最快、最可信的方法，可以同时用于多股系列流股的收敛。

Direct 法直接迭代，收敛很慢，但结果可信。对于其他方法不能收敛的案例，直接迭代可能是有效的。

Secant 是切线线性估计法，可以利用它进行单一设计规定的收敛，是设计规定收敛的缺省方法，推荐用于用户生成的收敛模块。

Broyden 法是 Broyden 拟牛顿法的一个修改，采用线性估计，比牛顿法收敛更快，但有时同牛顿法一样不够可靠，可用于收敛撕裂流股、收敛两个或更多设计规定或者撕裂流股与设计规定的同时收敛。

Newton 法是联立非线性方程牛顿法的改进，当收敛速率不满意时会计算导数。当循环回路或设计规定高度关联且 Broyden 法无法收敛时，可以使用 Newton 法。当撕裂流股的组分数目较少或利用其他方法无法收敛时，使用 Newton 法。

SQP 法（序列二次规划法）用于同时收敛具有约束（等式或不等式）的优化问题与撕裂流股的工艺流程优化，用于系统产生的优化收敛模块，也推荐用于用户生成的收敛模块。

三、撕裂流股与工艺流程的计算序列

在数据浏览器中单击 Convergence|Conv Options|Defaults|Sequencing 标签，如图9-103所示，设定参数可以控制撕裂流股选择和自动确定的计算序列。

在数据浏览器中单击 Convergence|Sequence，出现对象管理器。点击 New 按钮，弹出 Create new ID 对话框，采取缺省 ID 命名。点击 OK，出现表格，如图 9-104 所示。

在 Specifications 表格里定义工艺流程的所有或部分计算序列。

四、规定撕裂流股并提供初值

在数据浏览器中单击 Convergence|Tear|Specifications 标签，如图 9-105 所示，规定撕裂流股。

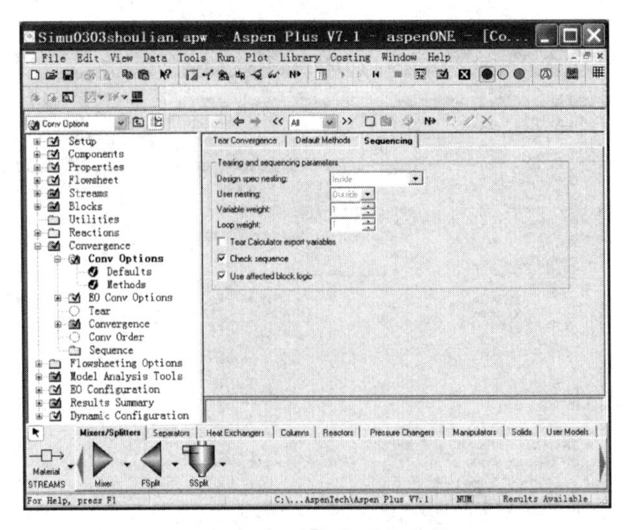

图 9-103 计算序列缺省值

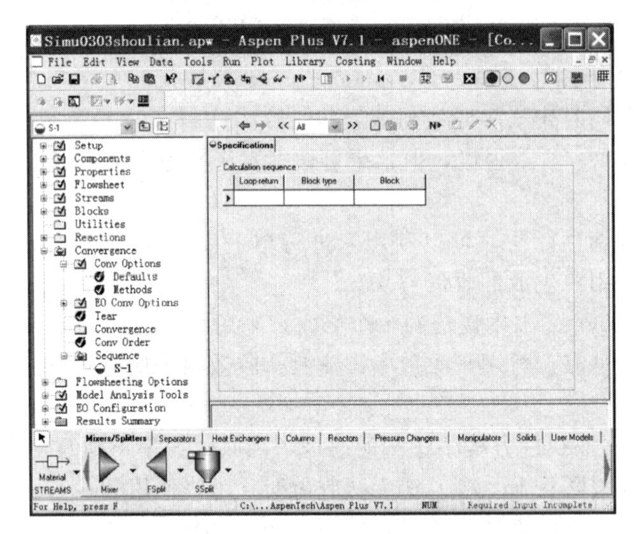

图 9-104 创建序列

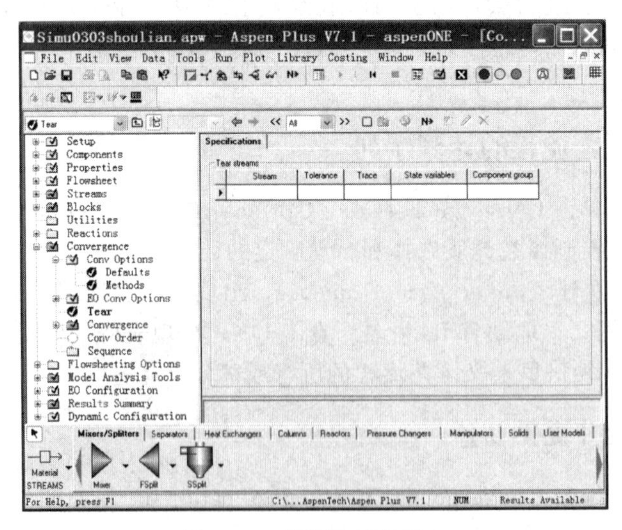

图 9-105 撕裂流股的规定

在 Stream 下面的方框内单击，出现下拉菜单，可以选择某一物流作为撕裂流股。在 Streams Specification 表上输入撕裂流股的初始组成与流率，或者使用 Tear 表选择撕裂流股，并提供其初值。

五、规定自定义收敛模块

在数据浏览器中单击 Convergence | Convergence |，在对象管理器中单击 New，如图 9-106所示，规定用户自定义收敛模块的收敛方法、容差与收敛变量。

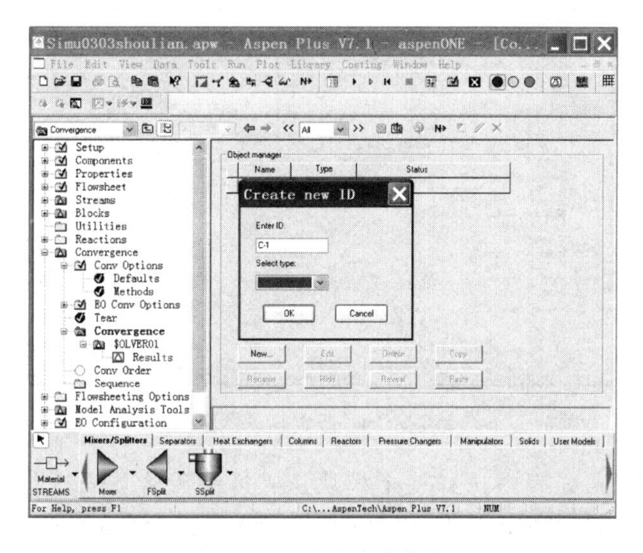

图 9-106　规定收敛模块

在 Create new ID 对话框中输入 ID 并选择创建收敛模块的类型，然后单击 OK，如图 9-107所示。

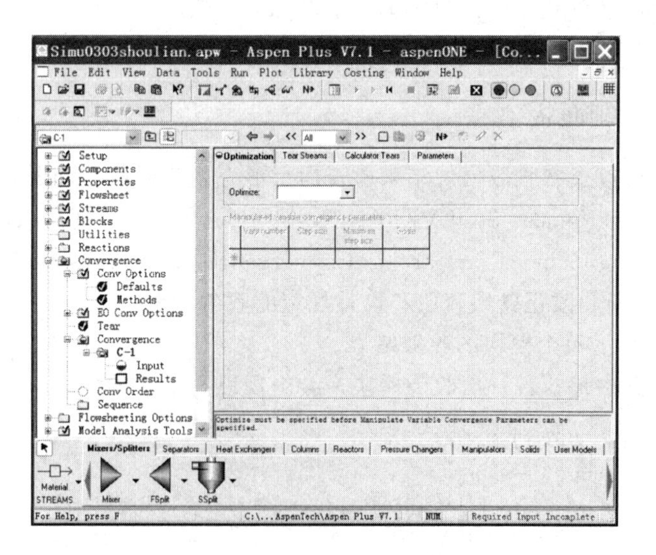

图 9-107　创建收敛模块

点击 Tear Streams、Design Specifications、Calculator Tears 或 Optimization 标签，选择希望收敛模块求解的问题。对于不同的目的，Aspen 推荐不同的收敛方法。

六、收敛顺序与流程计算序列

当用户定义的收敛模块不止一个时，可以规定收敛模块的收敛顺序。在数据浏览器中单击 Convergence|Conv Order|Specification 标签，如图 9-108 所示。

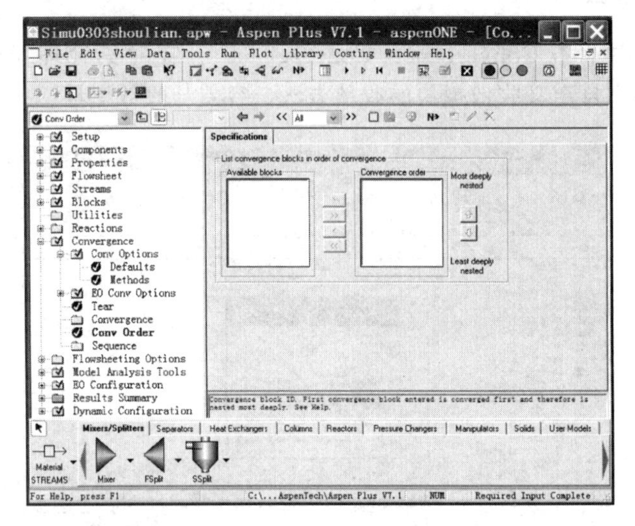

图 9-108　规定收敛顺序

从 Available Blocks 列表中选择一个模块，通过箭头将首先进行收敛的模块移动到 Convergence Order 列表的顶部。选择其他模块，将其移动到 Convergence Order 列表中。使用箭头↑与↓重新安排其在列表中的顺序。第一个收敛模块会首先收敛并嵌套在最深层。

流程的撕裂和计算序列的确定是复杂的，高级用户可以进行设置，一般来说推荐使用其缺省序列。从 View 菜单栏中点击 Control Panel，在 Control Panel 左边的窗口中显示由 Aspen Plus 确定计算序列。

七、收敛结果与控制面板信息

模拟完成后，通过查看收敛模块结果检查运行形态或诊断收敛问题。单击数据浏览器下的 Convergence|Convergence|$OLVER02|Results|Summary。利用 Tear History 和 Spec History 列表以及 Diagnosing Tear Stream Convergence 和 Diagnosing Design-Spec Convergence 表格，帮助诊断和改正撕裂流股和设计规定的收敛问题。

Control Panel 显示每个模块的收敛结果。

在循环收敛回路中每执行一次收敛模块，会出现以下格式的信息：

```
> Loop CV Method:WEGSTEIN Iteration 9
Converging tear streams:3
4 vars not converged,Max Err/Tol 0.18603E+02
在循环收敛回路中每执行一次设计规定的收敛模块,会出现以下格式的信息:
>> Loop CV Method:SECANT Iteration 2
Converging specs:H2RATE
1 vars not converged, Max Err/Tol 0.36525E+03
```

当 Max Err/Tol 的数值小于 1 时，说明已经收敛。

八、流程收敛实例

所研究的流程如图 9-109 所示，包括 1 个闪蒸器 FLASH、1 个精馏塔 BOOTCOL、1 个预热器 HEATER，共 3 个单元操作模块。

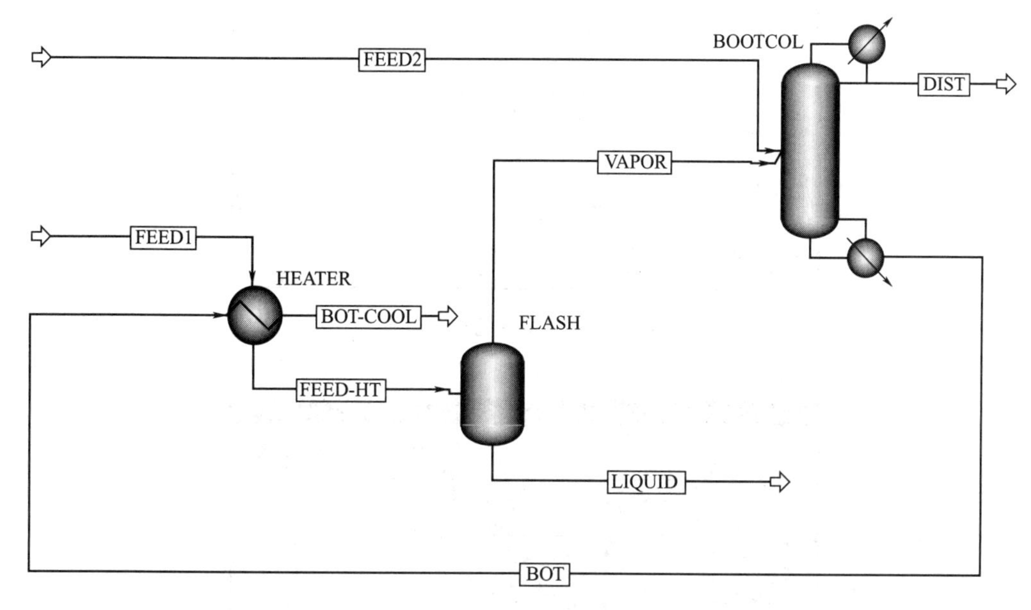

图 9-109 具有循环回路的工艺流程

进料物流 FEED1 由水、甲醇、乙醇组成，工艺参数如图 9-110 所示。进料物流 FEED2 为乙二醇，温度为 70℉，压力为 35psi，流量为 50 lbmol/h，采用的物性方法为 NRTL-RK。

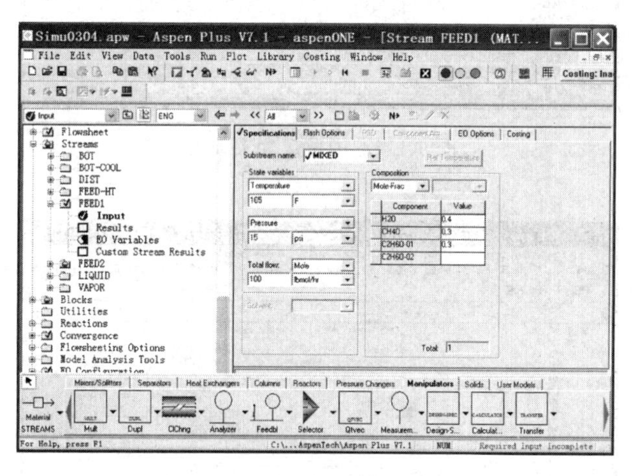

图 9-110 进料的相关规定

所采用的精馏塔的设置如图 9-111 所示。

物流 FEED2 与 VAPOR 的进料位置均为第 5 块板，操作压力为常压。闪蒸罐的设置如图 9-112 所示，表示进行绝热闪蒸，压降为零。注意，在压强右侧方框内输入的数值如果小于零则代表压降，如果大于零则代表实际压强。换热器的设置如图 9-113 所示。

在数据浏览器中单击 Convergence|Conv Options|Defaults|Default Methods 标签，可以看到系统缺省的收敛方法为 Wegstein 法。在数据浏览器中单击 Convergence|Tear|Specifi-

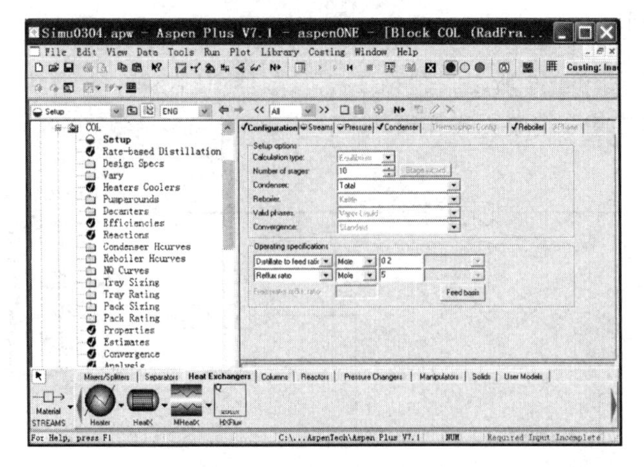

图 9-111　精馏塔的相关设置

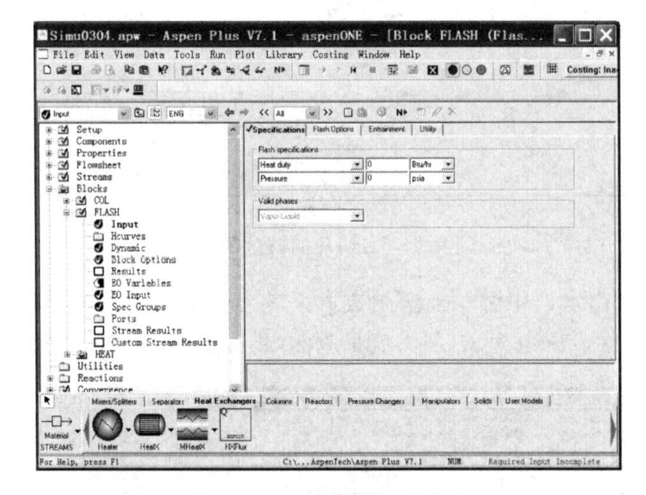

图 9-112　闪蒸罐相关设置

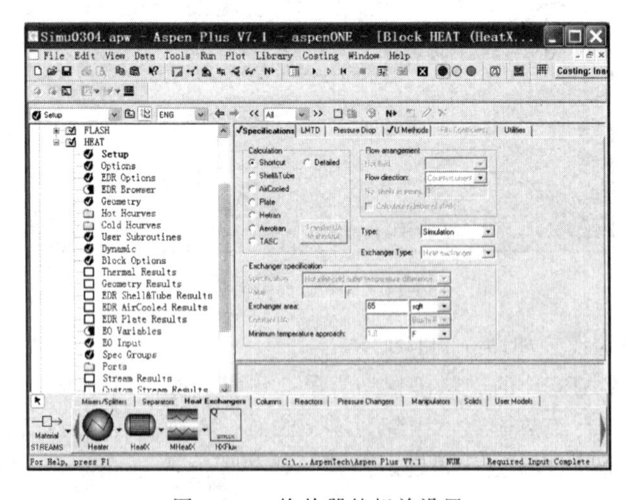

图 9-113　换热器的相关设置

cations 标签，在 Stream 下面的方框内单击，出现下拉菜单，选择物流 FEED-HT 为撕裂流股，如图 9-114 所示。

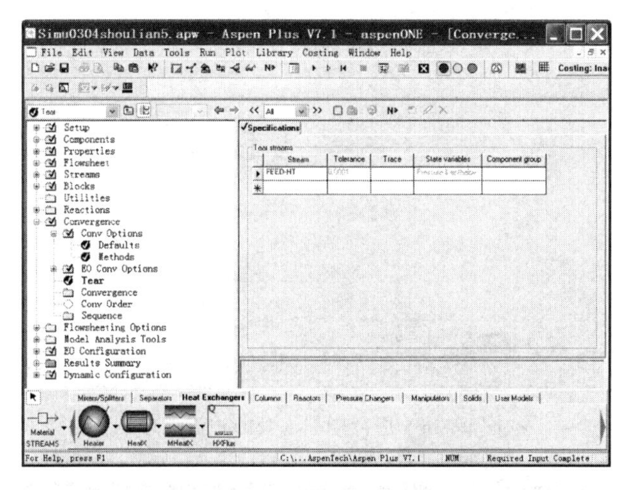

图 9-114　规定撕裂流股

运行上述模拟，结果如图 9-115 所示。其中的警告信息显示某些物流的流量为零，显然这个模拟结果是错误的。

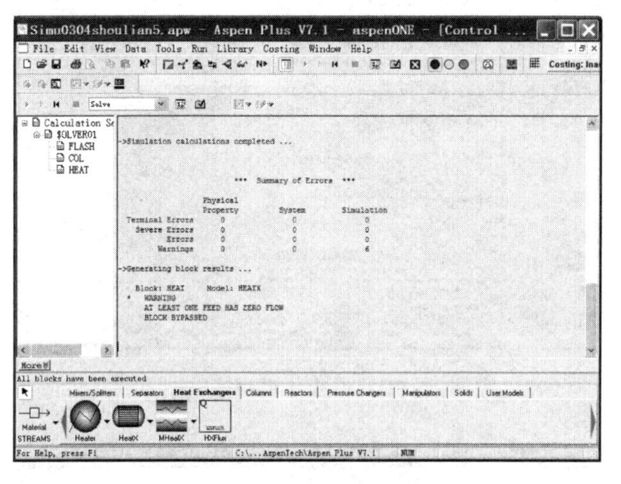

图 9-115　模拟运行结果

对于具有循环物流的模拟，规定撕裂流股的初值往往有助于收敛，可以根据对过程的认识或者通过简单的物料衡算、热量衡算等进行合理的初值设置。在该例中，物流 FEED-HT 应当具有与 FEED 相同的组成，温度会不同，因此采用物流 FEED 的参数作为撕裂流股 FEED-HT 的初始估计值。在数据浏览器中单击 Streams|FEED-HT|Input|Specifications 表格，进行如图 9-116 所示的设置。

重新初始化，然后运行程序，结果如图 9-117 所示。信息提示结果有错误，模拟不收敛。

在数据浏览器中单击 Convergence|Conv Options|Defaults|Default Methods 标签，将收敛方法改为 Broyden 法，如图 9-118 所示。

重新初始化，然后运行程序，结果如图 9-119 所示。信息提示模拟收敛，没有错误。

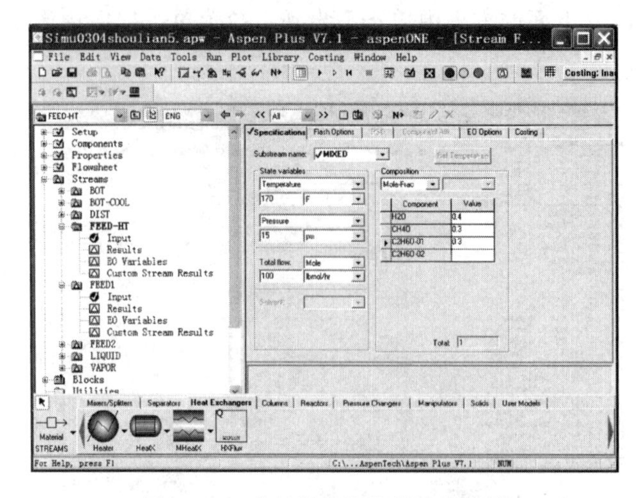

图 9-116　进行撕裂流股的初值估计

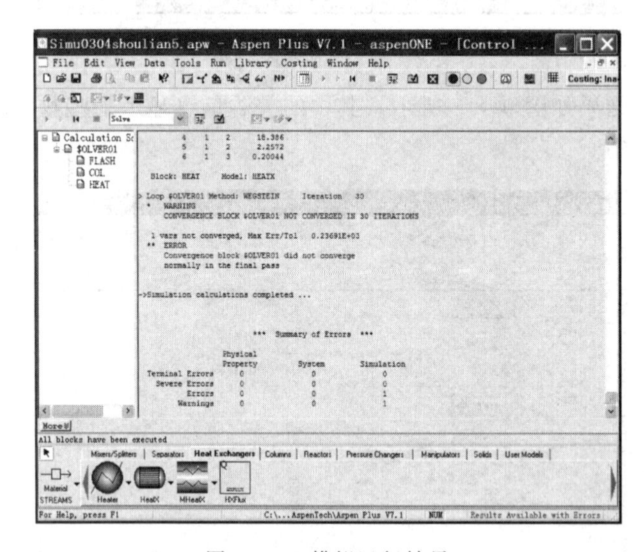

图 9-117　模拟运行结果

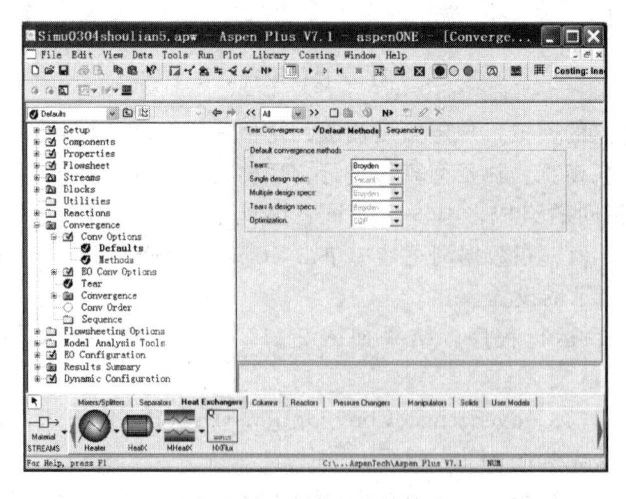

图 9-118　自定义收敛算法

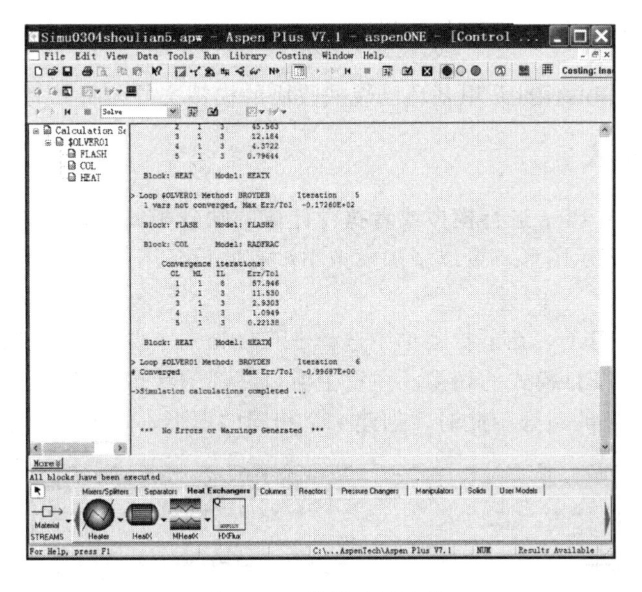

图 9-119　模拟运行结果

该实例说明，流程模拟能否收敛与收敛方法、撕裂流股初值等因素有关系，复杂流程的收敛需要一定的技巧与策略。

九、流程收敛的策略

通常，采用系统的缺省参数能够实现工艺流程的收敛。如果流程不收敛，解决问题的一般原则为：先简单后严格，例如先收敛含有简单 HeatX 的流程，然后将其改进为严格的 HeatX；先局部后整体，将单元操作模块单独模拟，收敛后逐步增加流程的模块，最后完成整个流程；提供尽可能合理的初值，利用物料衡算等相关的专业知识为撕裂流股提供尽可能合理的初值能够有效地提高收敛的过程；确保物性方法及所做模拟的合理性，例如不借助其他物质而采用一个精馏塔制取无水乙醇的模拟是无法收敛的；利用灵敏度分析等手段，研究不同条件下流程对波动是如何响应的。

EO（面向方程）方法是 Aspen Plus 求解流程的另一种方法，它收集工艺流程中所有模块的模型方程并利用专门的解算器同时求解这些模型方程，在涉及循环流股和设计规定的流程中具有避免迭代的优点，可用于复杂循环过程模拟、高度热集成过程模拟、有效的经济优化等，能够解决序贯模块无法解决的一些问题。EO 的方法需要对初值有很好的估计，因此可以先利用序贯模块法初始化工艺流程。

第四节　工艺流程图绘制

Aspen Plus 提供两种显示图像的方式：模拟模式和工艺流程图（PFD）模式。两种模式下，可以修改工艺流程，从而满足报告中绘图的需要，修改方式主要有添加文本和图形、列出流股和模块的全局数据、列出流股结果表、添加 OLE（对象连接与嵌入）。下面以甲基环己烷回收塔为例，利用 PFD 模式创建一个工艺流程图的车间布置图。

一、启动 Aspen Plus 并打开现有的模拟

首先启动 Aspen Plus，打开甲基环己烷回收塔的模拟文件，将其另存为一个新的文件。

二、切换到 PFD 模式

模拟模式是 Aspen Plus 进行模拟或者执行计算的缺省模式。PFD 模式是为了创建一个图形化表达或者用于显示图形，可以增加模拟中没有的设备图标或流股、显示流股数据与结果表格、添加标题等。

单击菜单栏中的 View，在下拉菜单中选择 PFD Mode，或者直接按 F12，如图 9-120 所示，完成模拟模式到 PFD 模式的切换。注意主窗口底部的状态栏显示 PFD 模式，工艺流程图的工作区有一个深色的边框。此时，创建一个相同的图形，并独立于原始的流程。

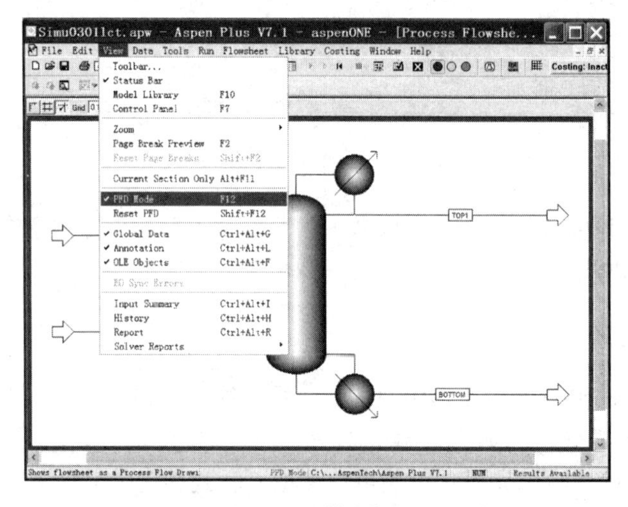

图 9-120　模式切换

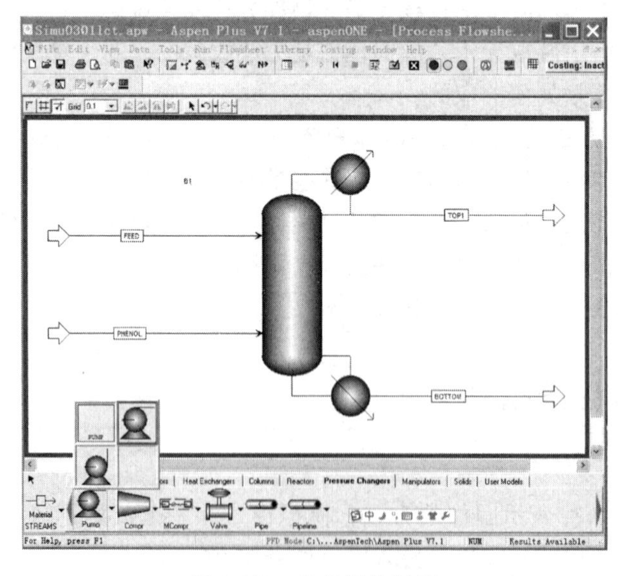

图 9-121　选择泵的图标

三、添加图形

在前文的模拟中仅指定进料流股中的压力，现在可以在图形中添加一个泵。点击 Model Library 中的 Pressure Changers 标签，单击 Pump 右侧的下拉图标，选择 ICON1，如图9-121所示。

单击 ICON1 图标并将其拖到工艺流程图窗口，释放鼠标左键，创建一个新的模块 B2，如图 9-122 所示。

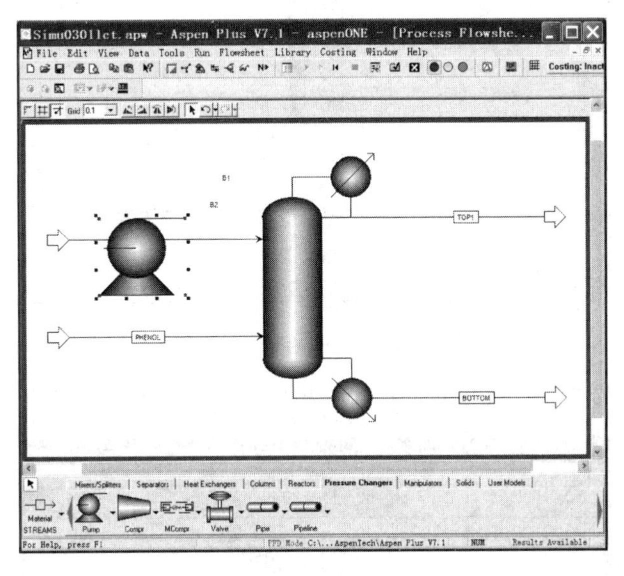

图 9-122　在流程图上添加泵

重新连接 FEED 物流，选择流股 FEED 并且单击鼠标键，在弹出的菜单中选择 Reconnect Destination，如图 9-123 所示。

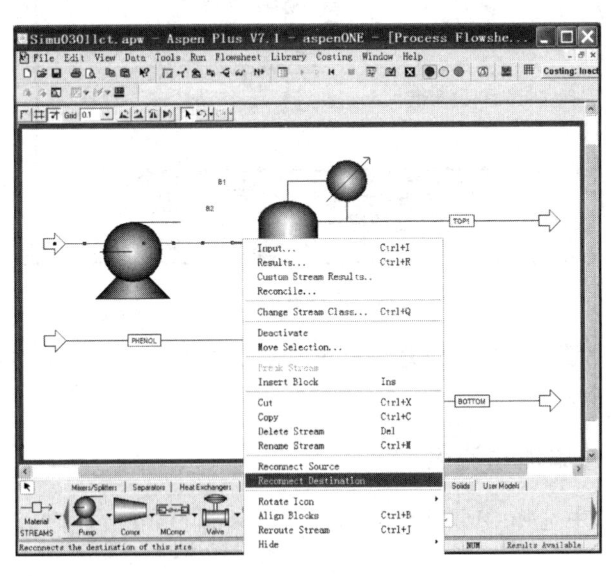

图 9-123　重新连接物流的命令

FEED 物流与塔断开，可以重新连接到泵的入口处，移动光标到泵的入口并且单击鼠标键，FEED 物流连接到泵上，如图 9-124 所示。

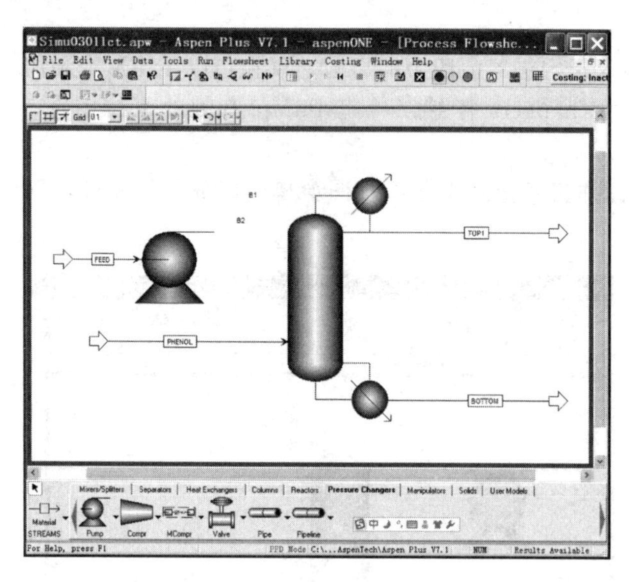

图 9-124　连接泵的入口物流

然后创建一个新的物流，连接泵的出口和塔的入口，完成后如图 9-125 所示。

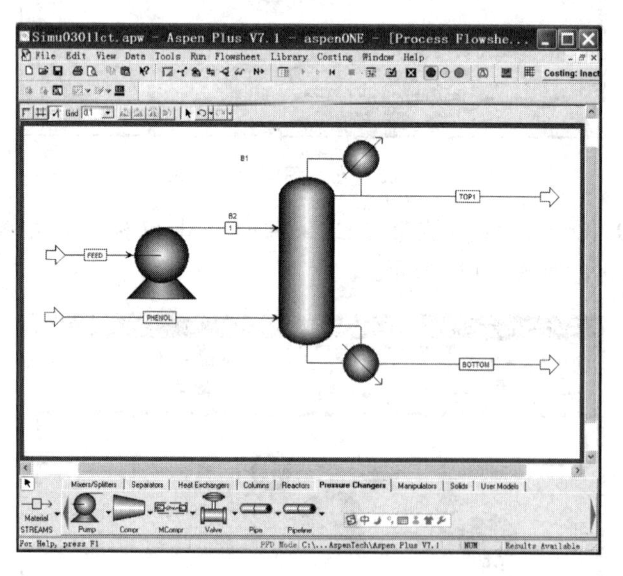

图 9-125　连接好的工艺流程

完成绘图后，可以锁定布局，以避免模块或流股的移动。从 Flowsheet 的下拉菜单中选择 Lock，如图 9-126 所示。

四、显示物流数据并添加物流表

在 View 下拉菜单中选择 Global Data，单击 Tools|Options，弹出如图 9-127 所示的对话框，进行选项的设置。

单击 Results View 标签，选择 Temperature 和 Pressure 复选框，如图 9-128 所示。

单击确定。每个物流上都显示有 MCH 模拟运行过程中 Aspen Plus 计算的温度和压力，

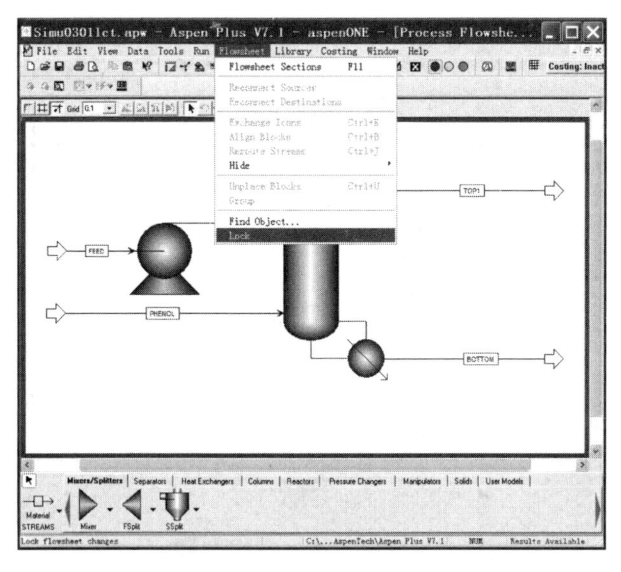

图 9-126　锁定绘图

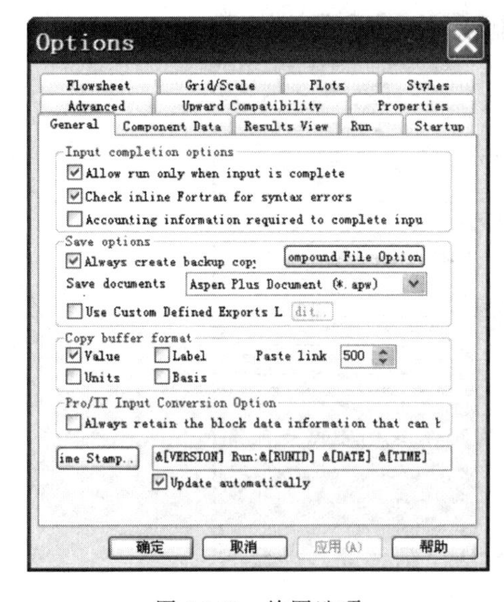

图 9-127　绘图选项

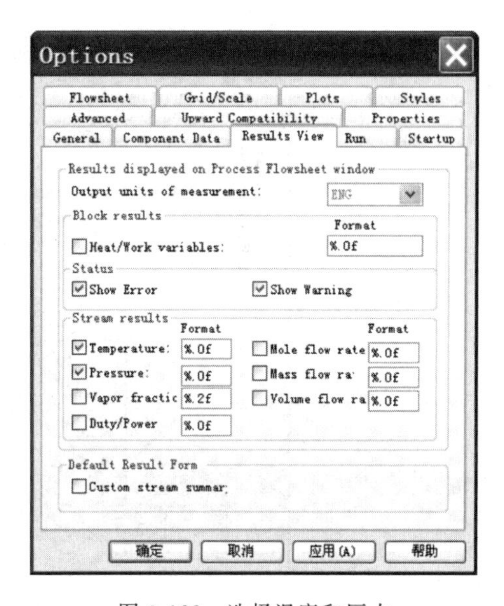

图 9-128　选择温度和压力

同时给出一个图例框，列出全局数据的符号和单位，它的大小和位置可以随意调整，如图 9-129 所示。

PFD 风格的图通常含有物流信息表（热量和物料衡算表），通过 Aspen Plus 可以很容易实现。在 View 下拉菜单中选择 Annotation，在 Data 下拉菜单中选择 Results Summary | Streams，出现显示所有流股数据的 Results Summary | Streams | Material 表格，如图 9-130 所示。

点击右上角的 Stream Table 将物流信息表置于流程图上。点击 Process Flowsheet 标签回到流程图。在工艺流程图窗口中出现含有模拟结果的物流信息一览表，如图 9-131 所示。

可以对表格进行缩放，从而利于打印。也可以缩放流程图中的一部分。在要放大的区域拖动鼠标，选择相应的区域，然后单击鼠标右键显示快捷菜单，选择其中的 Zoom In。

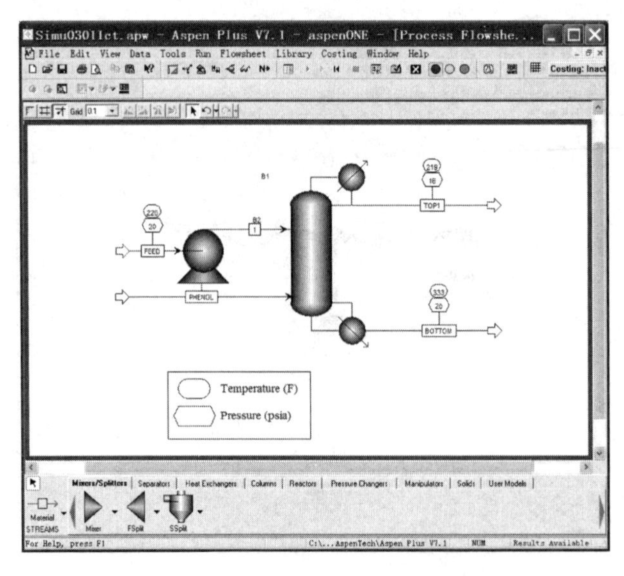

图 9-129　显示温度和压力的工艺流程

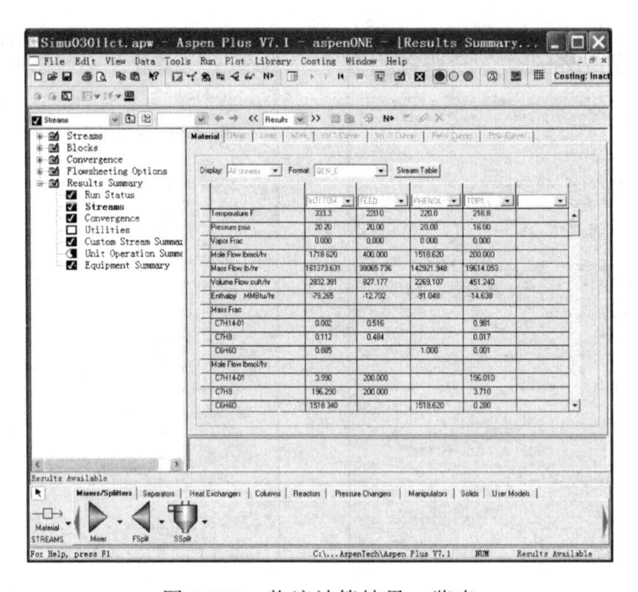

图 9-130　物流计算结果一览表

五、添加文本

选择 View|Toolbar，在弹出的 Toolbars 对话框中选择 Draw 复选框，如图 9-132 所示。

单击 OK，出现 Draw 工具栏。单击最左端的 A 按钮，鼠标变成十字符，然后将鼠标移动到适宜位置并单击鼠标左键，出现一个带有闪烁光标的矩形框。输入 Methylcyclohexane Recovery Column，然后单击矩形框的外部。选择标题并利用 Draw 工具栏改变字体的大小，并可移动其位置。选择 View|Zoom Full，如图 9-133 所示。

六、打印工艺流程图

在打印工艺流程图之前可以进行预览。选择 File|Print Preview，单击 Print，在出现的

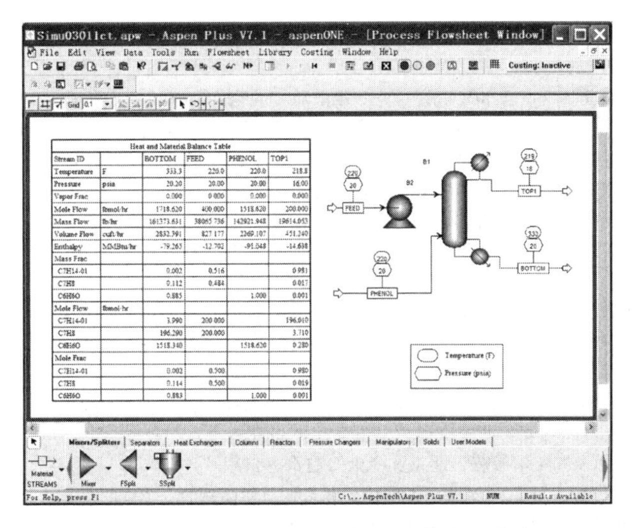

图 9-131　在流程图上添加物流信息一览表

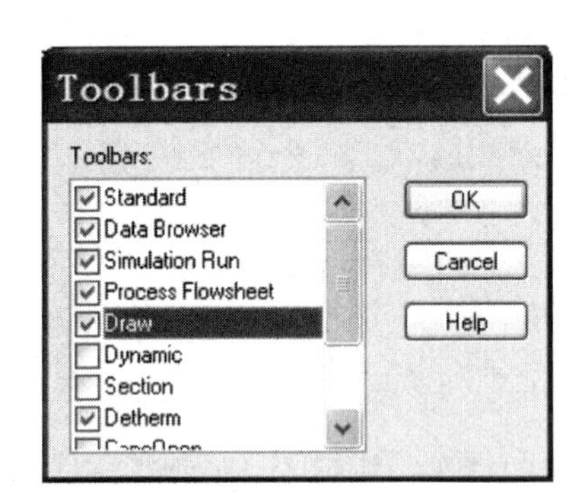

图 9-132　选择工具栏中的绘图

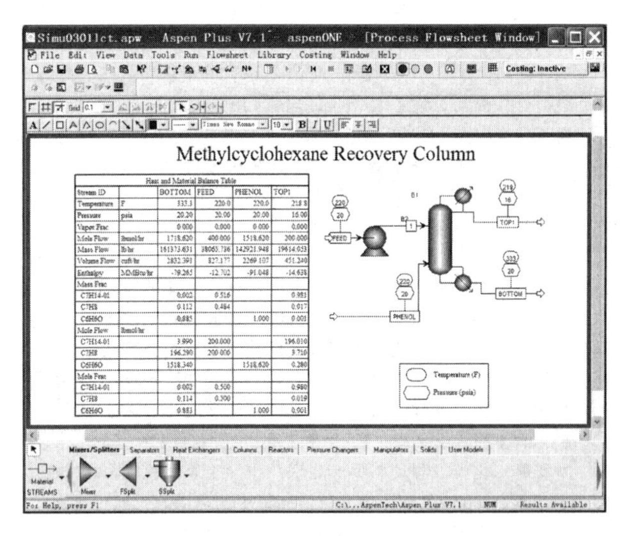

图 9-133　添加标题的工艺流程图

对话框中选择恰当的打印机，点击 OK。

本章小结

☆ 性质分析功能显示诸如临界压缩系数、比热容、密度、黏度、热导率的纯组分数值以及取自各种资料库的混合物特性。对于用户定义的组分，物性估计的功能能为用户提供相对可靠的估计数据。

☆ 模拟运行之后如有警告，则需要查看迭代信息，仔细分析具体警告信息的含义，以便采取措施保证真正收敛。

☆ 物系的热力学性质选择关系到相平衡计算结果的准确性，应该根据分离物系的种类和操作条件进行合理选择，必要时可以进行分段选择。

参 考 文 献

[1] 孙兰义．化工过程模拟实训——Aspen Plus 教程．第 2 版．北京：化学工业出版社，2017.
[2] 熊杰明，李江保．化工流程模拟 Aspen Plus 实例教程．第 2 版．北京：化学工业出版社，2016.
[3] 田文德，汪海，王英龙．化工过程计算机辅助设计基础．北京：化学工业出版社，2012.
[4] 屈一新．化工过程数值模拟及软件．第 2 版．北京：化学工业出版社，2011.
[5] 汪海，田文德．实用化学化工计算机软件基础．北京：化学工业出版社，2009.
[6] 杨友麒，项曙光．化工过程模拟与优化．北京：化学工业出版社，2006.
[7] 李梦龙，王智猛，姜林，刘丽霞．化学软件及其应用．北京：化学工业出版社，2004.
[8] 查金荣，陈佳镛．传递过程原理及应用．北京：冶金工业出版社，1997.
[9] 谢安俊，刘世华，张华岩，陈斌．大型化工流程模拟软件——ASPEN PLUS. 石油与天然气化工，1995，24(4)：247-251.
[10] 赵琛琛．工业系统流程模拟利器——ASPEN PLUS. 电站系统工程，2003，19(2)：56-58。
[11] 李人厚等．精通 Matlab5. 西安：西安交通大学出版社，2001.
[12] 王炳武，胥谞．Matlab 5.3 实用教程．北京：中国水利水电出版社，2000.
[13] 孙岳明，陈志明，肖国民．计算机辅助化工设计．北京：科学出版社，2000.
[14] 陈中亮．化工计算机计算．北京：化学工业出版社，2000.
[15] 方利国．计算机在化学化工中的应用．第 4 版．北京：化学工业出版社，2017.
[16] 黄华江．实用化工计算机模拟——Matlab 在化学工程中的应用．北京：化学工业出版社，2004.
[17] 郭天民等．多元汽-液平衡和精馏．北京：化学工业出版社，1983.
[18] 石辛民．“计算方法”课是 Matlab 语言的最佳切入点．高等理科教育，2002，(5)：63-65.
[19] 赵月红，温浩，许志宏．Aspen Plus 用户模型开发方法探讨．计算机与应用化学，2003，20(4)：435-438.
[20] 陈嵘，金以慧．G2 智能实时系统平台的开发与应用．化工自动化及仪表，1998，25(5)：33-36.
[21] 高博，吕汉阳．选择编程语言．计算机教与学，2001，(6)：37-39.
[22] 牛强，潜伟．过程科学与过程工程．科学学研究，2002，20(2)：143-147.
[23] 雷培德，李端阳，汪静，陈献忠．化工过程模拟技术及 HYSIM 模拟系统在化工生产中的应用．湖北化工，2002，(6)：4-6.
[24] 郭慕孙，李静海．三传一反多尺度．自然科学进展，2000，10(12)：1078-1082.
[25] 张红莲，郭辉．一种集成化的高级语言 Matlab. 长沙电力学院学报（自然科学版），1999，14(1)：74-76.
[26] 王晓红，田文德．化工原理．北京：化学工业出版社，2009.
[27] 夏清，贾绍义．化工原理．上/下册．第 2 版．天津：天津大学出版社，2017.
[28] 杨祖荣．化工原理．第 3 版．北京：化学工业出版社，2014.
[29] 柯尔森 J M，李嘉森 J F. 化学工程 卷Ⅵ SI 单位，化工设计导论．北京：化学工业出版社，1989.
[30] 罗雄麟．化工过程动态学．北京：化学工业出版社，2005.
[31] 罗华军．Origin 7.0 在化工数值计算中的应用．安徽理工大学学报（自然科学版），2005，25(1)：66-70.
[32] 叶卫平，方安平，于本方．Origin 7.0 科技绘图及数据分析．北京：机械工业出版社，2004.
[33] 丰存礼，刘成，张敏华．商业软件 Gambit 和 Fluent 在化工中的应用．计算机与应用化学，2005，22(3)：231-234.
[34] 刘利平，黄万年．FLUENT 软件模拟管壳式换热器壳程三维流场．化工装备技术，2006，27(3)：54-57.
[35] 韩占忠．FLUENT：流体工程仿真计算实例与应用．北京：北京理工大学出版社，2004.
[36] 陈洪钫，刘家祺．化工分离过程．第 2 版．北京：化学工业出版社，2014.
[37] 时钧，汪家鼎，余国琮．化学工程手册．上/下卷．第 2 版．北京：化学工业出版社，1996.
[38] 朱炳辰．化学反应工程．第 5 版．北京：化学工业出版社，2012.
[39] 斯科特·福格勒 H 著．李术元，朱建华译．化学反应工程．北京：化学工业出版社，2005.
[40] 周红敏．基于 CSTR 的反应器网络综合研究［学位论文］. 青岛：青岛科技大学，2005.
[41] 席少霖，赵凤治．最优化计算方法．上海：上海科学技术出版社，1983.
[42] 田文德，刘晶晶，孙素莉．化工原理精馏过程的计算机辅助计算．计算机与应用化学，2005，22(10)：925-928.
[43] 汪海，田文德，孙素莉．化工原理流体流动过程的计算机辅助计算．计算机与应用化学，2006，23(8)：753-756.
[44] 秦华，田文德，刘继泉．化工过程的计算机辅助计算．计算机与应用化学，2006，23(10)：991-994.
[45] 秦姣，田文德．塔板差分方程及其在精馏塔综合中的应用．青岛科技大学学报（自然科学版），2005，26(1)：36-39.
[46] Thomas F Edgar，David M Himmelblau. Optimization of Chemical Processes. 2nd ed. New York：McGraw-Hill Companies Inc，2001.
[47] Richard L Burden，J Douglas Faires. Numerical Analysis. Beijing：Higher Education Press，2001.